Daunderer

Lexikon der
Pflanzen- und Tiergifte
Diagnostik und Therapie

Nikol Verlagsgesellschaft mbH & Co. KG
Hamburg

Meinem Sohn Peter
mit Dankbarkeit

Hinweis:
Die Wiedergabe von Gebrauchsnamen, Handelsnamen, Warenbezeichnungen usw. in diesem Werk berechtigt auch ohne besondere Kennzeichnung nicht zu der Annahme, dass solche Namen im Sinne der Warenzeichen- und Markenschutzgesetzgebung als frei zu betrachten wären und daher von jedermann benutzt werden dürften. In diesem Werk werden Dosierungen oder Applikationen erwähnt. Der Leser darf darauf vertrauen, dass Autor und Verlag größte Mühe darauf verwandt haben, diese Angaben bei Fertigstellung des Werkes bzw. der Ergänzungslieferungen genau dem Wissensstand entsprechend zu bearbeiten. Dennoch ist jeder Benutzer aufgefordert, die Beipackzettel der verwendeten Präparate zu prüfen, um in eigener Verantwortung festzustellen, ob die dort gegebene Empfehlung für Dosierung oder die Beachtung von Kontraindikationen gegenüber der Angabe in diesem Buch abweichen.

M. Daunderer

Pflanzen-und Tiergifte, Diagnostik und Therapie, Verfasser: M. Daunderer

Sonderdruck für Nikol Verlagsgesellschaft mbH & Co. KG, Hamburg
Mit freundlicher Genehmigung des Originalverlages

Satz: SatzStudio Pfeifer, Gräfelfing
Einband: Callena Creativ GmbH, Jülchendorf
Abbildung auf dem Einband: Giftentnahme Echte Klapperschlange, Giftzähne fixiert zwischen Pinzette (Okapia KG, Berlin)
Druck: Westermann Druck Zwickau, Zwickau
Printed in Germany
ISBN 3-933203-41-4

Vorwort

Wenn wir an giftige Tiere denken, verbinden wir hiermit meist den Gedanken an Giftschlangen. Hierzulande sind giftige Schlangen wie Kreuzottern weitgehend ausgestorben und es sterben zehn mal mehr Menschen an einer unnötigen und nicht vertragenen Serumgabe, d.h. dem allergischen Schock, als am eigentlichen Schlangenbiß. Ganz anders sind die Umstände nach einem Biß ausländischer Tiere, die hier im Terrarium gehalten werden. Hier können nur Extremitäten oder das Leben erhalten werden, wenn z.B. 10 Ampullen des zuständigen Schlangenserums rechtzeitig gegeben wurden.
So wie bei allen akuten Vergiftungen ist die korrekte Schocktherapie am Unfallort und während des gesamten Transports und der Klinikbehandlung von ausschlaggebender Bedeutung. In den seltenen Fällen, in denen Gegengifte unbedingt erforderlich sind, weiß heute nur ein großes toxikologisches Behandlungszentrum, wie man schnell an dieses herankommt. Oft sind schon vorher Fachkenntnisse von Nutzen, wenn es um die Identifizierung der Schlange oder des verursachenden Gifttieres geht. Die Notfalladresse des örtlichen Fachmannes (Zoo) ist hier oft lebensrettend.

Der häufigste und die Gesundheit am meisten beeinträchtigende Kontakt mit Tieren ist derjenige mit Zecken, der sowohl zur Hirnhautentzündung als auch zu schweren chronischen Nervenschäden oder Rheuma führen kann.
Auch bei den Tiergiften hat sich ein Wandel von den akuten, leicht erkennbaren und vermeidbaren Gefahren zu den chronischen Gefahren vollzogen, die nur vom sehr Erfahrenen erkannt und minimiert werden können. Unerfahrene behandeln diese Folgen als psychische Krankheit ohne die eigentlichen Ursachen zu bekämpfen.
Da alle Pflanzenvergiftungen im umfangreichen Handbuch „Giftpflanzen – Pflanzengifte“ mit den Autoren L. Roth und K. Kormann (ecomed Verlag) mit Bildern und vielen Tabellen und Hinweisen enthalten sind, führt hier lediglich ein umfangreiches Tabellenwerk zur Giftkomponente und damit zur Ersttherapie. Besonderes Augenmerk wurde auch hier auf die chronische Giftwirkung gelegt – z.B. durch Oxalsäure.

Im November 1995 — Dr. med. Dr. med. habil. Max Daunderer

Inhaltsverzeichnis

Allgemeines

Inhalt

Allgemeines – Pflanzen

Tab. 1: Pflanzliche Gifte

Gift	Giftwirkung	Therapie
Abführmittel Ätherische Öle, Crotonöle.	Je nach eingenommener Menge und Art sofort (Crotonöl) oder später Darmkoliken, Leibschmerzen, Erbrechen, wäßrige bis blutige Durchfälle, Muskelzucken, Schock, Bewußtlosigkeit.	*Sofort:* Kurz nach Aufnahme des Gifts noch Erbrechen sinnvoll (nachdem viel Flüssigkeit getrunken wurde), Kohle, Bettruhe, Diät. *Klinik:* Plasma(expander), Vorsicht mit Digitalis, Kaliuminfusionen, Opiumtropfen.
Acetylcholin geschluckt relativ ungiftig, gespritzt sehr giftig: tägl. Dosis 0,5 mg/kg.	Schweißneigung, Speichelfluß, Hautblässe, extrem enge Pupillen, Sehstörungen, Durchfall, Koliken, langsamer Puls, Schock, Herzstillstand, Lungenödem, Krämpfe, Lähmungen.	*Sofort:* Sofort viel (Kaliumpermanganatlösung) trinken und erbrechen lassen. Kohle, Natriumsulfat eingeben, beatmen, Herzmassage, Speichel absaugen, Schockprophylaxe, Wärme. *Klinik:* Sofort Magenspülung mit Kaliumpermanganatlösung, Antidot Atropin (1–2 mg i. v. oder i. m.) laufend wiederholen (trockene Haut, Mydriasis), Valium i. v., bei Krämpfen Plasma(expander).
Alkaloide z. B. Pyrrolizidin-, Tropan-, Solanum-, Colchicum-Alkaloide, Cytisin und Nicotin enthalten u. a. in Amaryllidaceae, Apocynaceae, Asclepiadaceae, Berberidaceae, Leguminosal, Ranunculaceae, Papaveraceae, Solanaceae	Die Alkaloide üben meistens schon in kleinen Dosen eine starke physiologische Wirkung auf den menschlichen und tierischen Organismus aus. Viele Alkaloide besitzen eine spezifische Wirkung auf die verschiedensten Bezirke des Nervensystems. Eine zusammenfassende Charakterisierung einer Alkaloidwirkung kann man nicht geben. Die einzelnen Alkaloide unterscheiden sich nämlich sehr stark in ihrer chemischen Struktur und zeigen daher auch sehr unterschiedliche Wirkungen. Eines aber ist den meisten Alkaloiden gemeinsam, nämlich ihre hohe Toxizität.	
Akonitin tödliche Dosis 1–2 g.	Pelzigkeit, Gelb-Grün-Sehen, Schwindel, Ohrensausen, Übelkeit, Erbrechen, Durchfälle, Koliken, stark schmerzhafte Krämpfe, Lähmungen, Untertemperatur, Erregungszustände, Halluzinationen, Herzrhythmusstörungen, Schock, Atemlähmung.	*Sofort:* Sofort erbrechen lassen, Gabe von Kohlekompretten, beatmen. *Klinik:* Magenspülung, Plasmaexpander, Valium bei Krämpfen, sofortige Klinikeinweisung, Kochsalzinfusion mit Psyquil oder Valium.

Tab. 1 (Fortsetzung)

Gift	Giftwirkung	Therapie
Ätherische Öle enthalten in vielen Pflanzen zusammen mit Saponinen, Harzen und Gerbstoffen; Volksheilmittel (Tee), Duftstoffe, Kosmetika.	Übelkeit, Erbrechen, Darmkrämpfe, (blutige) Durchfälle, Schwindel, Kopfschmerzen, Herzjagen oder Pulsabfall, Atemnot, Kehlkopfkrampf, Zittern, Erregung, Krämpfe, Lähmungen, Atemlähmung, Nierenversagen.	*Sofort:* Sofort erbrechen lassen, dann Roticlean u. Kohle-, Natriumsulfatgabe, viel trinken lassen. Haut und Augen mit viel Wasser spülen, beatmen, Ruhe, Wärme. *Klinik:* Sofort Magenspülung, Roticlean, Kohle- u. Natriumsulfatinstillation, Infusionen, gegen Koliken Atropin, Buscopan i. v., Valium i. v. bei Krämpfen, Sauerstoff.
Atropin Nachtschattengewächse (Alraune), Bilsenkraut (Asthmazigaretten), Stechapfel (Samen sieht aus wie Kümmel!), grüne Tomate, grüne Kartoffel.	Mundtrockenheit, Schluckbeschwerden, Sehstörungen, weite Pupillen, Erbrechen, trockene und heiße Haut, schneller und unregelmäßiger Puls, Erregungszustände, Wahnvorstellungen, Krämpfe, Schock, Bewußtlosigkeit, Harnsperre, Atemlähmung.	*Sofort:* Sofort viel trinken und erbrechen lassen. Kohle, beatmen, naßkalte Tücher und Eisbeutel auf die Haut. Beine hochlagern. *Klinik:* Bei Atemdepression, Tachykardie, Hypertonie oder Krämpfe Antidot Physostigmin, Plasmaexpandergabe, Blasenkatheter.
Blausäure Cyanwasserstoffsäure, Cyankali, Ungeziefervertilgungsmittel, Chlorcyan, tödl. Dosis ab 0,5–1 mg/kg KG. Einfacher Nachweis: Einige ml Blut in Becherglas, Säure (Schwefel-, Salzsäure) dazu, das entweichende HCN mit Drägerschem Spürröhrchen nachweisen.	Typischer Bittermandelgeruch der Ausatmungsluft, Kratzen im Hals, tiefes Atmen, Angstgefühl, Speichelfluß, Erbrechen, Schwindel; oder: sofortige Bewußtlosigkeit mit oder ohne Krämpfen, anfangs hellrote Hautfarbe, später Atemlähmung, blaue Lippen, Herzstillstand (einige Minuten nach Atemstillstand).	*Sofort:* Sofortige Klinikeinweisung! Falls Gift geschluckt wurde, sofort Erbrechen herbeiführen. Frischluft, Sauerstoffbeatmung, Vorsicht vor Vergiftung der Helfer (Gift dringt durch die Haut!), Antidot besorgen! Bei Bewußtlosen 1 Amp. 4-DMAP i. v. *Klinik:* Unbedingt sofort 1 Amp. (3 mg/kg) 4-DMAP = 4 Dimethylaminophenol i. v., anschließend 50–100 ml 10% Natriumthiosulfatlösung, Plasmaersatzpräparat, Natriumbikarbonat (Säuren-Basen-Gleichgewicht), evtl. Herzmassage.
Colchicin Alkaloid, Herbstzeitlose (tödl. Dosis 2–5 g der Samen), Zytostatikum, Gichtmittel.	Nach Latenz (2–6 Std.) Brennen im Mund, Übelkeit, Erbrechen, Darmkrämpfe, wäßrige, evtl. blutige Durchfälle, Durst, Atemnot, Halluzinationen, Angst, Lichtscheu, Gefühlsstörungen, Lähmungen, Krämpfe, Untertemperatur, Herzjagen, Herzrhythmusstörungen, Schock, Atemlähmung.	*Sofort:* Sofort erbrechen lassen, Kohle, Natriumsulfatgabe, Schocklagerung, Wärme, warmen Tee oder Kaffee trinken lassen, Frischluft. *Klinik:* Magenspülung mit Kaliumpermanganat, Plasma(expander)gabe, bei Krämpfen Valium, gegen Darmspasmen Atropin (1 mg 2stündlich s. c.), kein Opium, künstl. Beatmung.

Tab. 1 (Fortsetzung)

Gift	Giftwirkung	Therapie
Coniin tödl. Dosis 0,5 g.	Sofort Speichelfluß, Übelkeit, Erbrechen, später trockener Mund, Durst, Schluckbeschwerden, Durchfall, Seh- u. Hörstörungen, Atemnot, Untertemperatur, Herzrhythmusstörungen, langsamer Puls, von den Beinen aufsteigende Lähmung, Atemlähmung.	*Sofort:* Sofort viel (Kaliumpermanganatlösung) trinken und erbrechen lassen, Kohle und Natriumsulfat, beatmen. *Klinik:* Sofort Magenspülung mit Kaliumpermanganatlösung. Forcierte Diurese! Plasma(expander).
Cyanogene Verbindungen Bei diesen Verbindungen handelt es sich um cyanogene Glykoside und andere Verbindungen.	Cyanogene Verbindungen sind Stoffe, welche bei Enzymeinwirkung Blausäure abspalten. Dies geschieht z. B. bei der Zerstörung der Pflanzenzelle im Magen. Die cyanogenen Verbindungen sind sehr giftige Stoffe, doch meistens nur in geringer Menge in den Pflanzen enthalten. Daher kommt es selten (etwa Samen von Rosaceen wie z. B. Cotoneaster) nach Einnahme cyanogener Pflanzen zu eigentlichen Blausäurevergiftungen, weil die für diese Vergiftung erforderliche, relativ hohe Blausäurekonzentration nicht erreicht wird. Dagegen kommt es meistens zu Magen- und Darmstörungen.	
Digitalis	Herzrhythmusstörungen.	*Sofort:* Erbrechen, Kohle. *Klinik:* Magenspülung, Digitalis-Antidot, Monitorkontrolle.
Glykoside, herzaktive Herzaktive Glykoside bestehen aus einem Aglykon (ein Steroidgerüst mit unterschiedlichen Substituenten) sowie aus einem oder mehreren Zuckern. Sie kommen in zahlreichen Pflanzenfamilien gehäuft vor, wie z. B.: Apocynaceae, Asclepiadaceae, Liliaceae, Ranunculaceae und Scrophulariaceae.	Die Herzglykoside gehören zu den stärksten Pflanzengiften. Vergiftungen mit herzaktiven Glykosiden können zu gefährlichen Herzrhythmusstörungen, Kammerflimmern und eventuell zum Herzstillstand führen. Bei diesen Vergiftungen steht die Herzmuskelschädigung im Vordergrund, und Herzfunktionsstörungen beherrschen das klinische Bild. Daneben kommt es aber auch zu gastrointestinalen Symptomen sowie zu neurotoxischen Wirkungen wie Kopfschmerzen, Müdigkeit und Schlaflosigkeit.	

Tab. 1 (Fortsetzung)

Gift	Giftwirkung	Therapie
Glyoxylsäure in unreifen Früchten (Stachelbeeren), wird zu Oxalsäure abgebaut.	Hämolyse.	*Sofort:* Eiermilch. *Klinik:* Plasma(expander).
Hyoscyamin s. a. Atropin	Weite Pupillen, Herzrhythmusstörungen, Koma.	*Sofort:* Kohle. *Klinik:* Magenspülung, Antidot Physostigmin.
Krampfgifte	Übelkeit, Erbrechen, Erregung, Bewußtlosigkeit, anfangs Blutdrucksteigerung, später starker Blutdruckabfall, Herzjagen, beschleunigte Atmung, später Krampf der Atemmuskulatur und blaue Lippen, Atemlähmung, Lungenödem, Pupillen meist weit, Fieber, schwerste Krampfanfälle.	*Sofort:* Wasser oder Kaliumpermanganatlösung trinken und vorsichtig erbrechen lassen (wegen Krampfgefahr nicht stark reizen!). Kohle-, evtl. Paraffin- u. Natriumsulfatgabe, Ruhe, keine äußeren Reize, bei Krämpfen Taschentuch zwischen Zähne klemmen, beatmen, Haut mit feuchten, kalten Tüchern abkühlen. *Klinik:* Keine Magenspülung vor Intubation (Krampfgefahr), bei Krämpfen Valium i. v., Intubation, künstl. Beatmung.
Mutterkornalkaloide tödl. Dosis ab 5 g. Dihydergot, Hydergin, Gynergen, Cafergot, Ergotren, Methergin, Deseril retard, Yohimbin.	Erregungszustände, Angst, Kopfschmerzen, Schwindel, Erbrechen, Durchfall, Atemnot, Blutdruckanstieg, Sehstörungen, Krämpfe, anfangs Herzjagen, später Pulsabfall, schock, Gefäßkrämpfe, Harnsperre.	*Sofort:* Sofortiges Erbrechen, anschließend 100 ml einer burgunderroten Kaliumpermanganatlösung trinken lassen, Temperatur messen, evtl. Kohlegabe. *Klinik:* Plasma(expander), Valium bei Krämpfen, Magenspülung mit Kaliumpermanganatlösung bei großer Giftmenge, Blasenkatheter, bei Gefäßkrämpfen Atropin i. v.
Nikotin tödl. Dosis ab 40 mg (½ Zigarre, 4 Zigaretten, 8 g Schnupfpulver) für Erwachsene. Für Kinder: ¼ Zigarette harmlos, ab ½ Zigarrette Giftentfernung! Auch Goldregen, Färberginster, deutscher Ginster, Stechginster.	Schwindel, Übelkeit, schmerzhafte, blutige Brechdurchfälle, Kopfschmerzen, Schweißausbrüche, Atemnot, Sehstörungen, Erregung, Krämpfe, Herzrhythmusstörungen, Schock, Nierenversagen, Atemlähmung.	*Sofort:* Sofort viel (z. B. Kaliumpermanganatlösung) trinken und erbrechen lassen. Kohle, Natirumsulfat, Haut und Augen spülen, Frischluft, Schockvorsorge (Ruhe, Wärme). *Klinik:* Bei Pflanzenteilen unbedingt noch Magenspülung (mit Kaliumpermanganat), bei Krämpfen Akineton oder Valium.

Tab. 1 (Fortsetzung)

Gift	Giftwirkung	Therapie
Oxalsäure und Oxalate	MOESCHLIN (1980) gibt die giftigwirkende Menge von Oxalsäure mit 1–5 g an; Todesfälle wurden schon durch 5–15 g Oxalsäure verursacht. Die akute Vergiftung wird von MOESCHLIN wie folgt geschildert: *Frühsymptome:* Nach der peroralen Einnahme (von Oxalsäure) treten sofort heftige Magenschmerzen, Brennen in der Speiseröhre, Brechreiz und Erbrechen von schwärzlichen Massen auf. Bereits in diesem Stadium kann eine halbe bis eine Stunde nach der Giftaufnahme im tiefen Kollaps der Tod eintreten. Als Folge der starken Calciumverarmung entwickeln sich eventuell schwere Krämpfe. Meistens überleben die Patienten jedoch dieses erste Stadium, und es treten anschließend die eigentlichen Spätsymptome der Vergiftung auf. *Spätsymptome:* Zuerst kommt es zu einer Oligurie, in schweren Fällen besteht von Anfang an Anurie. Der eventuell noch ausgeschiedene Urin zeigt ein niedriges spezifisches Gewicht sowie Albuminurie und im Sediment massenhaft Calciumoxalatkristalle (Briefkuvert-Form) und einzelne Zylinder. Es entwickelt sich dann das typische Bild einer mehr oder weniger schweren Urämie mit Ansteigen des Rest-Stickstoffs und des Blutdrucks, wobei klinisch, wenn die Art der Vergiftung nicht bekannt ist, zuerst häufig eine entzündliche Nephritis diagnostiziert wird. Das negative Urinsediment (keine Erythro-, keine Leukozyten, nur vereinzelte Zylinder) sollte aber in solchen Fällen den Verdacht auf das Vorliegen einer Vergiftung lenken. Die Anurie kann in Ausnahmefällen tödlich sein. Meistens erholen sich aber die Patienten wieder, wenn auch sehr langsam, und die Nierenfunktion kehrt allmählich vollkommen zurück.	

Tab. 1 (Fortsetzung)

Gift	Giftwirkung	Therapie
	Häufig ist auch eine mäßige Leberschädigung (Anstieg des Bilirubins auf 2–3 mg %, Ansteigen der Transaminase auf 300–400 E). Eine schwere Hämolyse gehört aber nicht dazu. Dieses Krankheitsbild stimmt auch überein mit dem im Merck-Index wiedergegebenen: Brennend und ätzend für Haut und Schleimhäute. Einnahme kann ernsthafte Gastroenteritis verursachen, mit Erbrechen, Durchfall, mit schwarzem blutigem Stuhl. Nierenschädigung kann eintreten als Ergebnis von Bildung übermäßiger Calciumoxalatkristalle. Krämpfe, Koma und Tod durch cardiovasculären Kollaps können vorkommen. [Klinische Toxikologie von Handelsprodukten, R. E. GOSSELIN et al., Ed. (Williams & Silkins, Baltimore, 4. Ausgabe 1976) Sektion III, S. 260-263.]	
	Oxalatnierensteinbildung Die Oxalsäure spielt bei Personen, die zu Oxalatnierensteinbildung neigen, eine wesentliche und oft nicht genügend berücksichtigte Rolle, insbesondere, weil viel zu wenig bekannt ist, welche Pflanzen Oxalsäure enthalten und wie unterschiedlich der Gehalt – je nach Umweltbedingungen – bei der gleichen Art sein kann (siehe Tab. 2, 3, 4 und 5). Oxalatnierensteine stellen eine ernste Erkrankung dar, deshalb müssen Pflanzen, die einen entsprechenden Oxalsäure- oder Oxalatgehalt haben, zu den Giftpflanzen gerechnet werden. Es liegt hier eine Art Lebensmittelvergiftung vor; allerdings nur bei den hierfür disponierten Personen.	

Tab. 1 (Fortsetzung)

Gift	Giftwirkung	Therapie
	Oxalsäurevergiftungen durch Spinat bei Säuglingen und Kleinkindern Es liegt auf der Hand, daß bei der starken Schwankung des Oxalsäuregehalts bei Spinat Säuglinge, denen dieses Nahrungsmittel oftmals als Erstlingsnahrung gefüttert wird, eine Vergiftung erleiden. Hierbei ist zu berücksichtigen, daß sie im Verhältnis zu ihrem Körpergewicht eine relativ große Nahrungsmenge aufnehmen, andererseits bekanntermaßen Giften gegenüber empfindlicher sind als Erwachsene (auf das Körpergewicht bezogen). Je nach Zubereitungsform und Ausgangsmaterial können die Kinder eine toxische Menge Oxalsäure und Oxalate aufnehmen, so daß eine leichte Vergiftung besteht, die in der Regel als Gastroenteritis diagnostiziert wird. Es sollte deshalb gefordert werden, daß entweder Spinat aus der Säuglingsnahrung verbannt wird, oder aber nur Spinatsorten und Zubereitungsformen verwendet werden, die eine Gewähr dafür bieten, daß der Oxalatgehalt an der unteren Grenze liegt (ROTH et al., 1993)	
Pilzgifte A. Lange Latenzzeit (über 5 Stunden)		
Knollenblätterpilz (Grüner, Weißer und Frühlings-), Lorchel.	Phalloidessyndrom: Latenzzeit 5 bis 12 bis 48 Std., anfangs Gastroenteritis, evtl. mit Dehydratation, Anurie (Urämie), Acidose, beschwerdefreies Intervall, dann Ikterus, Leberkoma, hämorrhagische Diathese, Schock, Hypoglykoämie, Hypothermie, tetaniforme Krämpfe, Lähmungen, Kreislaufversagen.	*Sofort:* Im Verdachtsfall Giftelimination, Klinikeinweisung. *Klinik:* Penicillin G, 3 Tage 1 Mio. E/kg KG i. v. Hämoperfusion (nur in den ersten 24 Std.), Cortison (300 mg/die), Plasmaexpander, Elektrolytkontrolle (evtl. massive Kaliumsubstitution). Bicarbonatsubstitution, Lävuloseinfusionen, Darmsterilisation mit Humatin® (8 Kapseln/die per Magensonde), Bifiteral (3mal/die 50 ml), Konakion®, sedieren, Frischbluttransfusion, Heparinisierung mit 500 IE

Tab. 1 (Fortsetzung)

Gift	Giftwirkung	Therapie
		stdl. Antithrombin-III-Substitution (250 IE 4stdl.). Kohle, Natriumsulfat 4stdl. Bifiteral (2 Eßl. 4stdl.).
Orangefuchsiger Hautkopf (selten).	Oranellasyndrom: Latenzzeit 3 bis 14 Tage, *keine* Gastroenteritis, uncharakteristische Symptome, wie Durst, Zungenbrennen, Obstipation, Dermatitis, Urämie, Herz-Kreislauf-Versagen.	*Sofort:* Giftelimination. *Klinik:* sofort Hämodialyse, Cortison.
B. Kurze Latenzzeit (unter 5 Stunden)		
Bitterpilz, Bleicher Ziegenbart, Dickfuß, Falscher Hallimasch, Flockenstieliger Hexenröhrling (roh), Gelbfleckende Champignons, Grüner Becherling, Kahler Krempling, Karbol-Egerling, Kartoffelbovist, Scharfe Milchlinge, Tiger-Ritterling, Wiesenröhrling.	Gastrointestinales Syndrom. Latenzzeit 1/2 bis 3 Std.: Übelkeit, heftige Gastroenteritis, Koliken, Wadenkrämpfe (Elektrolytverlust), Anurie (Dehydratation), Schock.	*Sofort:* Giftelimination, Kohlegabe. *Klinik:* Elektrolytinfusionen (Kalium!), Plasmaexpandergabe, Antiemetika.
Fliegenpilz, Pantherpilz.	Pantherinasyndrom: Rausch mit Halluzinationen, Tobsucht, Gastroenteritis, Mydriasis, Krämpfe, Lähmung, Koma, Atemstillstand, Kreislaufversagen.	*Sofort:* Giftelimination, Kohle- und Natriumsulfatgabe. *Klinik:* Plasmaexpandergabe, beatmen, Antidot Physostigminsalicylat.
Faltentintling, Schopftintling, Hexenpilz.	Acetaldehydsyndrom: Bei späterer Alkoholeinnahme (bis 3 Tage) Schwindel, Übelkeit, Flush, Kopfschmerzen, Schweißausbrüche, Tachykardie, Schock.	*Klinik:* Plasmaexpander, beobachten, striktes Alkoholverbot für 8 Tage.
Dünnfleischiger Champignon, Mairitterling, Rißpilze, Satansröhrling (s. a. unten), Täublinge, Trichterlinge.	Muskarinwirkung: Miosis, Akkommodationsstörungen, Bradykardie, Hypersalivation, starke Schweißneigung, Schwindel, Dyspnoe, Bronchospasmus, Schock, Lungenödem.	*Sofort:* Schnelle Giftelimination, wiederholte Gaben von Atropin (0,5 bis 2 mg i. m. oder i. v. zur Aufhebung der Schweißneigung oder Miosis). *Klinik:* Plasmaexpandergabe, forcierte Diurese, beatmen.
Gallentäubling, Gelblicher Knollenblätterpilz, Grünblättriger Schwefelkopf, Riesenrötling, Satansröhrling.	Wie Bitterpilz, evtl. Phalloidessyndrom (siehe Knollenblätterpilz).	Siehe Bitterpilz bzw. Knollenblätterpilz.
Birkenreizker.	Latenzzeit 4 bis 5 Std. Wie Bitterpilz, evtl. Phalloidessyndrom, schwere Blutungen, Schock, zentrale Erregung, Koma.	Siehe Bitterpilz bzw. Knollenblätterpilz. *Klinik:* Plasmaexpander, Calcium.

Tab. 1 (Fortsetzung)

Gift	Giftwirkung	Therapie
Saponine	Die bekannteste Eigenschaft der Saponine ist ihre hämolytische Wirkung. Gelangen Saponine in die Blutbahn, so erfolgt eine lebensgefährdende Zerstörung der Erythrozyten. Im üblichen Fall einer Pflanzenvergiftung aber erfolgt die Aufnahme peroral. Durch den unverletzten Magen-Darm-Trakt gelangen die Saponine nicht in die Blutbahn, sofern sie nicht resorbiert werden. Die gastrointestinale Resorption ist bei den Zierpflanzen nur für Cyclamen spec. belegt. Meistens stehen deshalb bei oraler Aufnahme von saponinhaltigen Pflanzen Schleimhautreizungen im Vordergrund, welche zu Übelkeit, Erbrechen und Diarrhoe führen.	*Sofort:* Sab® simplex, Paraffinöl. *Klinik:* Magenspülung, Nierenfunktion, Klinik!
Scopolamin s. a. Atropin	u. a. Mydriasis.	*Sofort:* Erbrechen, Kohle, beatmen. *Klinik:* Antidot Physostigmin.
Toxalbumine Toxalbumine sind giftige Eiweißstoffe, welche z. B. in Rizinus vorkommen. Auch alle rohen Bohnen enthalten Toxalbumine, welche beim Kochen zerstört werden.	Vergiftungen mit Toxalbuminen verlaufen oft sehr schwer. Die wichtigsten Symptome sind: hämorrhagische Gastro-enteritis, Koliken sowie Leber- und Nierenschädigungen.	

Tab. 2: Oxalsäuregehalt in verschiedenen Gemüsearten, angegeben in mg/100 g Frischsubstanz (wsl. = wasserlöslich) (nach ROTH et al. 1993)

Pflanze	SOUCI-FACHMANN-KRAUT(1989/90)				andere Autoren		
	Mittelwert		Schwankungsbreite		Schwankungsbreite		
	gesamt	wsl.	gesamt	wsl.	gesamt	wsl.	Literatur
Gemüseart							
Amarante*					1990	700	LIBERT et al., 1987
Artischocke	8,8	8,3			–		
Aubergine	9,5	6,7			6,9–29		HERMANN, 1972
Bleichsellerie	k. A.[1]				–		
Blumenkohl		4,3			0,0–25	0,0–4,7	ANDREWES, VISER, 1951; HERRMANN, 1972; KOHMANN, 1939; WIDMARK, AHLDIN, 1933; ZAREMBSKI, HODGKINSON, 1962
Bohne, Schnittbohne	43,5	9,6			7,2–61,8		ANDREWS, VISER, 1951; HERRMANN, 1972; HODGKINSON, 1977; ZAREMBSKI, HODGKINSON, 1962
Brokkoli	k. A.				–		
Brunnenkresse	k. A.				–		
Chicoree	27,3				62	17,7	TABEKHIA, 1980
Chinakohl	k. A.				–		
Endivie	2,5	0,0			0,0–27,3		HERRMANN, 1972
Erbse (grün)	0,0				0,0–6,0		ANDREWS, VISER, 1951; HERRMANN, 1972; HODGKINSON, 1977; ZAREMBSKI, KOHMANN, 1933
Feldsalat	0,0				0,0		
Gartenkresse	k. A.				–		
Gartenmelde					800–1600	660–750	LIBERT, FRANCESCHI, 1987
Gartensauerampfer					836–1770	550	LIBERT, FRANCESCHI, 1987; WIDMARK, AHLDIN, 1933
Gemüsefenchel	5,0				–		
Gemüsepaprika	16				0,0–16		HERRMANN, 1972
Grünkohl	7,5	5,3			0,0–125		HERRMANN, 1972
Gurke	0,0				0,0–25		ANDREWS, VISER, 1951
Knollensellerie	6,8	2,1			13–17,5		ANDREWS, VISER, 1951; HERRMANN, 1972; HODGKINSON, 1977

Pflanzen mit für Nierenkranke beachtenswerten Oxalsäuregehalten sind fettgedruckt.
* Peltogyne paniculata Benth, Leguminosae, Brasilien
[1] keine Angabe

Tab. 2 (Fortsetzung)

Pflanze	SOUCI-FACHMANN-KRAUT(1989/90) Mittelwert		Schwankungsbreite		andere Autoren Schwankungsbreite		
	gesamt	wsl.	gesamt	wsl.	gesamt	wsl.	Literatur
Kohlrabi	2,8	2,2			7–31		HERRMANN, 1972
Kohlrübe	0,0				19		ANDREWS, VISER, 1951; HERRMANN,1972
Kopfsalat	0,0				0,0–13,6		ANDREWS, VISER, 1951
Kürbis	0,0				0,5–22		ANDREWS, VISER, 1951; HERRMANN, 1972; KOHMANN, 1939; WIDMARK, AHLDIN, 1933; ZAREMBSKI, HODGKINSON, 1962
Löwenzahn	24,6				–		
Mangold	650,0				110–940		HERRMANN, 1972; HABBEN et al., 1989
Möhre	6,1	2,2			0,0–60		ANDREWS, VISER, 1951; HERRMANN, 1972; HODGKINSON, 1977; KOHMANN, 1939)
Neuseeländer Spinat					650–890		KOHMANN, 1939
Porree	0,0				0,0–89	7,6–	ANDREWS, VISER, 1951; HERRMANN, 1972; TABEKHIA, 1980
Portulak		74,0	218–650		220–1000	–255	TABEKHIA, 1980
Radieschen	0,0				0,0–15		HERRMANN, 1972
Rauke					31	25,4	TABEKHIA, 1980
Rettich	0,0				0,3–25	–19,4	HERRMANN, 1972; HODGKINSON, 1977; TABEKHIA, 1980
Rhabarber Stiele	460	270	290–640	180–350	180–765	80–290	ANDREWS, VISER, 1951; HERRMANN, 1972; KOHMANN, 1939; LIBERT, CREED, 1985; THUESEN, 1982; WEDLER, 1985; HABBEN et al., 1989; WIDMARK, AHLDIN, 1933
Rosenkohl	6,1				0,0–37	–5,8–	HERRMANN, 1972

Tab. 2 (Fortsetzung)

Pflanze	SOUCI-FACHMANN-KRAUT(1989/90) Mittelwert gesamt	wsl.	Schwankungsbreite gesamt	wsl.	andere Autoren Schwankungsbreite gesamt	wsl.	Literatur
Rote Rüben	181	116	89–327	56–209	17–406	–28 –138	ANDREWS, VISER, 1951; HERRMANN, 1972; HODGKINSON, 1977; KOHMANN, 1939; LIBERT, FRANCESCHI, 1987; TABEKHIA, 1980; WEDLER, 1985
Rotkohl	7,4	3,0			0,0		HERRMANN, 1972
Schwarzwurzel	0,0				0,0		HERRMANN, 1972
Spargel	0,0				0,0–15		ANDREWS, VISER, 1951; HERRMANN, 1972; KOHMANN, 1939; WIDMARK, AHLDIN, 1933; ZAREMBSKI, HODGKINSON, 1962
Speisekartoffel	0,0				0,0–64		HERRMANN, 1972
Speisezwiebel	5,5	3,9			1,0–5,7		HERRMANN, 1972
Spinat	442	126			120–1330		ANDREWS, VISER, 1951; HERRMANN, 1972; WEDLER, 1985; WIDMARK, AHLDIN, 1993
Taro	36,0		20–60				
Tomate	0,0				0,0–90		ANDREWS, VISER, 1951; DAVIES, HOBSON, 1981; HERRMANN, 1972; HODGKINSON, 1977; KOHMANN, 1939; TABEKHIA, 1980; WIDMARK, AHLDIN, 1933
Topinambur	k. A.						
Weißkohl			0,0–13		0,6–20		HERRMANN, 1972
Wirsing	4,9	3,3			–		
Zucchini	k. A.						
Zuckermais	k. A.						
Küchenkräuter, Gewürzpflanzen							
Dill**					30–159		HERRMANN, 1972; TABEKHIA, 1980
Gewürzpaprika					45		TABEKHIA, 1980
Meerettich	k. A.						
Petersilie**			0,0–10	0,0–8,9	0,0–239		HERRMANN, 1972; TABEKHIA, 1980

Tab. 2 (Fortsetzung)

Pflanze	SOUCI-FACHMANN-KRAUT(1989/90) Mittelwert gesamt	wsl.	Schwankungsbreite gesamt	wsl.	andere Autoren Schwankungsbreite gesamt	wsl.	Literatur
Schnittlauch**	0,0				0,0–185		HERMANN, 1972

** Als Küchenkräuter werden nur so geringe Mengen angegeben, daß keine Gefahr für Nierensteine bestehen dürfte

Tab. 3: Oxalsäuregehalte im Obst, angegeben in mg/100 g Frischsubstanz (nach ROTH et al., 1993)

Pflanze	SOUCI-FACHMANN-KRAUT (1989/90) Mittelwert	Schwankungsbreite	lösliche Oxalsäure	andere Autoren Schwankungsbreite	Literatur
Kernobst					
Apfel	0,5	0,3–0,7		0,0–30	HERMANN, 1972; HODGKINSON, 1977
Birne	6,2		5,1	0,0–6,7	HERMANN, 1972
Quitte	k. A.[1]				
Steinobst					
Aprikose	6,8		3,4	2,8–14,0	HODGKINSON, 1977; KOHMANN, 1939
Kirsche, Sauer-	4,7		3,3	1,1–4,7	HERMANN, 1972, KOHMANN, 1939
Kirsche, Süß-	7,2		4,3	0,0	KOHMANN, 1939; WIDMARK, AHLDIN, 1933
Mirabelle	10,7		6,6	–	
Pfirsich	0,0			1,2–5,0	KOHMANN, 1939
Pflaume	11,9		6,0	0,0–13,1	HERMANN, 1972
Reineclaude	k. A.				
Beerenobst					
Boysenbeere	k. A.				
Brombeere	12,4		6,8	12,4–18	HERMANN, 1972; KOHMANN, 1939
Erdbeere	15,8		9,9	1,8–47	ANDREWS, VISER, 1951; HODGKINSON, 1977; KOHMANN, 1939; WIDMARK, AHLDIN, 1933; ZAREMBSKI, HODGKINSON, 1962
Heidelbeere	0,0	11,3		0,0–15	HERRMANN, 1972; KOHMANN, 1939

[1] keine Angabe

Tab. 3 (Fortsetzung)

Pflanze	SOUCI-FACHMANN-KRAUT (1989/90) Mittelwert	Schwankungs-breite	lösliche Oxal-säure	andereAutoren Schwankungs-breite	Literatur
Himbeere	16,4		11,3	2,2–42	HODGKINSON, 1977; KOHMANN, 1939; WIDMARK, AHLDIN, 1933; ZAREMBSKI, HODGKINSON, 1962
Johannisbeere, rot	9,9		2,2	7,2–19	KOHMANN, 1939; WIDMARK, AHLDIN, 1933
Johannisbeere, schwarz	k. A.			0,0–27	WIDMARK, AHLDIN, 1933; ZAREMBSKI, HODGKINSON, 1962
Johannisbeere, weiß	k. A.			–	
Moosbeere	k. A.			–	
Preiselbeere	0,0			0,0	WIDMARK, AHLDIN, 1933
Stachelbeere	19,3		10,1	0,0–27	WIDMARK, AHLDIN, 1933; ZAREMBSKI, HODGKINSON, 1962
Weinbeere	8,0		3,3	–	

* Keine Angabe

Tab. 4: Oxalsäuregehalte in tropischen Erzeugnissen, angegeben in mg/100 g Frischsubstanz (nach ROTH et al., 1993)

Exotisches Erzeugnis	SOUCI-FACHMANN-KRAUT Mittelwert	Schwankungs-breite	andere Autoren Schwankungs-breite	Literatur
Acerola (westind. Kirsche)	k. A.*			
Akee (Akipflaume)	k. A.			
Ananas	k. A.		0,0–3,7	HODGKINSON, 1977; WIDMARK, AHLDIN, 1933
Apfelsine	k. A.		2,8–6,2	HODGKINSON, 1977; WIDMARK, AHLDIN, 1993
Avocado	k. A.			
Bambussprossen	252,0		157–462	KOZUKUE et al, 1983; NAKAHARA, 1974
Banane	k. A.		3–69	WYMAN, PALMER, 1964; WILLS et al. 1984
Grapefruit	k. A.		0,0–6,6	HODGKINSON, 1977

* Keine Angabe

Tab. 4 (Fortsetzung)

Exotisches Erzeugnis	SOUCI-FACHMANN-KRAUT Mittelwert	Schwankungsbreite	andere Autoren Schwankungsbreite	Literatur
Kap – Stachelbeere	k. A.		Spuren	HEATHERBELL, 1975
Karambola, Sternfrucht (Averrhoa carambola L.)		40–680	80–1000 70–170 (süß)	JOSEPH, MENDONSA, 1989; WAGNER et al., 1975; WILSON et al., 1982; CAMPELL, KOCH, 1989
Kiwi	Spuren		16–64 (reif)	PERERA, 1990; TURNER, 1980
Mango	36		Spuren	MEDLICOTT, THOMPSON, 1985
Zitrone	k. A.		3,3	WIDMARK, AHLDIN, 1933

* keine Angabe

Tab. 5: Oxalsäuregehalte in Genußmitteln, angegeben in mg/100 g (nach ROTH etal., 1993)

Erzeugnis	SOUCI-FACHMANN-KRAUT Mittelwert	Schwankungsbreite	andere Autoren Schwankungsbreite	Literatur
Kaffee, geröstet	k. A.		4,3	WIDMARK, AHLDIN, 1933
Kakaopulver	470	450–480	338–645	LAGEMANN et al. 1985; WIDMARK, AHLDIN, 1933
– Schokolade	k. A.		1,6–123	HODGKINSON, 1977; LAGEMANN et al., 1985
Tee	k. A.		375–1450	HODGKINSON, 1977; WIDMARK, AHLDIN, 1933
– 3 g/100 ml				WINQUIST et al., 1985
2 min gezogen			8,5	
4 min gezogen			9,7	
10 min gezogen			10,3	

Häufigkeit von Vergiftungen

Etwa 3,5 ‰ der jährlich 10 000 Vergiftungen in München sind Vergiftungen mit Pflanzen oder Pflanzenteilen. Eine versehentliche Aufnahme durch Verschlucken, ein sogenannter Ingestionsunfall, ist die dritthäufigste Vergiftungsursache bei Kindern. Pflanzenvergiftungen bei Erwachsenen verlaufen in der Regel schwerer, ja oft sogar tödlich wie die Knollenblätterpilzvergiftung. Erwachsene nehmen Pflanzenteile aufgrund von Verwechslungen, als vermeintliche Droge absichtlich oder im Rahmen eines Mordversuches auf; auch gewerbliche Unfälle mit Pflanzenextrakten ereignen sich immer wieder.
Hautreaktionen mit Pflanzenteilen im Haushalt oder im Garten sind nicht selten. Gelegentlich werden auch mit Pflanzen Selbstmorde oder Selbstmordversuche unternommen.
Früher gab es häufige Abtreibungsversuche mit Pflanzenextrakten, die tödlich verliefen.

Tab. 6: Häufigkeit von Pflanzenvergiftungen in den USA 1984

Pflanze	Fälle	Pflanze	Fälle
Philodendron	5657	Spargelgrün, Zierspargel	526
Dieffenbachie, Schweigohr	2776	Usambaraveilchen	
Weihnachtsstern	2048	(Saintpaulia ionantha)	523
Geldbaum	2015	(Nephtytis-Arten)	509
Schefflera	1756	Chrysantheme, Winteraster	504
Stechpalme	1657	Löwenzahn	476
Feuerdorn	1071	Zwetschge, Pflaume (Kern)	469
Kermesbeere	949	Schattenröhre	461
Eibe	818	Kolbenfaden	430
Rhododendron, Alpenrose, Azalee	803	Narzisse	428
Efeutute	785	Rhabarber (Blätter)	427
Grünlilie, Graslilie	784	Begonie	425
Spanischer Pfeffer	780	Efeu	411
Eberesche, Vogelbeere	685	Harfenstrauch	403
Geißblatt	656	Mahonie	396
Bittersüßer Nachtschatten	623	Zwergmispel	390
Aloe	622	Oleander	386
Kletternder Giftsumach	600	Weihnachtskaktus, Gliederkaktus	382
Gummibaum	578	Eiche	368
Kleinblättriger Gummibaum	533	Drachenblutbaum	353

Eine Zunahme der Vergiftungen durch Pflanzen ist heute möglich durch zwei Faktoren:

1. kann die verbreitete Unkenntnis der giftigen Pflanzen sowie die daraus resultierende Unbedachtsamkeit bei der Bepflanzung von Gärten, Parks und Kinderspielplätzen durchaus zu einer Zunahme von akzidentellen Vergiftungsfällen führen,
2. könnte eine Neuentdeckung von rauscherzeugenden Pflanzen, wie zum Beispiel den Nachtschattengewächsen, eine Renaissance dieser halluzinogen wirksamen Pflanzen als Suchtmittel hervorrufen.

Bis zu 10 Prozent der in den Giftinformationszentralen eingehenden Anfragen beziehen sich auf die Einnahme von pflanzlichen Drogen. Schwere Intoxikationen sind selten, weil es nur wenige Pflanzen gibt, von denen schon Gramm-Mengen per os gefährlich werden können.

Die stark haut- und schleimhautreizenden Diterpenester des Seidelbasts, Daphne Mecereum, kommen zwar in der ganzen Pflanze vor, im Fruchtfleisch der leuchtend roten Früchte aber nur in Spuren. Deshalb verlaufen die bei Kindern nicht seltenen Ingestionen meist glimpflich. Wenn nämlich der toxinreiche Samen ausgespuckt oder unzerkaut verschluckt wird, bleiben die unangenehmen Giftwirkungen des Seidelbasts aus.

Bei Pflanzen, die herzwirksame Glykoside enthalten, also bei Digitalis purpurea, Maiglöckchen, Convallaria, Oleander u. a., treten wegen des Bittergeschmacks und des meist spontanen Erbrechens Vergiftungen nur relativ selten auf. Tödlich verlief jedoch eine Vergiftung, bei der anstelle von Gurkenkraut Digitalisblätter aus dem Garten als Salatbeilage verwendet wurden. Auch das Trinken von **Fingerhutblättertee** oder von **Oleanderblättertee** hat schon wiederholt zu schweren Intoxikationen geführt. Für solche Fälle steht seit etwa drei Jahren das **Digitalis-Antidot BM** zur Verfügung.

Abkochungen der getrockneten unreifen Kapseln des Schlafmohns, Papaver somniferum, werden heute kaum noch als „Schlaftrunk“ für Kinder verwendet. Vor kurzem jedoch wurde bekannt, daß in der Drogenszene Ziermohnköpfe des Blumenhandels als Ausgangsmaterial für die Herstellung eines nicht ungefährlichen Getränks („O-Tee“) dienten. Der Gehalt an Opiumalkaloiden kann in solchen Zubereitungen beachtlich sein, es sind auch Todesfälle beschrieben worden. Deshalb müssen neuerdings die für Schmuckzwecke verwendeten **Mohnköpfe** „entgiftet“ sein, das heißt, es muß durch eine Behandlung mit Oxidationsmitteln der Gehalt an Alkaloiden stark reduziert sein. Auch hier steht ein spezifisches Morphinantidot zur Verfügung, nämlich **Naloxon**.

Es gibt eine große Zahl von Pflanzen, die bei Hautkontakten zu Erkrankungen führen können, weshalb der

Arzt bei unerklärlichen Hautläsionen immer nach möglichen Berührungen mit Pflanzen fragen sollte. Neben allergischen Phänomenen gibt es auch direkte Einwirkungen auf die Haut, wobei teilweise pflanzeneigene Injektionsmechanismen (Beispiel: Brennessel) eine Rolle spielen. Außerdem gibt es phototoxische Wirkungen, die nur in Zusammenhang mit dem UV-Anteil des Sonnenlichts zum Tragen kommen. Derartige phototoxische Substanzen kommen vor allem in der Familie der Rautengewächse (Gartenraute, Bergamotteöl u. a.) vor, aber auch bei einigen Doldengewächsen, unter denen der neuerdings bei uns stark verbreitete Riesenbärenklau, Heracleum mantegazzianum, besondere Bedeutung erlangt hat. Wenn beim Hantieren mit diesem Doldengewächs Saft der Pflanze auf die Haut gelangt und diese dann einer Sonnexposition ausgesetzt wird, entwickelt sich innerhalb von einigen Stunden an dieser Stelle ein hoch entzündliches, bullöses Exanthem.

(Quelle: Tödlicher Salat. Der Kassenarzt 32 [1987])

Unter den rund 100 giftigen Pflanzen können die folgenden ein Kind besonders gefährden:
1. der Efeu mit seinen schwarzen Beeren;
2. die Eibe mit den scharlachroten Beeren;
3. der Goldregen mit den bohnenartigen Schoten;
4. der Liguster mit seinen blauschwarzen Beeren;
5. das Maiglöckchen mit den hellroten Beeren;
6. das Pfaffenhütchen mit seinen rosa-roten Kapselfrüchten;
7. die Tollkirsche mit den dunklen Kirschen.

Nicht minder gefährlich sind die beliebten Samenketten aus Afrika oder Asien, warnte die Verbraucherzentrale. Nicht selten würden bei der Herstellung hochgiftige Samen verwendet, die für kleine Kinder oder Haustiere, die darauf kauten oder Teile davon schluckten, lebensbedrohlich werden könnten.

Toxizität:

Zu jeder Pflanze sind die nach unseren Erfahrungen auftretenden Gefährlichkeitsgrade wie „wenig giftig", „giftig" und „sehr giftig" zugeteilt. Diese Einführung gilt einerseits nicht für die versehentliche Einnahme minimaler Pflanzenteile (Lutschen am Blatt, Verschlucken von bis zu 3 Beeren): hier erübrigt sich mit Ausnahme der sehr giftigen Pflanzen jegliche Therapie; sie gilt andererseits auch nicht für die Berührung oder Einnahme von Pflanzenkonzentraten; hier sollte nach den Therapievorschriften der Reinsubstanzen behandelt werden und in jedem Falle das Gift entfernt werden.
In Extremfällen kann auch eine schwach giftige Pflanze zu lebensbedrohlichen Vergiftungserscheinungen führen, wenn eine größere Menge z.B. durch Verwechslung mit üblichen Nahrungsmitteln aufgenommen wurde, und andererseits kann die Aufnahme hochgiftiger Pflanzenteile zu keinerlei Erscheinungen führen, wenn das Gift rechtzeitig entfernt wurde.
Es entscheidet die aufgenommene Dosis.

Tab. 7: Toxizität von Tiergiften im Vergleich mit pflanzlichen und anorganischen Giften; Applikation * intraperitoneal; ** intravenös (Stephan et al., 1985)

Giftstoff	Vorkommen	LD_{50} Maus; subkutan [μg/kg]
Tiergifte		
Batrachotoxin	Farbfrosch (Phyllobates aurotaenia)	2
Tetrodotoxin (Tarichatoxin)	Molch (Taricha torosa)	8
Saxitonin	Muschel (Mytilis edulis)	9
Ciguateratoxin	Schnapperfisch (Lytjanida bohar)	80*
Cobrotoxin	Giftnatter, Kobra (Naja naja atra)	90
Bufotoxin	Kröte (Bufo bufo)	400
Cotoxin	Klapperschlange (Crotalus durissus terrificus)	500
Melittin	Biene (Apis mellifera)	3 500**

Tab. 7: (Fortsetzung)

Giftstoff	Vorkommen	LD_{50} Maus; subkutan [µg/kg]
Pflanzengifte		
Strychnin	Brechnußgewächs (Strychnus nux-vomica)	500
Curare	Mondsamengewächs (Chondrodendron tomentosum)	500
Muscarin	Pilz (Amanita muscarina)	1 100
Anorganische Gifte		
KCN (Kaliumcyanid)	–	3 000
As_2O_3 (Arsenik)	–	10 000
$HgCl_2$ (Sublimat)	–	23 000

Diagnose:

Vor der Entscheidung einer Therapie muß die Identifizierung einer Giftpflanze stehen, denn so unsinnig eine gründliche Behandlung bei einer vermeintlich giftigen Pflanze ist, so gefährlich, ja vielleicht tödlich könnte der Glaube sein, bei einer Giftpflanzenaufnahme könne man so lange warten, bis Vergiftungssymptome aufgetreten sind und diese dann „symptomatisch“ behandeln. Das wäre ein ärztlicher Kunstfehler.
Falls Pflanzenteile vorhanden sind, können diese aufgrund einer botanischen Beschreibung zugeordnet werden (Giftpflanzen-Computer, Giftnotruf München).
Falls nur Erbrochenes oder Stuhl vorhanden ist, kann bei Pilzen eine Sporenbestimmung durchgeführt werden; bei Amanita ein RIA-Test im Urin; bei allen übrigen Pflanzen im Urin eine Dünnschichtchromatographie zur Identifizierung der Giftbestandteile.

Therapie:

Erste Hilfe – Giftentfernung

- *Hautreizende Gifte (ohne allergieinduzierende Stoffe)*
  Von der Haut werden die Gifte mit warmem Wasser und Seife abgespült; fettlösliche Substanzen wie ätherische Öle werden mit Roticlean® (C. Roth, 76185 Karlsruhe), einem Polyethylenglykol 400, abgespült. Verätzte Hautstellen werden nach der Giftentfernung mit Cortison-Salbe mehrmals täglich eingerieben. Bei Hautwunden wird eine Tetanusprophylaxe durchgeführt.

- *Oral aufgenommene Gifte*
  Als Universal-Antidot von verschluckten Giften sollte in jedem Haushalt Medizinalkohle als Kohle-Pulvis zum Binden der Gifte und zur Verhinderung der Aufnahme ins Blut vorhanden sein.
  Von den Kohlezubereitungen verschiedener Firmen zeigt z. B. Kohle-Pulvis der Fa. Köhler Chemie eine sehr hohe Adsorptionskraft. Aus technischen Gründen wird bei der Intensivbehandlung Vergifteter, bei der Antidotbehandlung oraler Vergiftungen in der Arztpraxis, bei Massenvergiftungen am Unfallort oder bei Anwendung durch Laien die praktische Anwendung von Kohle-Pulvis in der Plastikdose der umständlichen Zubereitung der einzeln verpackten Kohlekompretten vorgezogen. Die negativen Erfahrungen mit der zeitraubenden Zubereitung der Kohlesuspension aus Kompretten haben uns veranlaßt, ausschließlich Kohle-Pulvis zu empfehlen.
  Falls Medizinalkohle nicht vorhanden ist, muß man alternativ ein Erbrechen durchführen lassen, das zwar wesentlich weniger wirkungsvoll sein kann und zudem in der ersten Aufregung selten richtig durchgeführt wird. Zunächst muß der Magen mit viel Flüssigkeit (jede Flüssigkeit außer Alkohol und milchhaltige Flüssigkeit) ausreichend gefüllt werden, dann wird durch Reizen der Rachenhinterwand der Brechvorgang ausgelöst, wobei der Kopf tiefer als der Oberkörper gehalten werden muß. Eventuell muß der Prozeß Trinken-Erbrechen so oft wiederholt werden, bis keine Pflanzenteile mehr erbrochen werden.

Am Ende muß Medizinalkohle (Kohle-Pulvis 10 g) getrunken werden, um die in tiefere Darmabschnitte eingedrungenen Gifte vor ihrer Aufnahme ins Blut ebenfalls zu binden.
Falls jedoch schon eine Änderung der Bewußtseinslage eingetreten ist, wie Benommenheit, Schläfrigkeit, Bewußtlosigkeit oder hochgradige Erregung, muß der Arzt in der Klinik eine Magenspülung durchführen.

- Zur Prophylaxe eines *Schockzustandes* wird Flüssigkeit in Form von Himbeersaft (Kinder) oder warmem Tee zugeführt.

- *Hausapotheke*
  Kohle-Pulvis – Verschluckte Gifte
  Auxiloson-Spray – Eingeatmete Gifte
  Roticlean® – Hautgifte
  Chibro-Kerakain, Isogutt-Spülflasche – Hautgifte

Kliniktherapie – Vitaltherapie

Entsprechend der vermutlich aufgenommenen Giftmenge muß eine kausale Therapie der zu erwartenden Organstörungen durchgeführt werden, damit die in der Literatur beschriebenen Vergiftungssymptome nicht eintreten.

Azidosetherapie:
Zur Anregung der Nierenfunktion und Prophylaxe eines Schocks ist eine Alkalisierung durch eine Infusion von einer molaren Natriumbikarbonatlösung angezeigt.

Beatmen:
Bei Anzeichen einer oberflächlichen Atmung bzw. blauer Lippen oder Bewußtlosigkeit muß sofort eine künstliche Beatmung (Beatmungsbeutel, Intubation, maschinelle Beatmung) eingeleitet werden.

EKG:
Bei Giften, die zu Herzrhythmusstörungen führen können, ist das frühestmögliche Anlegen eines Elektrokardiogramms nötig, um bradykarde Herzrhythmusstörungen (Atropin oder Alupent® zur Therapie) oder tachykarde Herzrhythmusstörungen (Therapie mit Xylocain®, Chinin u. a.) rechtzeitig zu erkennen bzw. zu behandeln. Monitorkontrolle.
Bei Herzstillstand muß eine sofortige Herzdruckmassage und Beatmung eingeleitet werden.
Bei Giften, bei denen bradykarde Herzrhythmusstörungen bis zur Asystolie zu erwarten sind, ist das Anlegen eines passageren Herzschrittmachers zu empfehlen.

Elektrolytsubstitution:
Nach heftigen Brechdurchfällen muß der Elektrolytverlust behoben werden. In leichteren Fällen genügt das wiederholte Trinken einer Flüssigkeit mit einem Elektrolytkonzentrat (z. B. Oralpädon®), bei schweren Elektrolytverlusten muß Kalium, Natrium, Chlor u. a. durch Infusionen ersetzt werden.

Fieber:
Bei einer Hyperthermie wird mit physikalischen Maßnahmen wie Eiswickeln, Fön und mit Medikamenten wie Metamizol (Novalgin®) oder Acetylsalicylsäure das Fieber gesenkt.

Koliken:
Darmkrämpfe oder Koliken werden mit Atropin oder Metamizol intravenös behandelt.

Krämpfe:
Bei epileptiformen Krämpfen wird Valium® (Diazepam) oder ein Barbiturat (Luminal®) intravenös injiziert. Bei wiederholten Krämpfen muß eine Hirnblutung ausgeschlossen werden.

Magenspülung:
Die Magenspülung ist die sicherste und schonendste Therapie zur Entgiftung vor der Resorption. Nach Prämedikation mit Atropin (1 mg i. m.) erfolgt sie bei ansprechbaren Patienten in Bauchlage mit klarem Leitungswasser (40 l). Bei Alkaloiden wird mit einer burgunderfarbenen Kaliumpermanganatlösung das Gift sofort inaktiviert. Durch den Schlauchdurchmesser von 18 mm können auch Pflanzenteile (z. B. Knollenblätterpilz) entfernt werden. Im Anschluß an die Magenspülung wird Kohle-Pulvis (10 g) und Natrium-

sulfat (d.h. Glaubersalz, 2 Eßl.) instilliert. Bei fettlöslichen Giften kann auch Roticlean® (150 ml, Polyethylenglykol) instilliert werden.

Plasmaexpander:
Der durch Vergiftungen hervorgerufene Schock ist meist ein Volumenmangelschock, dem durch sofortige Infusion eines Plasmaexpanders, z. B. Haes 3 % oder in schweren Fällen vom Plasma, begegnet werden kann.

Reanimation:
Bei manchen Giften muß ein initialer Herzstillstand sofort durch Herzmassage, künstliche Beatmung, Adrenalin in den Tubus oder i. v., Azidosetherapie und Plasmaexpander therapiert werden.
Bei wenigen Pflanzengiften ist in schweren Vergiftungsfällen eine forcierte Diurese bzw. eine Hämodialyse und eine Hämoperfusion indiziert.

Gegengifte:

Von den Gegengiften interessieren folgende bei Vergiftungen mit Pflanzen:
Atropin (Atropinum sulfuricum, Amp. à 0,5/1 mg/ml) bei Koliken, Bradykardie.
Dosierung: Erwachsene 1 mg i. m. oder i. v., Säuglinge 0,2 mg, Kinder 0,4–0,6 mg; Wiederholung ca. zweistündlich bei entsprechender Symptomatik.
Calciumglukonat (10-ml-Ampullen, 10 %) bei Allergie, Fluor.
Dosierung: 10 ml 10 %ig wiederholt i. v.
Chibro-Kerakain® (10 ml Tropfflasche, Chibret) bei Verätzungen mit Schmerzen im Auge.
Dosierung: 1–2 Tropfen zur örtlichen Betäubung in jedes Auge vor der Spülung.
Cortison-Salbe bei Verätzungen durch Chemikalien.
Dosierung: mehrmals täglich auftragen.
Dexametason-Spray (Dexamethason-21-Isonicotinat Auxiloson-Dosier-Aerosol) bei Reizstoffinhalationen; Lungenödem, Glottisödem, Laugen- und Säureverätzungen im Mund.
Dosierung: 5 Hübe alle 10 Minuten.
4-DMAP® (4-Dimethylaminophenol, Amp. 250 mg/5 ml, Köhler) bei Blausäurevergiftungen.
Dosierung: 3 mg/kg KG i. v., anschließend Natriumthiosulfat (s. u.).
Isogutt®-Augenspülbeutel (100 ml, Dr. Winzer) bei Säure-Laugenspritzern ins Auge.
Dosierung: mit ganzem Beutel spülen.
Kaliumpermanganat bei Alkaloiden; Blausäure, Glykosiden.
Dosierung: einige Kristalle ins (Magenspül-)Wasser gibt blaustichiges Weinrot (0,05–0,1 %ige Lösung). Ungelöste Kristalle ätzen.
Medizinalkohle Kohle-Pulvis®, (10 g-Becher, Dr. Köhler) bei allen verschluckten Giften.
Dosierung: Becher mit Wasser füllen, schütteln, trinken (Kinder die Hälfte, Säuglinge ein Viertel). Als Alternative zum Erbrechen muß unbedingt eine Menge von 10 g Kohle geschluckt werden. Da bisher als Handelspräparat nur Kohle-Pulvis vorliegt, haben wir in diesem Einzelfall ausschließlich dieses Präparat empfohlen.
Naloxon (Narcanti® Amp. 0,4/1 ml, Winthrop) bei Atemlähmung durch Opiate.
Dosierung: 0,4–0,8 mg i. v., i. m., s. c. (Kinder: 0,01 mg/kg KG).
Roticlean® (Polyethylenglykol MG 400, Roth) zur Hautreinigung oder Magenspülung.
Dosierung: Haut mit Lappen abwaschen oder Baden; 1,5 ml/kg zur Magenspülung.
Natriumsulfat = Glaubersalz als Abführmittel nach der Gabe von Kohle.
Dosierung: Erwachsene 2 Eßl. in Wasser gelöst.
Kinder 1 Eßl., Säuglinge 1 Teel.
Natriumthiosulfat bei Vergiftungen mit Blausäure oder Cyaniden (Amp. 20 ml 10 %, Dr. Köhler).
Dosierung: 50–100 mg/l 10 % i. v.
Physostigmin (Anticholium®, Amp. 2 mg/5 ml, Dr. Köhler) bei Vergiftungen mit Anticholinergika.
Dosierung: 0,03 mg/kg KG i. m. oder i. v., Wiederholung bei Bedarf.

Tab. 8: Giftpflanzen – Wirkung und Therapie*

Giftpflanzen	Toxizität	Giftige Teile					Gift	Symptome										THERAPIE Laie					THERAPIE Arzt								Gegengifte				
		Ganze Pflanze	Blätter	Früchte	Samen	Wurzel/Rinde		Allergie	Hautverätzung	Herzrhythmusst./Stillstand	Innere Erstickung	Magen-Darm-Reizung	Nierenschädigung	Pupillen eng	Pupillen weit	Schock	ZNS-Störung	Beatmen/Herzmassage	Cortison/-Schaum	Haut (PEG) und Augen spülen	Medizinalkohle o. Erbrechen	Schockprophylaxe	Azidosetherapie	Beatmen - Intubation	EKG-Antiarrhythmika	Elektrolytsubstitution (Niere)	Krämpfe (Diazepam)	Magenspülung, Kohle	Plasmaexpander	Reanimation	Atropin	Calciumglukonat	(4-DMAP) Natriumthiosulfat	Naloxon	Physostigmin
Abrus praecatorius	+++		x		x		Toxalbumin (Abria)					x	x			x	x			x	x	x	x			x	x	x	x						
Acalypha hispida	+	x					Alkaloid (Acalyphin) +				x	x				x	x				x	x	x				x	x	x				x		
Acalypha indica	+	x					0,27 % HCN, Quebrachitol				x	x				x	x				x	x	x				x	x	x				x		
Acokanthera oblongifolia	+		x				Glykosid (Vincetoxin)					x					x	x			x	x		x			x	x							
Aconitum napellus	+++	x			x	x	Alkaloide (Aconitin)									x	x	x			x	x	x	x			x	x							
Aconitum vulparia	+++	x			x	x	Alkaloide (Lycaconitin)									x	x	x			x	x	x	x			x	x							
Acorus calamus	+					x	Äther. Öl, Karzinogen/β-Asaron													x															
Actaea spicata	(+)			x			Magnoflorin, Protoanemonin		x			x								x	x		x			x		x	x						
Adenium obesum	++	x					Milchsaft, Pfeilgift										x	x			x	x	x		x			x	x						
Adonis aestivalis	++						Herzwirksame Glykoside:			x		x									x				x	x		x							
Adonis vernalis	++	x					Adonitoxin, K-Strephantin			x		x									x				x	x		x							
Aesculus hippocastanum	(+)			x			unreife Früchte, Samenschalen, Saponine (Aescin)					x			x		x	x			x			x			x	x							
Aethusa cynapium	+++	x					Alkaloid Aethusin								x	x	x										x	x	x						
Agapanthus africanus	+					x	Zwiebel: Sapogenin (Hämolyse)						x			x					x	x													
Agave americana	(+)	x					Saponin, Oxalsäure		x			x	x							x	x	x	x			x			x						
Aglaonema commutatem	+++	x					glykosidische Saponine, Aroin		x				x			x	x			x	x	x	x	x			x	x	x						
Agrostemma githago	++	x					Githagin		x							x	x					x		x			x	x	x						

* Eine alphabetische Auflistung der deutschen Bezeichnungen mit den dazugehörigen lateinischen Namen finden Sie im Anschluß an diese Tabelle auf Seite 44.

Tab. 8 (Fortsetzung)

Giftpflanzen	Toxizität	Giftige Teile					Gift	Symptome										THERAPIE Laie					THERAPIE Arzt								Gegengifte				
		Ganze Pflanze	Blätter	Früchte	Samen	Wurzel/Rinde		Allergie	Hautverätzung	Herzrhythmusst./Stillstand	Innere Erstickung	Magen-Darm-Reizung	Nierenschädigung	Pupillen eng	Pupillen weit	Schock	ZNS-Störung	Beatmen/Herzmassage	Cortison/-Schaum	Haut (PEG) und Augen spülen	Medizinalkohle o. Erbrechen	Schockprophylaxe	Azidosetherapie	Beatmen - Intubation	EKG-Antiarrhythmika	Elektrolytsubstitution (Niere)	Krämpfe (Diazepam)	Magenspülung, Kohle	Plasmaexpander	Reanimation	Atropin	Calciumglukonat	(4-DMAP) Natriumthiosulfat	Naloxon	Physostigmin
Ailanthus altissima	+				x		Bitterstoff Quassin; Quercetin (auch Rinde)					x					x	x					x	x			x		x						
Alisma plantago aquatica	(+)	x				x	Flavonoide, Bitterstoff, scharfes äther. Öl		x								x			x	x														
Aloë ferox	+	x					Aloine, Anthrachinon					x	x								x	x				x		x							
Aloë variegata	+	x					Aloine, Anthrachinon					x	x								x	x				x		x							
Amaryllis belladonna	++	x					Lycorin (Zytostatikum)					x	x				x	x			x		x	x		x		x							
Ampelopsis brevipedunculata	(+)	x						x											x	x	x														
Anacardium occidentale	+			x	x		Cardol, Acajuöl		x			x							x	x	x							x							
Anagallis arvensis	+	x					Glykoside, Bitterstoff, Saponin					x					x	x			x			x				x							
Anamirta cocculus	+++			x			Pierotoxin										x	x						x			x	x							
Andromeda polifolia	++		x				Andromedotoxin										x	x						x	x		x	x							
Anemone nemorosa	+	x					Protoanemonin		x			x	x							x	x					x	x	x							
Anemone ranunculoidesb	+	x					Protoanemonin		x			x	x							x	x					x	x	x							
Angelica archangelica	(+)	x					Oxypentadecenlacton	x												x															
Anhalonium	++	x					Mescalin-Alkaloid										x				x			x			x	x							
Anthoxanthum odoratum	(+)	x					Cumarin (Blutgerinnung)														x														
Anthurium-Scherzeranum-Hybriden	+		x				Calciumoxalat					x	x								x					x									
Aphelandra squarrosa	(+)						Calciumoxalat					x	x								x					x									

Apocynum cannabinum	++	x					Cymarin (Strophantidin)			x		x		x					x				x	x		x					
Aquilegia vulgaris	+	x			x		Blausäureglykosid				x								x							x					x
Aralia spinosa	+	x		x			Saponin					x			x				x			x			x	x					
Arctostaphylos uva ursi	(+)	x					Arbutin (Pilocoprinartig)			x				x	x				x	x			x			x	x		x		
Aristolochia clematitis	+	x					Aristolochiasäure (mutagen, carcinogen)					x		x	x				x	x					x	x					
Arnica montana	(+)	x					Bitterstoff, äther. Öl, Quercetin		x			x			x				x			x		x		x					
Artemisia absinthium	(+)	x					Thujon, Absinthin								x				x					x	x	x					
Artemisia cina	++			x	x		Santonin, Artemisin					x			x	x			x		x	x			x	x					
Arum maculatum	+++	x		x			Aroin		x	x		x		x	x			x	x	x		x	x	x	x	x	x				
Asarum europaeum	+	x					Äther. Öl, Asaron, Kampfer					x			x	x			x		x	x				x					
Asclepias tuberosa	+	x					Asclepiadin, Asclepion, Asctuberosid u. a.			x		x			x	x			x			x		x		x					
Aspidosperma quebracho	++	x					Quebrachamin (wie Yohimbin)							x	x	x			x	x		x				x	x				
Atropa belladonna	+++	x					Atropin, Scopdamin, Hyoscyamin			x					x			x				x	x			x					
Aucuba japonica	+	x					Aucubin					x			x	x			x			x			x	x					
Banisteriopsis caapi	++	x					Harmin, Harmalin								x	x						x			x					?	
Baptisia tinctoria	+					x	Cytisin					x							x						x	x					
Begonia-Hybriden	+	x					Calciumoxalat						x						x		x			x							
Beloperone guttata	+	x					Calciumoxalat						x						x		x			x							
Berberis vulgaris	(+)	x		Ø			Berberin, Magnoflorin					x							x					x							
Bougainvillea glabra	(+)											x							x												
Brunfelsia pauciflora	+	x		x		x	Alkaloide								x	x					x	x			x						
Brunfelsia uniflora	+	x		x		x	Alkaloide								x	x					x	x			x						
Bryonia alba	++	x					Bryonin, Bryonidin, Cucurbitacin		x			x	x		x	x		x	x		x	x		x	x						
Bryonia cretica	++	x					Bryonin, Bryonidin, Cucurbitacin		x			x	x		x	x		x	x		x	x		x	x						
Buddleja davidii	(+)	x	x		x		Glykoside, Catalpol, Methylcatalpol					x							x							(x)					
Buxus sempervirens	++		x	x			Cyclobuxin, Alkaloide					x		x	x				x	x		x			x	x	x	x			
Caladium-Bicolor-Hybriden	+	x					ätzender Saft					x							x							x					
Calla palustris L.	+	x					Alkaloid, Oxalate		x			x		x	x		x	x	x			x			x	x					
Caltha palustris L.	+	x					Protoanemonin, Magnaflorin		x			x			x	x	x	x	x			x		x	x	x					
Calycanthus floridus L.	(+)	x			x		Calycanthin u. a.					x							x							(x)					
Calystegia sepium	(+)	x					Harzglykosid					x							x												
Cannabis sativa	+	x					Cannabinol							x	x	x				x		x									
Capsicum annuum	(+)			x			Capsicain	x	x			x	x	x	x		x	x	x	x						x	x				
Caragana arborescens	(+)	x					Cytisin					x			(x)		(x)		x												
Carica papaya	+		x				Alkaloide (Carpain)			x		x	x	x	x				x	x		x			x	x	x				

Tab. 8 (Fortsetzung)

Giftpflanzen	Toxizität	Giftige Teile					Gift	Symptome										THERAPIE Laie					Arzt								Gegengifte				
		Ganze Pflanze	Blätter	Früchte	Samen	Wurzel/Rinde		Allergie	Hautverätzung	Herzrhythmusst./Stillstand	Innere Erstickung	Magen-Darm-Reizung	Nierenschädigung	Pupillen eng	Pupillen weit	Schock	ZNS-Störung	Beatmen/Herzmassage	Cortison/-Schaum	Haut (PEG) und Augen spülen	Medizinalkohle o. Erbrechen	Schockprophylaxe	Azidosetherapie	Beatmen - Intubation	EKG-Antiarrhythmika	Elektrolytsubstitution (Niere)	Krämpfe (Diazepam)	Magenspülung, Kohle	Plasmaexpander	Reanimation	Atropin	Calciumglukonat	(4-DMAP) Natriumthiosulfat	Naloxon	Physostigmin
Cassia acutifolia	(+)	x					Anthrachinon, Glykoside					x					x	x			x			x				x							
Catalpa bignioides	(+)	x					Cumarsäure					x									x														
Catharanthus roseus	++						Alkaloide (Ajmalicin) (Mitosegift: Blutbild!)					x	x			x	x	x					x	x			x								
Caulophyllum thalictroides	+						u. a. Methylcytisin					x					x	x			x			x				x							
Cephaëlis ipecacuanha	+++	x					Alkaloide Emetin, Cephaëlin					x					x	x			x			x		x		x							
Chaenomeles japonica	(+)				x		Cyanogene Glykoside				x										x							(x)					x		
Chaerophyllum temulum	+		x	x			Alkaloid					x			x		x	x			x			x			x	x							x
Chamaecyparis	+++	x					Sabinen, Thujon		x			x	x			x	x	x		x	x	x		x		x	x	x		x					
Cheiranthus cheiri	++	x			x		Herzglykoside			x							x					x			x	x			x						
Chelidonium majus	+++	x					Alkaloide wie Chelidonin		x	x		x				x	x	x		x	x	x	x	x	x	x	x	x	x	x					
Chenopodium anthelminticum	++		x		x		Äther. Öle, Ascaridol, α-Pinen					x				x	x	x			x	x	x	x					x						
Chenopodium vulvaria	(+)	x					Trimethylamin, Bettain										x	x						x			x								
Chimonanthus praecox	(+)		x				Alkaloide, Cyanogene G.				x	x									x							x					(x)		
Chlorophytum comosum	(+)				x		Saponine					x					x		x		x			x				x							
Chrysanthemum-Indicum-Hybriden	(x)	x					Sesquiterpenlacton	x											x	x															
Chrysanthemum vulgare	+	x					Äther. Öl, Thujon					x	x			x	x	x		x	x	x		x			x	x	x						
Cicuta virosa	+++	x				x	Krampfgift Cicutoxin										x	x			x			x			x	x		x					
Cimicifuga racemosa	+	x				x	Triterpenglykoside u. a.		x								x	x		x				x				x							

Cinchona succirubra	+	x					viele Alkaloide (Chinin)			x		x	x			x	x	x			x	x	x	x	x	x	x	x				
Cinnamomum camphora	+	x					Äther. Öle		x			x	x			x	x	x		x	x	x	x	x	x		x	x	x	x			
Cinnamomum zeylanicum	(+)						Äther. Öl, Calciumoxalat			x			x				x	x			x			x	x	x		x					
Citrullus colocynthis	++	x					Glykoside, Citrullol					x	x			x					x	x		x		x		x		x			
Citrus aurantium	(+)	x	x	x			Äther. Öl, Limonen		x			x					x		x	x	x			x		x	x	x					
Clematis alpina	+	x					Protoanemonin u. a.		x			x					x	x		x	x			x		x	x	x					
Clematis recta	+	x					Protoanemonin u. a.		x			x					x	x		x	x			x		x	x	x					
Clematis vitalba	+	x					Protoanemonin u. a.		x			x					x	x		x	x			x		x	x	x					
Clivia miniata	+						Lycorin u. a. Alkaloide					x					x	x			x			x		x	x	x					
Cnicus benedictus	(+)		x				Bitterstoff Cnicin					x	x													x		x					
Codiaeum variegatum pictum	++		x		x		Phorbolester	x											x	x													
Coffea arabica	+				x		Coffein u. a.			x		x				x	x	x			x	x		x	x	x	x	x	x				
Cola acuminata	+				x		Coffein u. a.			x		x				x	x	x			x	x		x	x	x	x	x	x				
Colchicum autumnale	+++	x			x	x	Colchicin (Zellgift)					x	x				x	x			x			x		x		(x)					
Coleus-Blumei-Hybriden	(+)		x				Äther. Öle, Oxalessigsäure					x	x													x		x					
Colutea arborescens	+		x		x		Coluteasäure, Bitterstoff					x										x											
Conium maculatum	+++	x					Alkaloide: Coniin					x				x	x	x		x	x	x	x	x			x	x	x	x			
Consolida regalis	+	x			x		Alkaloide			x		x				x	x	x			x	x		x	x		x	x	x	x			
Convallaria majalis	+++	x		x			Convallatoxin, Digitalisglykoside			x		x				x	x	x		x	x	x		x	x	x		x	x	x			
Copaifera reticulata	(+)	x					Copaivasäure					x	x				x	x		x	x		x			x		x					
Coronilla varia	+	x			x		Psoralen, Digitalisglykoside			x		x									x				x	x		x	x				
Corydalis cava	+	x				x	Alkaloide, Bulbocapnin										x	x			x			x				x					
Cotinus coggygria	(+)	x					Quercetin, Fisetin						x								x					x		(x)					
Cotoneaster	(+)			x			Amygdalin				x										x							(x)			(x)		
Crocus albiflorus	+	x					Safranal, (picro-)Crocin									x	x	x			x	x	x	x				x	x				
Crocus sativus	+	x					Safranal, (picro-)Crocin									x	x	x			x	x	x	x				x	x				
Croton tiglium	+++	x					Phorbol, Crotanosid					x	x			x					x	x		x	x	x		x	x				
Cycas revoluta	(+)	x					Äth. Öle, Alkaloide, Glykoside					x					x				x			x		x		x					
Cyclamen persicum	+	x				x	Cyclamin					x					x	x			x			x			x	x	x				
Cyclamen purpurascens	+	x				x	Cyclamin					x					x	x			x			x			x	x	x				
Daphne cneorum	+++	x		x			Äther. Öle, Daphnin, Mezerein,					x	x			x	x	x			x	x	x	x		x	x	x	x	x			
							LD Kinder 10–12 Beeren																										
Daphne mezereum	+++	x		x			Daphnin, Umbelliferon		x			x	x			x	x	x		x	x	x	x	x		x	x	x	x	x			
							LD Erw. 10 Beeren																										
Daphne striata	+++	x		x			wie Daphne mezereum		x			x	x			x	x	x		x	x	x	x	x		x	x	x	x	x			
Datura stramonium	+++	x			x	x	l-Hyoscyamin, Atropin, Scopolamin		x			x			x	x	x	x		x	x	x		x	x			x	x	x			x
Datura suaveolens	+++	x					Atropin, Scopolamin, Hyoscyamin																										

Tab. 8 (Fortsetzung)

Giftpflanzen	Toxizität	Giftige Teile					Gift	Symptome										THERAPIE Laie					Arzt								Gegengifte				
		Ganze Pflanze	Blätter	Früchte	Samen	Wurzel/Rinde		Allergie	Hautverätzung	Herzrhythmusst./Stillstand	Innere Erstickung	Magen-Darm-Reizung	Nierenschädigung	Pupillen eng	Pupillen weit	Schock	ZNS-Störung	Beatmen/Herzmassage	Cortison/-Schaum	Haut (PEG) und Augen spülen	Medizinalkohle o. Erbrechen	Schockprophylaxe	Azidosetherapie	Beatmen - Intubation	EKG-Antiarrhythmika	Elektrolytsubstitution (Niere)	Krämpfe (Diazepam)	Magenspülung, Kohle	Plasmaexpander	Reanimation	Atropin	Calciumglukonat	(4-DMAP) Natriumthiosulfat	Naloxon	Physostigmin
Delphinium elatum	+++	x			x		Delphinin (wie Aconitin) Alkaloide		x			x	x				x	x		x	x		x	x		x	x	x	x	x					
Delphinium staphisagria	+++				x		Delphinin, Alkaloide		x			x	x				x	x		x	x		x	x		x	x	x	x	x					
Derris elliptica	++					x	Rotenon					x				x	x	x			x	x		x			x	x	x	x					
Dicentra spectabilis	+	x				x	Protopin, Cularin, Sanguinarin		x			x	x			x	x	x	x	x	x	x	x	x		x	x	x	x						
Dictamnus albus							Calciumoxalat																												
Dieffenbachia	+++	x	x				Alkaloide, Cyanogene, Glycoside		x			x	x			x	x	x	x	x	x	x		x		x	x	x	x			x	x		
Digitalis grandiflora	+++	x					Digitalisglykoside			x		x					x			x	x	x		x	x	x		x	x	x					
Digitalis lanata	+++	x					Digitalisglykoside			x		x					x			x	x	x		x	x	x		x	x	x					
Digitalis lutea	+++	x					Digitalisglykoside			x		x					x			x	x	x		x	x	x		x	x	x					
Digitalis purpurea	+++	x					Digitalisglykoside			x		x					x			x	x	x		x	x	x		x	x	x					
Dipladenia	+	x					Alkaloid Melonin B					x					x	x			x			x		x		x							
Dracunculus vulgaris	+++	x		x			Aroin		x			x				x	x	x	x	x	x	x		x		x	x		x						
Dryopteris filix-mas	+					x	Butanon, Phloroglucide					x					x	x			x			x				x							
Duboisia myoporoides	++		x				Scopolamin, Hyoscyamin u. a.								x		x	x			x			x	x			x							x
Ecballium elaterium	++			x			Cucurbitacin					x	x			x	x	x			x	x		x	x	x	x	x	x						
Empetrum nigrum	(+)		x				Quercetin					x					x	x			x		x			x		x							
Ephedra distachya	+	x					Alkaloide, Ephedrin			x		x			x	x	x	x			x	x		x	x			x							x
Epimedium L.-Arten	(+)	x					Kämpferolderivate					x					x	x			x			x		x		x							
Equisetum palustre	+	x					Alkaloide, Nikotin, Kieselsäure					x	x			x	x	x			x	x	x	x		x		x							
Eranthis hyemalis	++	x				x	Herzglykoside			x		x				x	x	x			x	x		x	x	x		x	x	x					

Erysimum crepidifolium																																
Erysium diffusum Ehrh.	+	x					Herzglykoside			x		x				x	x	x			x	x		x		x		x	x			
Erythroxylum coca	++	x					Alkaloid Cocain								x	x	x	x			x	x		x				x	x			
Eschscholzia californica	+	x					Alkaloide									x	x	x			x	x		x				x	x			
Eucalyptus globulus	(+)		x				Ätherische Öle					x				x	x	x			x	x		x				x	x			
Euonymus atropurpureus	++					x	Herzglykoside		x			x									x	x			x	x		x		x		
Euonymus europaeus	++	x		x			Evonosid					x	x			x	x	x			x	x		x		x	x	x		x		
Eunoymus japonicus	++	x		x			Evonosid					x	x			x	x	x			x	x		x		x	x	x		x		
Eupatorium perfoliatum	+	x					Eupathermin, Bitterstoff					x	x				x	x			x			x		x		x				
Euphorbia cyparissias	++	x					Euphorbon		x	x		x	x		x		x	x	x	x	x		x	x	x	x	x	x		x		
Euphorbia fulgens	(+)	x					Diterpene	x				x					x	x	x	x	x			x				x				
Euphorbia helioscopia	++	x					Euphorbon, Phorbolester		x	x		x			x		x		x	x	x				x	x	x	x		x		
Euphorbia lathyris	++	x					Euphorbon, Phorbolester		x	x		x			x		x		x	x	x				x	x	x	x		x		
Euphorbia milii	+	x					Euphorbon, Diterpene					x	x				x	x		x	x			x		x		x				
Euphorbia pulcherrima	(+)	x					Diterpene	x				x					x	x	x	x	x			x				x				
Exoganium purga	++					x	Convolvulin, Jalapin, Harz					x				x					x	x				x		x	x			
Fabiana imbricata	+	x					Alkaloide, Anthrachinone					x			x		x	x			x			x		x		x				x
Fagopyrum esculentum	+		x				Fagopyrin, Rutin, Zyaninin	x				x							x	x	x					x		x				
Fagus sylvatica	(+)			x	x		Saponine, Oxalsäure					x					x	x			x			x		x	x	x				
Fatsia japonica	+	x					Saponine, Oleanolsäure					x	x				x	x			x			x		x		x				
Ferula assa-foetida	+	x					Harz, Glucuronsäure					x					x	x			x			x		x	x	x				
Ficaria verna	+	x				x	Protoanemonin					x									x					x		x				
Ficus (L.)-Arten	(+)	x					Harz, Cumarine					x									x		x			x		x				
Fritillaria imperialis	+					x	Imperialin, Fritillin			x		x	x								x	x			x	x		x				
Fumaria officinalis	+	x					Alkaloide wie Fumarin u. a.					x					x	x			x			x		x	x	x				
Galanthus nivalis	+	x					Alkaloide wie Galanthamin					x		x			x	x			x			x	x	x		x			x	
Galium odoratum	(+)	x					Cumaringlykoside	x													x											
Gardenia jasminoides	(+)			x			Crocin					x									x					x		x				
Gaultheria procumbens	(+)	x					Salicylsäuremethylester					x	x			x					x	x	x			x						
Gelsemium sempervirens	+++	x					Indolalkaloide, Gelsemin			x					x		x	x			x	x	x	x	x	x	x	x	x	x		
Genista germanica	+	x			x		Spartein, Cytisin			x		x	x			x	x	x			x	x		x	x	x			x			
Genista tinctoria	++	x					Alkaloide, Methylcytisin, Spartein			x		x	x			x	x	x			x	x		x	x	x			x			
Glaucium flavum	+	x					Alkaloide					x					x				x	x						x	x			
Globularia punctata	+	x					Globulanin					x				x					x	x				x			x			
Gloriosa superba	++					x	Colchizin									x					x	x		x		x	x		x			
Glycyrrhiza glabra	(+)						Flavonoide, Triterpensäure, Saponine					x									x					x						
Gratiola officinalis	++	x					Triterpene (Gratiogenine)			x		x	x			x		x			x	x				x	x	x	x			

Tab. 8 (Fortsetzung)

Giftpflanzen	Toxizität	Giftige Teile: Ganze Pflanze	Giftige Teile: Blätter	Giftige Teile: Früchte	Giftige Teile: Samen	Giftige Teile: Wurzel/Rinde	Gift	Symptome: Allergie	Symptome: Hautverätzung	Symptome: Herzrhythmusst./Stillstand	Symptome: Innere Erstickung	Symptome: Magen-Darm-Reizung	Symptome: Nierenschädigung	Symptome: Pupillen eng	Symptome: Pupillen weit	Symptome: Schock	Symptome: ZNS-Störung	THERAPIE Laie: Beatmen/Herzmassage	THERAPIE Laie: Cortison/-Schaum	THERAPIE Laie: Haut (PEG) und Augen spülen	THERAPIE Laie: Medizinalkohle o. Erbrechen	THERAPIE Laie: Schockprophylaxe	THERAPIE Arzt: Azidosetherapie	THERAPIE Arzt: Beatmen - Intubation	THERAPIE Arzt: EKG-Antiarrhythmika	THERAPIE Arzt: Elektrolytsubstitution (Niere)	THERAPIE Arzt: Krämpfe (Diazepam)	THERAPIE Arzt: Magenspülung, Kohle	THERAPIE Arzt: Plasmaexpander	THERAPIE Arzt: Reanimation	Gegengifte: Atropin	Gegengifte: Calciumglukonat	Gegengifte: (4-DMAP) Natriumthiosulfat	Gegengifte: Naloxon	Gegengifte: Physostigmin
Guajacum officinale	+						Äther. Öle, Oleanolsäure					x	x			x					x	x		x			x	x	x						
Gynura scandens	+	x					Alkaloide, Saponine										x	x			x			x				x	x						
Hagenia abyssinica	+	x		x			Protokusin					x				x	x	x			x	x		x		x		x	x						
Hedeoma pulegioides	+	x					Äther. Öle, Pulegon					x	x			x	x	x			x	x		x		x		x	x						
Hedera helix L.	+		x	x			Saponine, γ-Hederin					x			x	x	x	x			x	x		x		x	x	x	x						
Heliotropium arborescens	+	x					Pyrrolizidin-Alkaloide			x						x	x	x			x	x		x		x		x	x						
Helleborus foetidus	+++	x					Hellebrin			x		x			x		x	x			x			x	x	x		x	x	x					
Helleborus niger	+++	x					Hellebrin			x		x			x		x	x			x			x	x	x		x	x	x					
Helleborus viridis	+++	x					Hellebrin			x					x		x	x			x			x	x	x	x	x	x	x					
Hepatica nobilis	+						Protoanemonin		x			x	x			x				x	x	x				x		x	x						
Heracleum mantegazzianum	+	x					Furocumarine		x											x															
Heracleum sphondylium	(+)	x					Furocumarine		x											x															
Hesperis matronalis	(+)						Senfölglykoside					x								x	x					x		x							
Hippomane mancinella	+++	x	x	x			Physostigmin (Hippomanin)		x			x		x		x	x	x		x	x	x		x				x	x		x				
Huperzia selago	+	x					Alkaloide (Selagin)					x					x	x			x			x				x	x						
Hydnocarpus kurzii	+	x					Hydnocarpus-Säure					x	x			x	x	x		x	x	x		x		x	x	x	x						
Hydrangea arborescens	(+)	x					Glykosid Hydrangin, Saponin						x				x				x			x				x							
Hydrastis canadensis	++	x					Isochinolin-Alkaloide			x							x	x					x	x		x		x	x						
Hydrocotyle asiatica	+	x					Alkaloide		x										x	x															
Hyoscyamus niger	+++	x			x	x	Atropin, Hyoscyamin			x					x	x	x				x	x		x	x			x		x					x

Hypericum perforatum	(+)	x					Hypericin	x									x	x													
Ilex aquifolium	++		x	x			Rutin, Urolsäure, Theobromin		x		x	x							x				x	x	x	x	x	x			
Impatiens balsamina	(+)	x					Ferula-, p-Cumar-, Kaffeesäure				x				x				x												
Inula helenium	(+)					x	Äther. Öl				x								x												
Iris pseudacorus	+	x					Bitterstoff				x								x					x							
Jatropha curcas	++				x		ätzender Milchsaft	x			x	x			x	x	x	x	x		x			x	x	x	x	x			
Juniperus communis	(+)			x			Äther. Öl				x	x							x					x							
Juniperus sabina	+++	x					Äther. Öl (Thujon) Leber!		x		x	x		x	x	x			x	x	x	x	x	x	x	x	x	x			
Juniperus virginiana	+++	x					Äther. Öl (Sabinen, Limonen)							x	x	x			x	x	x	x			x	x	x				
Kalmia latifolia	+		x				Andrometoxin, Arbutin	x			x				x		x	x	x							x					
Kerria japonica	(+)	x					Cyanogene Stoffe			x									x							x				(x)	
Koelreuteria paniculata	(+)						Saponine, Cyanogen (Samen)			x	x								x							x				(x)	
Laburnum anagyroides	+++	x			x		Alkaloide (Cytisin)				x	x		x	x	x			x	x	x	x			x	x	x	x			
Lactuca virosa	++	x					Lactucin, Lactucopicrin		x		x		x	x	x	x			x	x		x	x			x	x	x			
Lantana camara	+	x		x			Triterpene (Lantaden A, B)				x		x		x	x			x			x				x					?
Lathyrus odoratus	+				x		Aminopropionsäuren, Aminonitril			(x)	x				x				x			x				x				?	
Lathyrus sativus	+				x		Aminopropionsäuren, Aminonitril			(x)	x				x				x			x				x				?	
Lavandula angustifolia	(+)	x					Ursolsäure, Cumarin								x				x							x					
Ledum palustre	+		x				Ledol, Quercetin								x	x			x			x			x	x					
Leucojum vernun (u. aestivum)	+		x			x	Digitalisglykoside (Lycorin)		x		x				x				x			x	x			x					
Ligustrum vulgare	+		x	x		x	Ligustron	x			x			x			x	x	x	x				x		x					
Liriodendron tulipifera	+	x	x				Digitaloid (Glaucin), Cyanogen		x	(x)	x								x				x	x		x				(x)	
Lobelia inflata	++	x					Alkaloid Lobelin		x					x	x	x			x			x	x		x	x		x			
Lolium temulentum	+				x		Temulin (Pyridinbase)								x	x													x	x	
Lonicera caprifolium	+				x		Cyanogene Glykoside, Xylostein		x	x	x								x			x				x				x	
Lonicera nigra	+				x		Cyanogene Glykoside, Xylostein		x	x	x								x							x				x	
Lonicera periclymenum	+				x		Cyanogene Glykoside, Xylostein		x	x	x								x							x				x	
Lonicera xylosteum	+				x		Cyanogene Glykoside, Xylostein		x	x	x								x							x				x	
Lupinus polyphyllus	++				x		Lupinin, Spartein		x		x				x	x			x			x	x			x	x	x			
Lycium barbarum	++	x		x			Hyoscyamin		x				x	x	x	x			x	x		x	x			x		x		x	
Lycopodium clavatum	+	x					Alkaloide Clavatin							x	x	x			x	x	x	x			x	x	x				
Macleaya cordata	+	x					Isochinolinalkaloid Protopin				x				x	x			x			x		x		x					
Magnolia x soulangiana	(+)	x				x	Alkaloid Magnoflorin	x			x				x			x	x			x			x	x					
Mahonia aquifolium	+	x		(x)		x	Alkaloid Berberin				x													x		x					
Maianthemum bifolium	+	x		x			Cumarin (Beeren, Cyanide)			(x)	x			x					x	x						x	x			(x)	
Mallotus philippinensis	(+)	x					Kamala				x			x					x	x				x		x	x				
Malus, Pyrus, Cydonia	++				x		Amygdalin (Cyanid)			x									x							x				x	

Tab. 8 (Fortsetzung)

Giftpflanzen	Toxizität	Giftige Teile					Gift	Symptome										THERAPIE Laie					THERAPIE Arzt								Gegengifte				
		Ganze Pflanze	Blätter	Früchte	Samen	Wurzel/Rinde		Allergie	Hautverätzung	Herzrhythmusst./Stillstand	Innere Erstickung	Magen-Darm-Reizung	Nierenschädigung	Pupillen eng	Pupillen weit	Schock	ZNS-Störung	Beatmen/Herzmassage	Cortison/-Schaum	Haut (PEG) und Augen spülen	Medizinalkohle o. Erbrechen	Schockprophylaxe	Azidosetherapie	Beatmen - Intubation	EKG-Antiarrhythmika	Elektrolytsubstitution (Niere)	Krämpfe (Diazepam)	Magenspülung, Kohle	Plasmaexpander	Reanimation	Atropin	Calciumglukonat	(4-DMAP) Natriumthiosulfat	Naloxon	Physostigmin
Mandragora officinarum	++					x	Atropin, Scopolamin										x	x			x			x				x		x					x
Marrubium vulgare	(+)	x					Marrubin			x		x				x	x	x			x			x				x			x				
Marsdenia cundurango	(+)	x					Rinde Condurangin										x				x						x	x							
Matricaria recutita	(+)	x					Äther. Öle: Allergie												x	x															
Melampyrum-Arten	(+)	x					Aucubin					x					x				x			x				x							
Melilotus officinalis	(+)	x					Cumarin																												
Mentha pulegium	+	x					Äther. Öl, Pulegon, Piperiton					x					x	x			x			x		x		x							
Menyanthes trifoliata	(+)	x					Alkaloide Gentianin					x					x				x			x				x							
Mercurialis perennis	(+)	x					Saponine, Methylamin					x	x				x				x					x		x							
Mesembryanthemum cristallinum	x	x					Oxalsäure, Alkaloide (evtl. Mesembrin)					x	x				x				x		x	x		x		x							
Monstera deliciosa	+	x					Conicinartiges Alkaloid					x	x				x				x			x		x		x							
Mucuna pruriens	+			x			Gallussäure, Alkaloid		x	x						x			x	x	x	x		x				x	x						
Myristica fragrans	+				x		Äther. Öle					x				x	x	x			x	x		x			x	x	x	x					
Myroxylon blasamum	+	x					Cinnamein	x					x			x	x	x	x	x	x	x		x		x		x	x	x					
Myrtus communis	(+)		x				Äther. Öl					x					x		x		x			x				x							
Narcissus pseudonarcissus	+	x				x	Alkaloide Lycorin u. v. a.	x				x					x		x	x	x			x				x							
Narthecium ossifragum	+	x					Saponin (Photosensibilität)	x												x															
Nerium oleander	++	x					Stropesid, Oleandrin			x		x			x		x	x			x			x	x		x	x		x					?

Nertera granadensis	?						?												x													
Nicandra physaloides	+	x				x	Alkaloide Hygrin, Tropinon							x		x			x				x			x						x
Nicotiana glauca	++	x	x	x			Myosmin, Nicotyrin		x		x		x		x	x	x	x	x	x	x	x	x	x	x	x	x	x				
Nicotina tabacum	+++	x	x	x			Alkaloide Nicotin		x		x		x		x	x	x	x	x	x	x	x	x	x	x	x	x	x				
Nigella damascena	(+)	x			x		Äther. Öl, Damascenin				x				x				x	x						(x)	x					
Nuphar lutea	+	x				x	Alkaloide Nuphasin		x					x	x	x	x		x	x		x	x		x	x	x					?
Nymphaea alba	+	x					Nupharin, Nymphalin		x					x	x	x	x		x	x		x	x		x	x	x					?
Oenanthe crocata	+		x			x	Oenanthotoxin		x		x			x	x	x	x		x	x		x	x		x	x	x					?
Ornithogalum caudatum	(+)					x	herzwirksame Glykoside		x										x				x									
Oxalis acetosella	+	x					0,3–1,3 % Alkalioxalate								x	x	x		x	x		x	x	x	x	x	x	x				
Pachysandra terminalis	+	x					Cyclobuxin				x				x	x	x		x	x	x	x		x	x	x	x					
Paeonia officinalis	+	x					Peregrinin				x								x					x		x						
Panax pseudoginseng	(+)					x	Protopanaxadiol u. v. a.				x					x			x			x		x								
Papaver rhoeas	+	x					Alkaloide, Rhoeadin									x	x		x						x	x						
Papaver somniferum	++	x					Opiumalkaloide						x			x	x		x			x				x	x	x			x	
Paphiopedilum	(+)	x	x				Calciumoxalat	x			x								x													
Paris quadrifolia	+	x					Saponine Paridin				x		x			x	x		x			x		x		x	x					
Parthenocissus quinquefolia	(+)	x					Oxalsäure				x	x							x													
Passiflora caerulea	+	x		–			Cyanide-(6 mg/100 g)			x	x								x							x				x		
Passiflora incarnata	+	x		–			Harman, Harmalin									x	x		x			x				x						
Pausinystalia yohimba	++	x					Ajmalicin, Yohimbin u. v. a.	x	x					x	x	x	x		x	x	x	x	x		x	x	x	x				
Pedicularis-Arten	+	x			x		Ancubin				x					x	x		x			x			x		x	x				
Peganum harmala	++	x					Harmin, Harmalin		x							x	x		x			x				x		x				x
Pernettya mucronata	++	x					Acetylandromedol		x		x					x	x		x			x	x			x						x
Petroselinum crispum	(+)	x		x			Äther. Öl Apiin		x		x	x				x			x					x		x			evtl. Toluidinblau			
Peumus boldus	+	x					Boldoglucin, Ascaridol									x	x		x			x			x		x					
Phaseolus coccineus	++			x			Phasin				x				x	x	x		x	x		x	x	x	x	x	x					
Phaseolus vulgaris	++			x			Phasin				x				x	x	x		x	x		x	x	x	x	x	x					
Physalis alkekengi	+	x		?			Physalin A, B, C		x		x								x					x		x						
Physostigma venenosum	++			x			Physostigmin						x		x	x	x		x	x		x				x	x	x	x			
Phytolacca americana	+	x			x	x	Phytolaccatoxin				x					x	x		x			x			x	x	x	x				
Pieris japonica	+	x					Quercetin, β-Amyrin				x					x	x		x			x		x		x						
Pilocarpus jaborandi	+++	x					Pilocarpin, Pilosin		x		x		x			x	x		x			x	x			x	x	x	x			
Piper cubeba	+	x					Äther. Öl Cubebin	x				x				x	x		x			x			x	x						
Piper methysticum	+	x					Kawa-Lactone									x	x		x		x	x				x						?
Piscidia piscipula	+	x					Rotenon, Jamaicin		x			x				x	x		x			x	x			x						

Tab. 8 (Fortsetzung)

Giftpflanzen	Toxizität	Giftige Teile					Gift	Symptome										THERAPIE Laie					Arzt								Gegengifte				
		Ganze Pflanze	Blätter	Früchte	Samen	Wurzel/Rinde		Allergie	Hautverätzung	Herzrhythmusst./Stillstand	Innere Erstickung	Magen-Darm-Reizung	Nierenschädigung	Pupillen eng	Pupillen weit	Schock	ZNS-Störung	Beatmen/Herzmassage	Cortison/-Schaum	Haut (PEG) und Augen spülen	Medizinalkohle o. Erbrechen	Schockprophylaxe	Azidosetherapie	Beatmen - Intubation	EKG-Antiarrhythmika	Elektrolytsubstitution (Niere)	Krämpfe (Diazepam)	Magenspülung, Kohle	Plasmaexpander	Reanimation	Atropin	Calciumglukonat	(4-DMAP) Natriumthiosulfat	Naloxon	Physostigmin
Pittosporum tobira	(+)	x					Alkaloid										x	x			x			x				x							
Plumbago europaea	(+)	x					Plumbagin	x				x							x	x	x														
Podophyllum peltatum	+	x					Podophyllin, Peltatin	x				x	x				x	x			x			x		x	x	x	x	x					
Polygonatum multiflorum	+	x		x			Homoserinlacton			x		x					x	x			x			x		x	x	x	x						
Polygonatum odoratum	+	x		x	x		Chelidonsäure, Saponine			x		x					x	x			x			x		x	x	x	x						
Polygonatum verticillatum	+	x		x	x		Chelidonsäure, Saponine			x		x					x	x			x			x		x	x	x	x						
Primula obconica	+	x					Primin	x											x	x	x														
Prunus-Arten	++			x			Amygdalin i. Kern				x										x		x					x		x			x		
Prunus laurocerasus	++	x	x		x		Prunasin (Blausäure)				x										x		x					x		x			x		
Prunus padus	+				x	x	Amygdalin				x										x		x					x		x			x		
Prunus serotina	+	x					Prunasin (Blausäure)				x										x		x					x		x			x		
Psoralea corylifolia	+	x					Äther. Öl Psoralen		x			x	x			x	x	x	x	x	x	x	x	x		x		x	x						
Ptelea trifoliata	(+)	x					Chinolinalkaloide		x										x	x	x														
Pulsatilla pratensis	+	x					Protoanemonin, Saponin, Glykosid		x			x	x				x	x	x	x	x			x		x		x	x						
Pulsatilla vulgaris	+	x					Protoanemonin, Saponin, Glykosid		x			x	x				x	x	x	x	x			x		x		x	x						
Punica granatum	+			–		x	Alkaloide, Gerbstoffe					x					x	x			x		x	x			x	x		x					
Pyracantha coccinea	(+)			x			Blausäure (gekocht ungiftig)				x										x							x					(x)		
Quassia amara	(+)	x					Quassin					(x)					(x)				x			(x)				(x)							
Ranunculus acris	+	x				x	Ranunculin		x		x	x							x	x	x					x									
Ranunculus bulbosus	+	x				x	Ranunculin		x		x	x							x	x	x					x									

Ranunculus sceleratus	+	x					Ranunculin, Protoanemonin		x							x	x	x			x	x		x				x	x	x		
Rauwolfia serpentina	++					x	Reserpin, Ajmalin u. a.			x		(x)				x	x	x			x	x		x	x		x	x	x	x		
Rhamnus catharticus	+		x		x		Frangulin (Anthracenderivat)					x	x								x		x			x		x				
Rhamnus frangula	+	x		x		x	Frangulin (Anthracenderivat)					x	x								x		x			x		x				
Rhamnus purshianus	+					x	Frangulin (Anthraacenderivat)																									
Rheum palmatum		x				x	Anthroacenderivat Rhein, Oxalsäure (roh!)					x	x								x		x			x		(x)				
Rhinanthus-Arten	(+)	x					Aucubin					x									x		(x)			x						
Rhododendron chrysantum	+	x					Andrometoxin					x			x		x	x			x			x			x	x				?
Rhododendron ferrugineum	++			x			Urolsäure, Rhododendrin				x										x			x			x	x				
Rhododendron simsii	++	x					Acetylandromedol					x					x	x			x			x			x	x				
Rhodotypos scandens	(+)			x			Blausäure				x										x							x				(x)
Rhus toxicodendron	+++	x	x				Urushiol	x	x			x	x				x		x	x	x					x		x				
Rhus typhina	(+)	x					Gerbstoffe, Ellagsäure					x									x					(x)						
Ricinus communis	+++				x		Ricin					x	x			x					x	x	x	x	x	x		x	x	x		
Robinia pseudoacacia	++	x	x				Robin, Phasin					x	x			x	x	x			x	x		x		x	x	x	x	x		
Rosmarinus officinalis	(+)	x	x				Carnosinsäure					x	x			x	x	x			x	x		x			x	x	x			
Rumex acetosa	(+)	x					Oxalsäure						x			x					x	x	x			x		x	x			
Rumex crispus	(+)	x					Oxalsäure, Gerbstoffe			x		x	x			x					x	x		x			x	x	x			
Ruta graveolens	+	x					Äther. Öl Rutin, Psoralen	x	x		x	x		x					x	x	x			x		x	x	x	x	x		
Salsola kali	(+)	x					Äther. Öl Thujon, Gerbstoff																									
Sambucus ebulus	+	x			x		Bitterstoff, Spuren von Blausäure				x	x									x							x				(x)
Sambucus nigra	+			x		x	Blausäure Sambunigrin (unreife Früchte!)				(x)										x											(x)
Sambucus racemosa	+		–	x		x	Blausäure				(x)										x											(x)
Sanguinaria canadensis	++	x				x	Alkaloide Oxysanguinarin					x				x	x	x			x	x		x				x	x	x	x	
Sanseveria trifasciata	+	x					Säuren, Sapogenin					x	x			x					x	x		x				x	x			
Santalum album	+	x					Äther. Öl, Santalol	x				x	x								x					x		x				
Saponaria officinalis	+	x				x	Saponin, Vitexinglukoside					x	x				x				x			x		x		x	x			
Sarcococca saligna	+		x	x			Buxin										x		x		x			x			x	x	x			
Sarothamnus scoparius	+	x					Spartein u. a. Alkaloide			x		x				x	x	x			x	x		x			x	x	x	x		
Sassafras albidum	+	x					Safrol, Pinen	x				x	x				x	x			x			x			x	x	x			
Sauromatum venosum	+++	x		x			Aroin		x			x				x	x	x	x	x	x	x	x	x		x	x	x	x	x		
Schinus terebinthifolius	++	x		x			Äther. Öl Limonen u. Pinen, Carvacrol, Anacardsäure					x	x				x	x			x		x	x		x	x	x	x			
Schoenocaulon officinale	++				x		Veratrin, Veratridin u. a.	x				x				x	x	x	x	x	x	x		x	x	x	x	x	x	x		
Scilla bifolia	+	x			x		Saponine, Herzglykoside	x		x							x		x	x	x			x	x	x	x	x	x			

Tab. 8 (Fortsetzung)

Giftpflanzen	Toxizität	Giftige Teile					Gift	Symptome										THERAPIE Laie					THERAPIE Arzt								Gegengifte				
		Ganze Pflanze	Blätter	Früchte	Samen	Wurzel/Rinde		Allergie	Hautverätzung	Herzrhythmusst./Stillstand	Innere Erstickung	Magen-Darm-Reizung	Nierenschädigung	Pupillen eng	Pupillen weit	Schock	ZNS-Störung	Beatmen/Herzmassage	Cortison/-Schaum	Haut (PEG) und Augen spülen	Medizinalkohle o. Erbrechen	Schockprophylaxe	Azidosetherapie	Beatmen - Intubation	EKG-Antiarrhythmika	Elektrolytsubstitution (Niere)	Krämpfe (Diazepam)	Magenspülung, Kohle	Plasmaexpander	Reanimation	Atropin	Calciumglukonat	(4-DMAP) Natriumthiosulfat	Naloxon	Physostigmin
Scindapsus pictus	(+)						Scindapsin		x										x	x															
Scopolia carniolica	+++	x				x	Atropin, Hyoscyamin			x							x	x		x	x			x	x			x	x	x					x
Sedum acre	+	x					Sedamin, Sedridin u. a.					x					x	x			x			x				x	x						
Semecarpus anacardium	+	x					Cardol	x	x			x							x	x	x					x									
Senecio-Cruentus-Hybriden		x					Senecionin Alkaloide (Leberschäden!)					x	x								x														
Senecio jacobaea	+	x					Pyrrolizidinalkaloide (Leberschäden)					x	x								x														
Silybum marianum	(+)	x					Silybinin										(x)				x														
Simaruba cedron	(+)						Bitterstoff Cedrin					x					(x)				x														
Sisymbrium officinale	+	x					Senfölglkykoside, digitaloid			x		x									x				x			x							
Sium latifolium	+					x	Limonen, Pinen			x		x					x	x			x			x				x	x						
Smilax-Arten	(+)	x					Smilagenin Saponin					x	x								x					x									
Solanum dulcamara	+++	x		x			Soladulcidin u. a.			x		x			x	x	x	x			x	x		x	x			x	x	x					x
Solanum nigrum	++	x		x			Solanin			x		x			x		x	x			x			x	x			x							x
Solanum pseudocapsicum	+	x		x			Solanocapsin			x		x			x		x	x			x			x	x			x							x
Solanum sodomaeum	++			x			Solanin					x			x		x	x			x			x	x			x							x
Solanum tuberosum	++					x	Solanin (unreife!)					x			x		x	x			x			x	x			x							
Solidago virgaurea	(+)	x					Saponin Quercetin						x								x					x									
Sorbus aucuparia	(+)			x			ungekocht: Parasorbinsäure					x	x								x					x									
Spathiphyllum floribundum	+	x		x			Aroin		x			x	x				x	x	x	x	x	x		x		x	x	x	x						

Spigelia anthelmia	+	x					Alkaloid Spigeliin					x			x		x	x			x			x				x			
Strophanthus-Arten	+++				x		Strophantine			x		x				x	x				x	x	x	x	x		x	x	x	x	
Strychnos ignatii	+++			x			Strychnin, Brucin									x	x	x			x	x		x			x	x	x		
Strychnos nux-vomica	+++			x			Strychnin, Brucin									x	x	x			x	x		x			x	x	x		
Symphoricarpos albus	+			x			Saponin		x			x								x	x					x		x	x		
Tamus communis	+	x		x		x	Steroid-Saponin, Ca-Oxalat	x				x							x	x	x					x					
Taxus baccata	++	x					Taxin, Ephedrin, Blausäure (Samenmantel ungiftig)				x	x				x	x	x			x	x	x	x	x		x	x	x	x	(x)
Thevetia peruviana	++	x					Cardenolidglykoside			x		x				x	x	x			x	x		x	x		x	x	x		
Thuja occidentalis	+++		x			(x)	Thujon (Lebergift)					x	x			x	x	x			x	x		x			x	x	x		
Thuja orientalis	+++		x			(x)	Thujon (Lebergift)					x	x			x	x	x			x	x		x			x	x	x		
Trillium erectum	+					x	Saponine Trillin u. a.			x		x					x	x			x			x		x	x	x	x		
Trollius europaeus	+	x					Protoanemonin, Magnoflorin	x	x			x							x	x	x					x					
Tropaeolum maius	(+)				x		Benzylsenföl, Benzylcyanid, Oxalsäure		x		?	x							x	x	x										?
Tulipa gesnerana	+	x				x	Tulipin, Tuliposid	x											x	x											
Tussilago farfara	+	x					Senkirkin, Senecionin (Lebersarkom)																								
Ulex europaeus	++		x	x			Cytisin					x		x		x	x	x			x	x		x		x	x	x	x	x	
Urginea maritima	++	x				x	Scillaren			x		x				x	x	x			x	x		x	x			x	x	x	
Urtica dioica	(+)		x				Ameisensäure, Histamin	x											x	x											
Vaccinium myrtillus	(+)		x				Quercetin, Hydrochinon										x				x										evtl. Toluidinblau
Vaccinium uliginosum	+			x			Hyperosid, Friedelin, Catechin					x			x		x	x			x			x				x	x		?
Valeriana officinalis	(+)					x	Didrovaltrat										x	x			x			x				x	x		
Veratrum album	++	x				x	Protoveratin, Germerin			x		x				x	x	x		x	x	x	x	x	x	x		x	x	x	
Veratrum nigrum	++	x				x	Protoveratin, Germerin			x		x				x	x	x		x	x	x	x	x	x	x		x	x	x	
Veratrum viride	++	x				x	Protoveratin, Germerin			x		x				x	x	x		x	x	x	x	x	x	x		x	x	x	
Viburnum lantana	+		x	–		x	Viburnin, Amyrin, Oxalate			x		x	x				x	x			x			x				x			
Viburnum opulus	+		x	–		x	Viburnin, Amyrin, Oxalate			x		x	x				x	x			x			x				x			
Vinca minor	+	x					Vincamin			x						x					x	x		x				x	x		
Vincetoxicum hirundinaria	+	x					Vincetoxin			x		x					x	x			x			x			x	x	x		
Viscum album	(+)	x					Viscotoxine, Amyrin u. a.					x				x	x	x			x			x			x	x	x		
Vitex agnus-castus	(+)		x		x		Casticin, Aucubin										x				x										
Wisteria sinensis	+	x		x		x	Wistarin					x	x		x		x	x			x		x	x	x	x		x			?
Xysmalobium undulatum	++					x	Uzaron u. v. a.					x					x	x			x			x		x		x			
Zantedeschia aethiopica	+	x					Leucocyanidin	x				x					x		x	x	x			x		x		x	x		
Zanthoxylum fraxineum	(+)	x					Xanthoxytenin					x	x				x	x			x			x				x	x		
Zingiber officinale	(+)					x	Äther. Öle					x	x								x					x					

Tab. 9: Die in Tabelle 8 aufgeführten Pflanzen nach den deutschen Bezeichnungen alphabetisch sortiert

Deutscher Name	Lateinischer Name
Abendländischer Lebensbaum	Thuja occidentalis
Ackergauchheil	Anagallis arvensis
Acujabaum, Adlerfarn	Pteridium aquilinum
Ähriges Christophskraut	Actaea spicata
Aloë	Aloë ferox
Alpen-Waldrebe	Celmatis alpina
Alpenveilchen	Cyclamen persicum
Alraune	Mandragora officinarum
Amerikanische Waldlilie	Trillium erectum
Amerikanischer Polei	Hedeoma pulegioides
Amerikanisches Wintergrün	Galutheria procumbens
Amerikanisches Wurmkraut	Chenopodium anthelminiticum
Angustura	Galipea officinalis
Aralie	Aralia spinosa
Asant	Ferula assa-foetida
Aufgeblasene Lobelie	Lobelia inflata
Aufrechte Waldrebe	Clematis recta
Bajonettpflanze, Bogenhanf	Sanseveria trifasciata
Baldrian	Valeriana officinalis
Bärentraube	Arctostaphylos uva ursi
Bärlauch	Allium ursinum
Baumartige Hortensie	Hydrangea arborescens
Baumwolle	Gossypium herbaceum
Becherprimel, Giftprimel	Primula obconica
Begonie, Scheifblatt	Begonia-Hybriden
Beinbrech	Narthecium ossifragum
Belladonnalilie	Amaryllis belladonna
Berberitze	Berberis vulgaris
Berg-Wohlverleih, Arnika	Arnica montana
Berglorbeer	Kalmia latifolia
Besenginster	Cytisus scoparius
Betelnußpalme	Areca catechu
Betelpfeffer	Piper betle
Bingelkraut	Mercurialis perennis
Bitterdistel	Cnicus benedictus
Bittere Orange	Citrus aurantium
Bittere Schleifenblume	Iberis amara
Bittersüßer Nachtschatten	Solanum dulcamara
Blasenbaum	Koelreuteria paniculata
Blaue Amaryllis	Agapanthus africanus
Blauer Eisenhut	Aconitum napellus
Blaue Passionsblume	Passiflora caerulea
Bleicher Schöterich	Erysimum crepidifolium
Bleiwurz	Plumbago europaea
Blumengardenie	Gardenia jasminoides
Boldo	Peumus boldus
Bougainvillea	Bougainvillea glabra
Brasilianischer Pfefferbaum	Schinus terebinthifolius
Brechnußbaum	Strychnos nux-vomica
Brechwurzel	Cephaëlis ipecacuanha
Breitblättriger Merk	Sium latifolium
Brunfelsie	Brunfelsia pauciflora
Buchsbaum	Buxus sempervirens
Buchweizen	Fagopyrum esculentum
Bunte Kronwicke	Coronilla varia
Buntnessel-Hybriden	Coleus-Blumei-Hybriden
Buschwindröschen	Anemone nemorosa
Calalbar	Physostigma venenosum
Cedron	Simaruba cedron
Ceylonesischer Zimtbaum	Cinnamomum zeylanicum
Chanlmoogra	Hydnocarpus kurzii
Chinarindenbaum	Cinchona succirubra
Christrose	Hellborus niger
Christusdorn	Euphorbia milii
Christusdorn	Gleditsiatria canthos
Cina, Zitwer	Artemisia cina
Cinerarie, Lausblume	Senecio-Cruentus-Hybriden
Condurango	Marsdenia cundurango
Crotonölbaum	Croton tiglium
Dalmatinische Insektenblume	Chrysanthemum cinerariifoli

Tab. 9 (Fortsetzung)

Deutscher Name	Lateinischer Name
Damaszener Schwarzkümmel, Jungfer im Grünen	Nigella damascena
Deutscher Ginster	Genista germanica
Dieffenbarchie	Dieffenbachia
Diptam	Dictamnus albus
Doldenrebe, Scheinrebe	Ampelopsis brevipedunculata
Doldiger Milchstern	Ornithogalum umbellatum
Duboisia	Duboisia myoporoides
Durchwachsener Wasserhanf	Eupatorium perfoliatum
Eberesche	Sorbus aucuparia
Echte Goldrute	Solidago virgaurea
Echte Kamille	Matricaria recutita
Echte Meerzwiebel	Urginea maritima
Echter Alant	Inula helenium
Echter Safran	Crocus sativus
Echter Steinklee	Melilotus officinalis
Efeu	Hedera helix L.
Efeurute	Scindapsus pictus
Eibe	Taxus baccata
Eidechsenschwanz	Sauromatum venosum
Einbeere	Paris quadrifolia
Einblatt	Spathiphyllum floribuodum
Engelstrompete	Datura suaveolens
Engelwurz	Angelica archangelica
Erbsenstrauch	Caragana arborescens
Erdrauch	Fumaria officinalis
Erlenblättriger Kreuzdorn	Rhamnus purshianus
Eschenblätteriges Gelbholz	Zanthoxylum fraxineum
Essigbaum	Rhus typhina
Eukalyptus	Eucalyptus globulus
Europäische Trollblume	Trollius europaeus
Europäischer Feuerdorn	Pyracantha coccinea
Europäisches Alpenveilchen	Cyclamen purpurascens
Fabiane	Fabiana imbricata
Faulbaum	Rhamnus frangula
Federmohn	Macleaya cordata
Feigenbaum-Arten, Gummibaum-Arten	Ficus (l.)-Arten
Feld-Rittersporn	Consolida regalis
Fenchelholzbaum	Sassafras albidum
Fensterblatt	Monstera deliciosa
Feuerbohne	Phaseolus coccineus
Fieberklee, Bitterklee	Menyanthes trifoliata
Fleischfarbene Passionsblume	Passiflora incarnata
Fräberginster	Genista tinctoria
Frühlings-Adonisröschen	Adonis vernalis
Fuchsflechte	Letharia vulpina
Fünfblättrige Jungfernrebe	Parthenocissus quinqueofolia
Fußblatt	Podophyllum peltatum
Gagelstrauch	Myrica gale
Garten-Balsamine	Impatiens balsamina
Garten-Geißblatt, Jelängerjelieber	Lonicera caprifolium
Garten-Tulpe	Tulipa gesnerana
Gartenbohne	Phaseolus vulgaris
Gartensalbei	Salvia officinalis
Gebänderte Lanzenrosette	Aechmea fasciata
Gefleckter Aronstab	Arum maculatum
Gefleckter Schierling	Conium maculatum
Geißklee	Galega officinalis
Gelbe Teichrose	Nuphar lutea
Gelber Blasenstrauch	Colutea arborescens
Gelber Eisenhut	Aconitum vulparia
Gelber Fingerhut	Digitalis lutea
Gelber Kommohn	Glaucium flavum
Gelber Oleander	Thevetia peruviana
Gelbes Windröschen	Anemone ranunculoides
Gemeine Akelei	Aquilegia vulgaris
Gemeiner Froschlöffel	Alisma plantago aquatica
Gemeine Heckenkirsche	Lonicera xylosteum
Gemeine Küchenschelle	Pulsatilla vulgaris
Gemeine Kugelblume	Globularia punctata
Gemeine Pestwurz	Petasites hybridus
Gemeine Schlangenwurz, Drachenwurz	Dracunculus vulgaris
Gemeine Waldrebe	Clematis vitalba
Gemeiner Andorn	Marrubium vulgare
Gemeiner Bocksdorn	Lycium barbarum
Gemeiner Schneeball	Viburnum opulus
Gemeiner Seidelbast	Daphne mezereum
Gemeiner Stechapfel	Datura stramonium
Gemeiner Wurmfarn	Dryopteris filix-mas

Tab. 9 (Fortsetzung)

Deutscher Name	Lateinischer Name
Gerberstrauch	Coriaria myrtifolia
Gewürzrinde	Cassia acutifolia
Gewürzstrauch	Calycanthus floridus L.
Gift-Hahnenfuß	Ranunculus sceleratus
Gift-Lattich	Lactuca virosa
Giftbeere	Nicandra physaloides
Giftige Rebendolde	Oenanthe crocata
Giftsumach	Toxicodendron
quercifolium	
Ginseng	Panax pseudoginseng
Glanzköblchen	Aphalandra squarrosa
Glyzine, Blauregen	Wisteria sinensis
Götterbaum	Ailanthus altissima
Goldgelbe Alpenrose	Rhododendron
chrysantum	
Goldlack	Cheiranthus cheiri
Goldmohn	Eschscholzia californica
Goldregen	Laburnum anagyroides
Gottesgnadenkraut	Gratiola officinalis
Granatapfelbaum	Punica granatum
Graublättriger Schöterich	Erysium diffusum Ehrh.
Großblütiger Fingerhut	Digitalis grandiflora
Große Brennessel	Urtica dioica
Großer Sauerampfer	Rumes acetosa
Grüne Nieswurz	Hellborus viridis
Grüner Gemer	Veratrum viride
Grünlilie	Chlorophytum comosum
Guajakholzbaum	Guajacum officinale
Gundermann	Glechoma hederacea
Hanf	Cannabis sativa
Hanfartiger Hundswürger	Apocynum cannibinum
Haselwurz	Asarum europaeum
Hecken-Kälberkropf, Traumelkerbel	Chaerophyllum temulum
Heidelbeere	Vaccinium myrtillus
Heidröschen, Rosmarinseidelbast	Daphne cneorum
Herbstzeitlose	Colchicum autumnale
Hoher Rittersporn	Delphinum elatum
Hohler Lerchensporn	Corydalis cava
Huflattich	Tussilago farfara
„Hundertjährige Aloe“	Agave americana
Hundspetersilie	Aethusa cynapium
Iboga	Tabernanthe iboga
Ignatiusbohne	Strychnos ignatii
Ingwer	Zingiber officinale
Jaborandi	Pilocarpus jaborandi
Jakobs-Greiskraut	Senecio jacobaea
Jalapenwinde	Ipomoea purga
Japanische Goldorange	Aucuba japanica
Japanische Lavendelheide	Pieris japonica
Japanische Zierquitte	Chaenomeles japonica
Japanisches Pfaffenhütchen	Eunoymus japonicus
Juckbohne, Kuhkrätze	Mucuna pruriens
Judenkirsche	Physalis alkekengi
Kaffeestrauch	Coffea arabica
Kaiserkrone	Fritillaria imperialis
Kakaobaum	Theobroma cacao
Kaladie	Caladium-Bicolor-Hybriden
Kali-Salzbraut	Salsola kali
Kalmus	Acorus calamus
Kalppertopf-Arten	Rhinanthus-Arten
Kamala	Mallotus philippinensis
Kampferbaum	Cinnamomum camphora
Kanadische Blutwurzel	Sanguinaria canadensis
Kanadische Gelbwurz	Hydrastis canadensis
Kapuzinerkresse	Tropaeolum maius
Kartoffel	Solanum tuberosum
Kaschubaum	Anacardium occidentale
Kathstrauch	Catha edulis
Katzenschwanz	Acalypha hispida
Kermesbeere	Phytolacca americana
Kernobst	Malus, Pyrus, Cydonia
Keulen-Bärlapp	Lycopodium clavatum
Kirschlorbeer	Prunus laurocerasus
Klatschmohn	Papaver rhoeas
Kleeblatt-Lederstrauch	Ptelea trifoliata
kleine Flamingoblume	Anthurium-Scherzeranum-Hybriden

Tab. 9 (Fortsetzung)

Deutscher Name	Lateinischer Name
Kleines Immergrün	Vinca minor
Klettergynure	Gynura scandens
Klivie, Riemenblatt	Clivia minita
Knollige Seidenpflanze	Asclepias tuberosa
Knolliger Hahnenfuß	Ranunculus bulbosus
Kokastrauch	Erythroxylum coca
Kokkelskörner	Anamirta cocculus
Kolabaum	Cola acuminata
Kolbenfaden	Aglao nema commutatem
Koloquintenkürbis	Citrullus colocynthis
Königin der Nacht	Selenicereus grandiflorus
Korallenbäumchen	Solanum pseudocapsicum
Korallenbeere	Nertera granadensis
Korallenstrauch	Erythrina cirsta-galli
Kornrade	Agrostemma githago
Krähenbeere	Empetrum nigrum
Krainer Tollkraut	Scopolia carniolica
Krauser Ampfer	Rumes crispus
Kreuzblättrige Wolfsmilch	Euphorbia lathyris
Kreuzdorn	Rhamnus catharticus
Kubebenpfeffer	Piper cubeba
Läusekraut-Arten	Pedicularis-Arten
Lavendel	Lavandula angustifolia
Lederblümchen	Hepatica nobilis
Lein, Flachs	Linum usitatissimum
Leuchtende Wolfsmilch	Euphorbia fulgens
Liguster	Ligustrum vulgare
Lorbeerbaum	Laurus nobilis
Löwenblatt, Blauer Hahnenfuß	Caulophyllum thalictroides
Löwenzahn	Taraxacum officinale
Madagaskar-Immergrün	Catharanthus roseus
Madagaskarpalme	Pachypodium lamerei
Mahonie	Mahonia aquifolium
Maiglöckchen	Convallaria majalis
Manzinellenbaum	Hippomane mancinella
Mariendistel	Silybum marianum
Märzenbecher, Frühlings-Knotenblume	Leucojum vernum (u. aestivum)

Deutscher Name	Lateinischer Name
Mate-Teestrauch	Ilex paraguariensis
Meerträubelart	Ephedra distachya
Melonenbaum	Carica papaya
Mexikanischer Stachelmohn	Argemone mexicana
Mexikanisches Läusekraut	Schoenocaulon officinale
Milchstern	Ornithogalum caudatum
Mistel	Viscum album
Mittagsblume	Mesembryanthemum cristallinum
Mönchspfeffer	Vitex agnus-castus
Morgenländischer Lebensbaum	Thuja orientalis
Muskatnußbaum	Myristica fragrans
Myrte, Brautmyrte	Myrtus communis
Nachtviole	Hesperis matronalis
Nesselröschen, Goldröschen	Kerria japonica
Nickende Küchenschelle	Pulsatilla pratensis
Nordamerikanischer Spindelbaum	Euonymus atropurpureus
Oleander	Nerium oleander
Osterglocke	Narcissus pseudonarcissus
Osterluzei	Aristolochia ciematitis
Ostindischer Tintenbaum	Semecarpus anacardium
Palmfarn	Cycas revoluta
Papageienaloë, Tigeraloë	Aloë variegata
Paprika	Capsicum annuum
Paternostererbse	Abrus praecatorius
Pechsame	Pittosporum tobira
Persischer Flieder	Melia azedarach
Peruanischer Balsambaum	Myroxylon blasamum
Perückenstrauch	Cotinus coggygria
Petersilie	Petroselinum crispum
Peyott, Schnapskopf	Lophophora williamsii
Pfaffenhütchen	Euonymus europaeus
Pfingstrose	Paeonia officinalis
Picietel	Nicotiana glauca
Piscidie	Piscidia piscipula
Poleiminze	Mentha pulegium
Purgiernußbaum	Jatropha curcas
Quassiabaum	Quassia amara
Quebrachobaum	Aspidosperma quebracho
Quirlblättrige Weißwurz	Polygonatum verticillatum

Tab. 9 (Fortsetzung)

Deutscher Name	Lateinischer Name	Deutscher Name	Lateinischer Name
Rabinie	Robinia pseudoacacia	Schnurbaum	Sophora japonica
		Schöllkraut	Chelidonium majus
Rainfarn	Chrysanthemum vulgare	Schuhblume	Pedilanthus tithmaloides
Rauschbeere	Vaccinium uliginosum	Schuppenwurz	Lathraea squamaria
		Schwalbenwurz	Vincetoxicum hirundinaria
Rauschpfeffer	Piper methysticum		
Rhabarber	Rheum palmatum	Schwarze Heckenkirsche	Loncera nigra
Riesen-Bärenklau	Heracleum mantegazzianum	Schwarzer Gemer	Veratrum nigrum
		Schwarzer Holunder	Sambucus nigra
Ritterstern, Amaryllis	Hippeastrum vittatum	Schwarzer Nachtschatten	Solanum nigrum
		Schwarzer Senf	Brassica nigra
Rosmarin	Rosmarinus officinalis	Schwarzes Bilsenkraut	Hyoseyamus niger
		Seifenkraut	Saponaria officinalis
Rosmarinheide, Gränke	Andromeda polifolia	Silberlinde	Tilia fomentosa
		Skimmie	Skimmia japonica
Roßkastanie	Aesculus hippocastanum	Sockelblumen-Arten	Epimedium L.-Arten
		Sodomsapfel	Solanum sodomaeum
Rostblättrige Alpenrose	Rhododendron ferrugineum		
		Sonnen-Wolfsmilch	Euphorbia helioscopia
Rotbuche	Fagus sylvatica		
Rote Zaunrübe	Bryonia cretica	Sonnenwende, Vanilleblume	Heliotropinon arborescens
Roter Fingerhut	Digitalis purpurea		
Roter Hartriegel	Cornus sanguinea	Spanischer Ginster	Spartium junceum
Ruhmeskrone, Prachtlilie	Gloriosa superba	Spargel	Asparagus officinalis
Saat-Platterbse	Lathyrus sativus		
Sadebaum	Juniperus sabina	Späte Traubenkirsche	Prunus serotina
Sanaparilla	Smilax-Arten	Spinnenpflanze	Clemome spinosa
Sandbüchsenbaum	Hura crepitans	Springgurke	Ecballium elaterium
Schachbrettblume	Fritillaria meleagris	Stechginster	Ulex europaeus
Scharfer Hahnenfuß	Ranunculus acris	Stechpalme	Ilex aquifolium
Scharfer Mauerpfeffer	Sedum acre	Steinobst	Prusuns-Arten
Scharlrockskraut	Ficaria verna	Steinröschen, Gestreifter Seidelbast	Daphne striata
Schattenblume	Maianthemum bifolium	Stephanskraut, Läusesamen	Delphinum staphisagria
Scheinkernie	Rhodotypos scandens	Steppenraute	Peganum harmala
Scheinzypresse	Chamaecyparis	Stieleiche	Quercus robur
Schlafmohn	Papaver somniferum	Stinkende Hundskamille	Antehmis cotulan
Schlangenwurzel	Reuwolfia serpentina	Stinkende Nieswurz	Helleborus foetidus
		Stinkender Gänsefuß	Chenopodium vulvaria
Schleimbeere	Sarcococca saligna		
Schmerzwurz	Tamus communis	Strand-Dreizack	Triglochin maritimum
Schmucklilie, Indisches Brennkraut	Acalpha indica	Strophantus	Strophanthus-Arten
Sommer-Adonisröschen	Adonis aestivalis	Sumpf-Schachtelhalm	Equisetum palustre
Schmetterlingsstrauch, Sommerflieder	Buddleja davidii	Sumpf-Schwertlilie	Iris pseudacorus
		Sumpfdotterblume	Caltha palustris L.
Schneebeere	Symphoricarpos albus	Sumpfkalla	Calla palustris L.
		Sumpfporst	Ledum palustre
Schneeglöckchen	Galanthus nivalis	Süßholzstrauch	Glycyrrhiza glabra

Tab. 9 (Fortsetzung)

Deutscher Name	Lateinischer Name
Syrische Seidenpflanze	Asclepias syriaca
Tannen-Bärlapp	Huperza selago
Taubenkropf	Cucubalus
Taumel-Lolch	Lolium temulentum
Teestrauch	Camellia sinensis
Tollkirsche	Atropa belladonna
Tonkabohnenbaum	Dipladenia
	Dipteryx odorata
	Dipteryx oppostifolia
Topfazalee, Stammform	Rhododendron simsii
Torfmyrte	Pernettya mucronata
Trändendes Herz	Dicentra spectabilis
Trauben-Holunder	Sambucus racemosa
Trauben-Kirsche	Prunus padus
Trichterwinde	Ipomoea tricolor
Trompetenbaum	Catalpa bignioides
Tubawurzel	Derris elliptica
Tulpen-Magnolie	Magnolia x soulangiana
Tulpenbaum	Liriodendron tulipifera
Tungölbaum, Holzölbaum	Aleurites fordii
Tüpfel-Johanniskraut	Hypericum perforatum
Venusschuh	Paphiopedilum
Vielblättrige Lupina	Lupinus polyphyllus
Vielblütige Weißwurz	Polygenatum multiflorum
Virginische Zeder	Juniperus virginiana
Virginischer Tabak	Nicotina tabacum
Wacholder	Juniperus communis
Wachsbaum	Acokanthera oblongifolia
Wachtelweizen-Arten	Melampyrum-Arten
Wald-Geißblatt	Lonciera periclymenum
Wald-Sauerklee	Oxalis acetosella
Waldmeister	Galium odoratum
Wandelröschen	Lantana camara
Wanzenkraut, Nordamerikanische Schlangenwurzel	Cimicifuga racemosa
Wasserdost	Eupatroium cannabinum
Wasserfenchel	Oenanthe aquatica
Wassernabel	Centella asiatica
Wassernabel	Hydrocotyle asiatica
Wasserschierling	Cicuta virosa
Wegranke	Sisymbrium officinale
Weihnachtsstern	Euphorbia pulcherrima
Weinraute	Ruta graveolens
Weiße Seerose	Nymphaea alba
Weiße Zaunrübe	Bryonia alba
Weißer Gemer	Veratrum album
Weißer Krokus	Crocus albiflorus
Weißes Sandelholz	Santalum aibum
Wermut	Artemisia absinthium
Wiesen-Bärenklau	Heracleum sphondylium
Wilder Indigo	Baptisia tinctoria
Wilder Jasmin	Gelsemium sempervirens
Winteraster	Chrysanthenum-Indicum-Hybridum
Winterblüte	Chimonanthus praecox
Winterling	Eranthis hyemalis
Wohlriechende Platterbse	Lathyrus odoratus
Wohlriechende Weißwurz	Polygonatum odoratum
Wohlriechendes Ruchgras	Anthoxanthum odoratum
Wolliger Fingerhut	Digitalis lanata
Wolliger Schneeball	Viburnum lantana
Wüstenrose	Adenium obesum
Wunderbaum, Rzinuspalme	Ricinus communis
Wunderstrauch	Codiaeum variegatum pictum
Wurmkraut	Spigelia anthemia
Yohimbe	Pausinystalia yohimba
Ysander	Pachysandra terminalis
Zaunwinde	Calystegia sepium
Zierhopfen, Zimmerhopfen	Beloperone guttata
Zimmeraralie	Fatsia japonica
Zimmercalla	Zantedeschia aethiopica
Zweiblättriger Blaustern	Scilla bifolia
Zwergholunder	Sambucus ebulus
Zwergmispel	Contoneaster
Zypressen-Wolfsmilch	Euphorbia cyparissia

Literatur:

ANDREWS, J. C., VISER, E. T.: The Oxalic Acid Content of Some Common Foods. Food Research 16, 306–312 (1951)
BENIGNI, R., CAPRA, C., CATTORINI, P. E.: Piante medicinali, Vol. I–II, 1832 S., Inverni Della Beffa, Milano (1964, 1971)
BRAUN, H.: Heilpflanzen-Lexikon für Ärzte und Apotheker, 4. Aufl, 302 S., Fischer Verlag, Stuttgart, New York (1981)
BRUGSCH, H., KLIMMER, O.: Vergiftungen im Kindesalter, 438 S., 2. Aufl., F. Enke Verl., Stuttgart (1966)
BUCKINGHAM, J.: Dictionary of Organic Compounds, fifth edition, Vol. I–VII, published by Chapman and Hall, New York, London, Toronto (1982)
BUFF, W., DUNK, K.: Giftpflanzen in Natur und Garten, 352 S., Augsburger Druck- u. Verlagshaus, Augsburg (1980)
Bundesanstalt für Qualitätsforschung pflanzlicher Erzeugnisse (BAQ) 1963, unveröffentlicht
Bundesanstalt für Qualitätsforschung pflanzlicher Erzeugnisse (BAQ), unveröffentlicht (1965–1968)
CAMPBELL, C. A., KOCH, K. E.: Sugar/acid composition and development of sweet and tart carambola fruit. Journal of the American Society of Horticultural Science 114(3), 455–457 (1989)
CETTO, B.: Der große Pilzführer, 5. Aufl., 3. Bd., BLV-Verlagsges., München, Bern, Wien (1979)
Constructing EINECS: Basic documents, European core inventory (ECOIN), Vol. I–IV, Brussels, Luxembourg (1981)
Constructing EINECS: Compendium of known substances, Vol. I–III, Brussels, Luxembourg (1981)
DAVIES, J. N., HOBSON, G. E.: The Constituents of Tomato Fruit – The Influence of Environment, Nutrition, and Genotype. Crit. Reviews in Food Science and Nutrition 15(3), 205–280 (1981)
Deutsches Arzneibuch, 8. Ausgabe, Deutscher Apotheker Verl., Stuttgart (1978)
ENCKE, F., BUCHHEIM, G., SEYBOLD, S.: Zander Handwörterbuch der Pflanzennamen, 12. Aufl., 844 S., Verl. Eugen Ulmer, Stuttgart (1980)
Europäisches Arzneibuch, Band I–III, Deutscher Apotheker Verlag, Stuttgart, Govi-Verlag, Frankfurt/Main (1974–1978)
FOURNIER, P.: Les quatre flores de la France, 1105 S., Edition P. Lechevalier, Paris (1961)
FROHNE, D., PFÄNDER, H. J.: Giftpflanzen, 290 S., Wissensch. Verlagsges., Stuttgart (1982)
GESSNER, O.: Gift- und Arzneipflanzen von Mitteleuropa, 3. Auf., 582 S., C. Winter-Verl., Heidelberg (1974)
GILDEMEISTER, E., HOFFMANN, FR.: Die ätherischen Öle, 4. Auflage, Akademie Verl., Berlin (1956–1961)
HABBEN, J., WEDLER, A., GARTE, L.: Der Gehalt an qualitätsbestimmenden Inhaltsstoffen in Sorten von Roten Rüben. Die industrielle Obst- und Gemüseverwertung 74(4), 127–129 (1989)
HEATHERBELL, D.A.: Identification and quantitative analysis of sugars and non-volatile organic acids in chinese gooseberry fruit (Actinida chinensis Planch). Journal of the Science of Food and Agriculture 26(6), 815–820 (1975)
HEGI, G.: Illustrierte Flora von Mitteleuropa, Band I–IV, München (1906–1931; 1936–1970)
HERRMANN, K.: Über den Oxalsäuregehalt des Obstes und Gemüses. Zeitschrift für Lebensmittel-Untersuchung und -Forschung 148(4), 206–210 (1972)
HESSE, A.: Oxalsäure und Urolithiasis, GIT Verlag (1983)
HODGKINSON, A.: Oxalic Acid in Biology and Medicine. Academic Press, 319 (1977)
HÖRATH, H.: Gifte, eine Einführung in die Gesetzes- und Giftkunde, 187 S., Wiss. Verlagsges., Stuttgart (1981)
JASPERSEN-SCHIB, R.: Unsere toxischen Garten- und Zimmerpflanzen, Schweiz. Ap. Zeit., 117(15/16) (1979)
JOSEPH, J., MENDONCA, G.: Oxalic acid content of carambola (Averrhoa carambola L.) and bilimbi (Averrhoa bilimbi L.). Proceedings of the Interamerican Society for Tropical Horticulutre 33, 117–120 (1989)
KARRER, W., CHERBULIECZ, E., EUGSTER, C. H.: Konstitution und Vorkommen der organischen Pflanzenstoffe, Ergänzungsband 1–2, Birkenhäuser Verl., Basel, Stuttgart (1977–1981)
KARRER, W.: Konstitution und Vorkommen der organischen Pflanzenstoffe, 2. Aufl, 1205 S., Birkenhäuser, Verl., Basel, Stuttgart (1976)
KARSTEN, G., WEBER, U., STAHL, E.: Lehrbuch der Pharmakognosie, Herausg. E. Stahl, 9. Aufl., 642 S., G. Fischer Verl., Stuttgart (1962)
KEBLE, W.: The New Concise British Flora, 247 S., The Rainbird Publishing Group Limited, London (1982)
KITCHEN, J. W., BURNS, E. .: The effect of maturity on the oxalate content of spinach (Spinacia oleracea L.) Journal of Food Science 30, 589 (1965)
KOHMAN, E. F.: Oxalic acid in Foods and its Behaviour and Fate in the Diet. Journal of Nutrition 18, 233–246 (1939)
KOZUKUE, E., KOZUKUE, N., KUROSAKI, T.: Organic Acid, Sugar and Amino Acid Composition of Bamboo Shoots. Journal of Food Science 48, 935–938 (1983)
LAGEMANN, M., GRAF, V., ANDERS, D.: Bestimmung des Oxalsäuregehaltes von Kakao und Kakaoprodukten mit der Oxalat-Decarboxylase-Methode. Deutsche Lebensmittel-Rundschau 81(5), 140–141 (1985)
LEVIN, L.: Gifte und Vergiftungen (4. Ausg. d. Lehrbuches Toxikologie), Berlin (1929)
LIBERT, B., CREED, C.: Oxalate Content of Seventy-Eight Rhubarb Cultivars and its Relation to some other Characters. Journal of Horticultural Science 60, 257–261 (1985)
LIBERT, B., FRANCESCHI, V. R.: Oxalate in Crop. J. Agricultural Food Chemistry 35, 926–938 (1987)
LIST, P. H., HÖRHAMMER, L. (Hrsg.): Hagers Handbuch der Pharmazeutischen Praxis, 4. Aufl., 8 Bd., Springer Verl., Berlin, Heidelberg, New York (1967–1980)

LUDEWIG, R., LOHS, K.: Akute Vergiftungen, Ratgeber für toxikologische Notfälle, 6. Aufl., 692 S., G. Fischer Verl., Stuttgart, New York (1981)
MACURA, P.: Elsevier's Dictionary of Botany I, Plant names, Amsterdam-Oxford-New York (1979)
MADAUS, G.: Lehrbuch der biologischen Heilmittel, Bd. I–III, G. Thieme Verl., Leipzig (1938)
MEDLICOTT, A. P., THOMPSON, A. K.: Analysis of sugars and organic acids in ripening mango fruits (Mangifera indica L. var. Keitt) by high performance liquid chromatography. J. of the Science of Food and Agriculture 36(7), 561–455 (1985)
MOESCHLIN, S.: Klinik und Therapie der Vergiftungen, 6. Aufl., 640 S., Thieme Verlag, Stuttgart, New York (1980)
Merck Index – Editor M. Windholz, 10th edition, Merck & Co., Inc., Rahway, N. J. (1983)
NAKAHARA, K.: The Oxalic acid content of vegetable foods. Journal of Japanese Society of Food and Nutrition (Eiyo to Shokuryo) 27(1), 33–36 (1974)
NIELSEN, H.: Giftpflanzen, Kosmos Feldführer, Stuttgart (1979)
ORFILA: Allgemeine Toxikologie (1830)
PERERA, C. O., HALLET, J. C., NGUYEN, T. T., CHARLES, J. C.: Calcium Oxalate Crystals: The Irritant Factor in Kiwifruit. J. Food Science 55(4), 1066–1069, 1080 (1990)
POLUNIN, O.: Pflanzen Europas, 3. Aufl., München, Bern, Wien (1977)
ROTH, L.: Krebserzeugende Stoffe, 1. Aufl., 146 S., Wissensch. Verlagsges., Stuttgart (1983)
ROTH, L.: Untersuchung verschiedener Johanniskrautarten auf ihren Gehalt an Hypericin, Südd. Apoth. Ztg. Nr. 36, 653–656 (1953)
ROTH, L.: Die Naturstoffliste, N 77, Karlsruhe (1976)
Römpps Chemielexikon, Herausg. O. A. Neumüller, 7. Aufl., Bd. I–VI, Stuttgart (1972–1977)
Römpps Chemielexikon, Herausg. O. A. Neumüller, 8. Aufl., Bd. I–III, Stuttgart (1979–1983)
SCHMEIL-FITSCHEN: Flora von Deutschland, 84. Aufl., Quelle u. Meyer, Heidelberg (1968)
STAHL, E.: Chromatographische und mikroskopische Analyse von Drogen, G. Fischer Verl., Stuttgart (1970)
STAHL, E.: Dünnschichtchromatographie, ein Laboratoriumshandbuch, 2. Aufl., Springer Verl., Berlin, Heidelberg, New York (1967)
STAHL, E., SCHILD, W.: Pharmazeutische Biologie, Drogenanalyse II: Inhaltsstoffe und Isolierungen, 461 S., G. Fischer Verl., Stuttgart, New York (1981)
STEPHAN, U., ELSTNER, P., MÜLLER, R. K.: BI-Lexikon Toxikologie, Bibl. Institut, Leipzig (1985)
TABEKHIA, M. M.: Total and free Oxalates, Calcium, Magnesium and Iron contents of some fresh vegetables. Deutsche Lebensmittel-Rundschau 76(8), 280–282 (1980).
THUESEN, A.: Sortsvurdering of rabarber 1977–79. Tidsskrift Planteavl 86, 177–184 (1982)
TURNER, N. A.: Micro-determination of Oxalate in Crude Extracts of Plant Tissues. J. Science of Food Agriculture 31, 171–176 (1980)
WAGNER, C. J., BRYAN, W. L., BERRY, R.E., KNIGHT, R. J. Jr.: Carambola selection for commercial production. Proceedings of the Florida State Horticultural Society 88, 466–469 (1975)
WEDLER, A.: Wie problematisch ist Oxalsäure und bei welchen Gemüsearten spielt sie eine Rolle? TASPO magazin Nr. 7, 33–34 (1985)
WEDLER, A.: Wie problematisch ist Oxalsäure. TASPO-magazin Nr. 7, 33–34 (1985)
WIDMARK, E. M. P., AHLDIN, G.: Der Oxalsäuregehalt in vegetabilischen Nahrungsmitteln. Biochemische Zeitschrift 265, 241–244 (1933)
WILLS, R. B. H., LIM, J. S. K., GREENFIELD, H.: Changes in chemical composition of Cavendish banana (Musa acuminata) during ripening. Journal of Food Biochemistry 8(2), 69–77 (1984)
WILSON, C. W., SHAW, P. E., KNIGHT, R. J. Jr.: Analysis of Oxalic Acid in Carambola (Averrhoa carambola L.) and Spinach by High-Performance Liquid Chromatography. J. Agricultural Food Chemistry 30, 1106–1108 (1982)
WINQUIST, C. W., DANIELSSON, B., MALPOTE, J.Y., PERSSON, L., LARSSON, M. B.: Determination of Oxalate with Immobilized Oxalate Oxidase in an Enzyme Thermistor. Analytical Letters 18(85), 573–588 (1985)
WYMAN, H., PALMER, J. K.: Organic Acids in Ripening Banana Fruits. Plant Physiology 39, 630–633 (1964)
ZAREMBSKI, P. M., HODGKINSON, A.: The Oxalic Acid Content of English Diets. British Journal of Nutrition 16, 627–634 (1962)
ZIMMERMANN, H.: Die Giftwirkung des Faltentintlings (Coprinus atramentarius). Schweiz. Z. Pilkde 50, 82 (1972)

Allgemeines – Tiere

Seit Beginn der Menschheitsgeschichte beschäftigen sich Menschen mit Giftstoffen aus dem Tier- und Pflanzenbereich. Die Motive hierzu sind und waren unterschiedlicher Natur. Die einen wollten mit den Giften heilen (Beispiel: Chán su oder Sen-so = getrocknete Krötenhaut, zur Bekämpfung der Herzinsuffizienz in China und Japan vor über 4000 Jahren erstmals erwähnt), die anderen lernten aus Verletzungen mit Todesfolge und nutzten fortan die Gifte für Jagd und Krieg (Beispiel: Pfeilgifte in Südamerika und Afrika).

Seit Anfang dieses Jahrhunderts gelang es den Chemikern und Biologen durch Aufschlüsselung der einzelnen Gifte immer mehr, Licht in die mystifizierte Welt der Gifttiere zu bringen.

Da in neuester Zeit der Ferntourismus stark zunimmt und dabei auch die Kontakte mit giftigen Tieren häufiger werden, werden auch immer mehr Fragen laut, wie man sich schützen oder nach einem eventuellen Unfall verhalten soll. Bei dem Versuch, diese Fragen zu beantworten, stößt man auf eine Fülle an Literatur. Dabei muß man jedoch feststellen, daß es zwar viele einzelne Hinweise, jedoch keine verständliche Übersicht gibt.

Auch in der neueren Literatur tauchen immer wieder „heroische" Behandlungsvorschläge nach Schlangenbissen, wie das früher angewandte Aussaugen der Bißwunde oder der Kreuzschnitt, auf. Andere Autoren empfehlen noch die Einbringung von Oxidantien in die offenen Wunden. Hier soll gezeigt werden, daß diese Methoden heute als obsolet zu betrachten sind. Es werden die neueren Methoden der modernen Toxikologie vorgestellt. Es soll gezeigt werden, daß heute ungefährlichere Maßnahmen zur Verfügung stehen, die schneller, wirksamer und mit weniger Nebenwirkungen behaftet sind, als dies früher der Fall war.

Eine weitere Frage, die sich aufwarf, war die Möglichkeit einer sinnvollen Prävention vor Verletzungen durch Gifttiere. Hier sollen anhand einfacher Verhaltensregeln Hinweise gegeben werden.

Eine weitere Frage ist die Möglichkeit der Ersten Hilfe durch Laienhelfer, Verhalten beim Transport und die ersten Schritte der Therapie in der Klinik. Zur Frage der notwendigen Testung vor Antiserumgabe wird unter Abwägung der Vor- und Nachteile auf verschiedene Methoden hingewiesen.

Die Zahl der Unfälle mit Gifttieren wird weltweit auf ca. 8 Millionen pro Jahr geschätzt. Hiervon nehmen die Insektenstiche mit über 5 Millionen den größten Raum ein. In Anbetracht der 8 Millionen Unfälle, die aufgrund einer hohen Dunkelziffer eher zu niedrig sind, sind die weltweit ca. 45 000 Todesfälle pro Jahr als relativ gering anzusehen. Dies ist nicht zuletzt der Entwicklung sehr guter, spezifischer Gegengifte zu verdanken. Trotz all unserer therapeutischen Möglichkeiten muß jedoch auch heute noch gelten:

„Vorbeugen ist besser als heilen."

Tab. 1: Tierische Gifte

Gift	Giftwirkung	Therapie
Schlangen	Schock, Übelkeit, Erbrechen, Angst, Schwindel, Darmspasmen, Hämolyse, Anurie, Atemlähmung, Herzstillstand.	Extremitäten venös unterbinden, Ruhigstellung, beatmen, *sofort* Schlangengiftserum (bei Kindern gleiche Dosierung), Plasmaexpander, Cortison i. v., kein Calcium, kein Digitalis, evtl. Heparin i. v., Tetanol-Tetagam.
Insekten		
Mücken, Bienen, Wespen, Hornissen, Ameisen, Hummeln.	Lokalreaktion, Schüttelfrost, Fieber, Urtikaria, Erbrechen, Diarrhoe, Krämpfe, Lungenödem, anaphylaktischer Schock, Glottisödem, Herz- und Atemlähmung.	Stachel entfernen, Cortison i. v., Calcium i. v., Locacorten-Schaum, bei vielen Stichen Giftblasen abtragen, evtl. Plasmaexpander, beatmen, Digitalis.

Tab. 1 (Fortsetzung)

Gift	Giftwirkung	Therapie
Giftspinnen, Skorpione Schwarze Witwe, Vogelspinne, Kammerspinne, Wolfspinne, Grüner Dornfinger, Feld- und Hausskorpion. Bananenimporte!	Starke lokale Schmerzen, Erregung, Hypertonie, tetanische Krämpfe, akutes Abdomen, Schock, Arrythmie, Atemlähmung.	Beatmen, Schocktherapie, Ruhigstellung, *sofort* Antiserum i. v. (hilft noch nach 12 Std.), 250 mg Cortision i. v., Plasmaexpander, beatmen (evtl. nach Kurarisierung), lokal Bäder mit Kaliumpermanganatlösung, Antibiotikum.
Fische Petermännchen, Muränen, Korallenfische, Steinfische, Kugelfische, Haie, Seeigel.	Schmerzen, Nekrose, Schwitzen, Tachykardie, Delirien, Krämpfe, Schock.	Stachel ausschneiden, Alkoholumschläge, Locacorten-Schaum, Calcium i. v., Cortison, Plasmaexpander (Haie!), beatmen
Quallen, Aktinien, Meeresschnecken	Dermatitis, Blasenbildung, Krampf der Atemmuskulatur, Schock.	Locacorten-Schaum, Atosil i. v., Calcium i. v., Valium® i. v., beatmen, Plasmaexpander.
Zecken Ixodes ricinus.	Schmerzen, Dermatitis, Infektionskrankheiten, Enzephylomyelitis.	Öl, Fett oder Wundgel auftragen, Kopf am nächsten Tag herausdrehen, Nachbeobachtung, Antiserum, Gammaglobulin.
Raupen, Schmetterlinge	Schmerzen, Dermatitis, Konjunktivitis.	Haare entfernen, Calcium, Cortison, Locacorten-Schaum, Augen spülen.

Besonders gefährdet sind Kinder!

Maßnahmen zum eigenen Schutz:

- Vermeidung des Kontaktes mit Gifttieren, soweit möglich
- Bei Wanderungen festes Schuhwerk
- Wanderungen in gefährdeten Gebieten nicht als Einzelperson unternehmen
- Steine, Sträucher und ähnliches nicht umdrehen
- Bei Kontakt mit Gifttieren heftige, schnelle Bewegungen vermeiden. Nicht nach den Tieren schlagen (die meisten Gifttiere setzen ihren Giftapparat nur zur Verteidigung ein)
- Bei Einbruch der Dunkelheit besondere Vorsicht
- Bei Reisen in ferne Länder sollte vor Reisebeginn eine Notfallapotheke zusammengestellt werden
- Ratschläge von Einheimischen einholen und befolgen
- Den Genuß unbekannter, roher Speisen in fremden Ländern unterlassen

Erstmaßnahmen durch Laienhelfer:

Notwendig ist eine Ausbildung, zum Beispiel im Rahmen der Ersten-Hilfe-Ausbildung bei Führerscheinbewerbern oder in Kursen bei älteren Schülern.

Allgemein gilt:
- Wie in allen Notfallsituationen gilt als erstes, „Ruhe bewahren"
- Anlegen einer venösen Stauung
- Ruhigstellen der betroffenen Extremität
- Desinfektion der Bißstellen
- Schmerzbekämpfung
- Transport in das nächste Krankenhaus und, wenn möglich, schon zum Transport Anlegen einer Infusion

- Wichtig ist die Identifizierung des Tieres, das gebissen hat. Wenn das Einfangen nicht möglich ist, sollte wenigstens eine gute Beschreibung gegeben werden. Auch der Ort, an dem der Unfall stattfand, kann von Bedeutung für die weitere Therapie sein (geographische Rassen).
- Grundsätzlich soll bei jedem Biß eine Tetanusprophylaxe durchgeführt werden. Die Antiserumgabe gehört in die Hand des Arztes. Die Anwendung durch Laien sollte nur im äußersten Notfall erfolgen.
- Der Antiserumgabe muß eine Testung auf Fremdeiweißverträglichkeit vorausgehen.

Eine sehr häufig auftretende Komplikation bei Verletzungen durch Gifttiere ist der Schock. Man muß hier zwei Ursachen unterscheiden. Zum einen kann durch das Einbringen von Fremdeiweiß in den menschlichen Körper eine allergische Reaktion vom verzögerten Typ (anaphylaktischer Schock) auftreten, zum anderen kann durch den Schreck und durch die bei Gifttierbissen auftretenden Schmerzen ebenfalls eine Schockreaktion ausgelöst werden. Diese Fälle sind sehr viel häufiger als die anaphylaktoiden Reaktionen. Daraus folgt, daß die erste Maßnahme immer die Einleitung einer Schockbehandlung nach den Grundsätzen der Intensivmedizin sein muß. Zu beachten ist hierbei, daß im Gegensatz zu der üblichen Lagerung die betroffene Extremität nie hochgelagert werden darf.
Von den in der Literatur immer wieder vorgeschlagenen Therapieversuchen, wie Ausbrennen oder Ausbluten der Wunde – hierzu wurde der berühmt gewordene Kreuzschnitt eingesetzt –, muß heute gewarnt werden. Die Gefahren, die dabei bestehen, die Wunde zusätzlich zu infizieren und irreparable Schäden zu setzen, sind sehr groß.
Es sei an dieser Stelle auch auf die im Handel befindlichen Schock-Sets hingewiesen. Es handelt sich hierbei um Adrenalinlösungen in gebräuchlichen Dosierungen. Diese sind jedoch alleine nicht ausreichend.
Die immer wieder geforderte Identifizierung des Tieres – am besten durch erfahrene Zoologen – ist in der Realität nur selten erreichbar. Es sollte auf keinen Fall zu lange Zeit damit verschwendet werden, das Tier einzufangen. Wichtig ist jedoch, eine möglichst genaue Beschreibung des Tieres, des Unfallortes und des Zeitpunktes zu geben. Bezüglich des Ortes sei nochmals auf das Auftreten „geographischer Rassen" hingewiesen.

Antisera:

Die Verabreichung von Antiserum ist eine sehr verantwortungsvolle, ärztliche Tätigkeit. Ihre Ausführung durch Laien darf nur unter extremsten Bedingungen erfolgen.
Antisera sind Immunglobuline, die Krankheitserscheinungen, die durch Bisse von Gifttieren ausgelöst werden könnten, verhindern sollen. Eine solche passive Prophylaxe ist in ihrer Wirkung zeitlich auf Stunden bis maximal Tage nach Exposition begrenzt; die Gabe als aktiver Schutz vor Exposition ist sinnlos.
Vor der Gabe eines Antiserums ist die Allergietestung obligatorisch, da es sich um Fremdeiweiße handelt. Bei jeder Fremdeiweißgabe besteht die Gefahr einer allergischen, anaphylaktischen Reaktion.
Die Testung erfolgt durch Conjunktival- oder Intrakutantest.

Intrakutantest:
0,1 ml Serum + 0,4 ml 0,9%ige NaCl-Lösung
00,05 ml dieser Lösung werden intrakutan an der Innenseite des Oberarmes appliziert. Treten innerhalb von 15 Minuten eine Quaddel und ein Erythem auf, ist der Test positiv.
Auf der Gegenseite wird eine Leerprobe mit 0,9%iger NaCl-Lösung durchgeführt.

Conjunktivaltest:
0,1 ml Serum + 0,4 ml 0,9%ige NaCl-Lösung
1 Tropfen dieser Lösung wird in den Conjunktivalsack getropft.
Treten innerhalb von 15 Minuten Rötung, Juckreiz und Tränenfluß oder Lidödem auf, ist der Test positiv.
Auf der Gegenseite wird eine Leerprobe mit 0,9%iger NaCl-Lösung durchgeführt.
Bei bekannten Allergikern ist die Verdünnung der Testlösung noch höher anzusetzen.
Bei positivem Testergebnis ist das Risiko der Serumgabe gegen das Risiko der Nichtanwendung abzuwägen. Entscheidet man sich in diesen Fällen für die Serumgabe, muß eine Schockprophylaxe mit Cortison, H_2-Blockern sowie Antihistaminika durchgeführt werden.
Die Serumgabe sollte grundsätzlich nur bei liegender Infusion erfolgen.

Ob ein Antiserum i.v., i.m. oder s.c. verabreicht werden soll, muß den jeweiligen Produktbeilagen entnommen werden. Die effektivste Art ist immer die i.v.-Applikation. Alternativ hierzu, besonders wenn kein Arzt oder qualifiziertes medizinisches Personal in der Nähe ist, ist die Injektion tief i.m. in den oberen Quadranten des M. glutaeus maximus am Gesäß vorzunehmen.
Eine Ampulle Antiserum enthält ca. 10 ml Flüssigkeit. Initial werden je nach Symptomen und Zeichen evtl. vorhandener Atemlähmung 5–10 Ampullen verabreicht. Kinder erhalten dieselbe Dosierung wie Erwachsene. Bei Fortbestehen der Beschwerden, insbesondere bei neurotoxischer Symptomatik, müssen weitere Antiserumgaben erfolgen.
Nebenwirkungen der Antiserumgabe können anaphylaktische Reaktionen (Allergie vom Soforttyp) mit Juckreiz, Fieber, Bronchialspasmen, Quincke-Ödem und Schockzeichen sein, die innerhalb der ersten 5 bis 30 Minuten nach Antiserumgabe auftreten. Hier ist sofort die übliche Therapie mit Adrenalin 1 : 10 000 langsam i.v. und Glucocorticoid-Injektion i.v. einzuleiten. Nach Gabe dieser Stoffe sollten sedierende Anthistaminika verabreicht werden.
Reaktionen vom Spättyp (Serumkrankheit) mit Fieber, Urticaria, Gelenkschmerzen, Schwellungen, Proteinurie und Lymphadenopathie, die sich 1 bis 2 Wochen nach der Antiserumgabe entwickeln können, sind mit Prednisolon oder Prednisolonanaloga in Dosierungen von ca. 20 mg für 5 bis 7 Tage sowie die Gabe nicht sedierender Antihistaminika, wie z.B. Hismanal®-Janssen, zu therapieren.

Wichtige Hersteller von Antisera:

Die in der Folge aufgeführten, nach Tiergruppen unterteilten Hersteller von Antisera können im Notfall auch rasch mit der Versorgung aushelfen. Im Normalfall sind Antisera über Apotheken oder in Krankenhäusern mit toxikologischen Abteilungen zu beziehen.

Gegen Stiche von Hohltieren (Coelenterata)

Australien: Commonwealth Serum Laboratories
45 Poplar Road
Parkville, Nr. 2, Melbourne
Victoria

Philippinen: Serum and Vaccine Laboratories
Alabang
Muntinlupa, Rizal
Philippine Republic

Schlangen
Institute alphabetisch nach Ländern geordnet.

Ägypten: Vaccine Institute Agouza
Kairo
(gegen Leiurus quinquestriatus)

Algerien: Institut Pasteur d'Algérie
Rue Docteur Laveran, Algier

Argentinien: Instituto Nacinal de Microbiologica
Velez Sarsfielt 563
Buenos Aires

Carlos G. Malbran Institute
Buenos Aires

Australien: Commonwealth Serum Laboratories
45 Poplar Road
Parkville, Nr. 2, Melbourne
Victoria

Brasilien: Instituto Butantan
Caixa Postal 65
São Paulo

Deutschland: Behringwerke AG
Postfach 167
Marburg

Twyford Pharmaceuticals GmbH
Postfach 21 08 05
Knollstr. 50
D-67061 Ludwigshafen

Frankreich: Institut Pasteur, Service de Serotherapie
36 Rue du Docteur Roux
Paris XV

Großbritannien: The lister Institute of prevention medicine Elstree
Herfordshire
(gegen Androctonus australis,
Buthus occitanus,
Leiurus quinquestriatus)

Indien: Central Research Institute
Kasauli, R.J.
Punjab

Schlangen (Fortsetzung)

Indien: Haffkine Institute
Parel
Bombay 12, Maharashtra

Indonesien: Perushaan Negara
Bio Farma A Djalan Pasteur
P.O.B. 47
Bandung

Iran: Institut d'Etat des Serums et Vaccins Razi
Boite Postale 656
Teheran

Israel: Rogoff Wellcome Research Laboratories
Beilinson Hospital
P.O.B. 85
Petech Tikoa

Laboratory of entomology and venomous animals
Université hébraique
Jerusalem
(gegen Leiurus quinquestriatus)

Italien: Istituto Sieroterapico e Vaccinogeno
Via Fiorentina
Siena

Japan: Institute for Infectious Diseases
University of Tokyo
Shiba Shirokane-Diamachi
Minato-Ku
Tokyo

Kolumbien: Institute Nacinal de Salud
Calle 57, No 8–35
Bogotá

Kroatien: Institute of Immunology
Serum Institute
Rockefellerova 2
Zagreb/Kroatien

Marokko: Institut Pasteur du Maroc
place Charles-Nicole
Casablanca
(gegen Andorctonus mauretanicus)

Mexiko: Instituto Nacionale Higiene
Czda. M. Escobedo No. 20
Mexico-City 13 D.F.

Laboratories MYN
Avenida Coyoacan 1707
Mexico-City 12, D.F.

Philippinen: Bureau of Research and Laboratories
P.O.B. 911
Manila

Serum an Vaccine Laboratories
Alabang
Muntinlupa, Rizal

Rußland: Tashkent Institute
Ministry of Health
Moscow

Schweiz: Schweizerisches Tropeninstitut
Socinstr. 57
CH-4051 Basel

Südafrika: Fitzsimons Snake Park
P.O.B. 5001
Snell Parade
Durban S.A.

South Afrikan Institute
for Medical Research
P.O.B. 1038
Hospital Hill
Johannesburg, S.A.

Taiwan: Taiwan Serum Vaccine Laboratory
151 Tongshin Street, Nau Kang
Taipeh

Thailand: Queen Saovobha Memorial Institute
Tai Red Cross Society
Rama IV Road
Bangkok

Türkei: Refik saydan Institut of hygiene
Ankara
(gegen Androctonus crassicauda)

Tunesien: Institut de Pasteur
Rue du Docteur
Tunis

USA: Merck, Sharp and Dohme
Research Laboratories
West Point
Pennsylvania

Wyeth Laboratories
P.O.B. 8299
Philadelphia I, Pennsylvania

Poisonous Animals Research Laboratory
Arizona State University
(gegen Centrurioides sculpturatus)

Schlangen (Fortsetzung)

Venezuela: Laboratorio Behrens
Calle Real de Chapellia
Apartade 62
Caracas, D.F.

Vietnam: Pasteur Institut
Nha Trang
Viet Nam

Gegen Stiche oder Bisse von Wirbeltieren (Vertebrata)

Steinfische (Synanceja)

Australien: Commonwealth Serum Laboratories
45 Poplar Road
Parkville, Nr. 2, Melbourne
Victoria

Weberfische oder Petermännchen (Trachinidae)

Kroatien: Medicinski Centar
Pula/Kroatien

Institute für Immunology
Rockefellerova 2
Zagreb/Kroatien

Gegen Stiche oder Bisse von Gliederfüßlern (Arthropoda)

Skorpion (Scorpaenidae)

Algerien: Institut Pasteur d'Algérie
Rue Docteur Laveran
Algier

Brasilien: Instituto Butantan
Caixa Postal 65
São Paulo

Deutschland: Dr. Helmbold GmbH
Dagobertstr. 19
D-74915 Waibstadt

Vertrieb über
Twyford Pharmaceuticals GmbH
Postfach 21 08 05
Knollstr. 50
D-67061 Ludwigshafen

Südafrika: South Afrikan Institute for Medical Research
P.O.B. 1038
Hospital Hill
Johannesburg, S.A.

Spinnen (Aranea)

Australien: Commonwealth Serum Laboratories
45 Poplar Road
Parkville 2, Melbourne
Victoria

Brasilien: Instituto Butantan
Caixa, Postal 65
São Paulo

Südafrika: South African Institut for Medical Research
P.O.B. 1038
Hospital Hill
Johannesburg S.A.

USA: Wyeth Laboratories
P.O.B. 8299
Philadelphia I, Pennsylvania

Informationen über rasch verfügbare Antisera erteilen die toxikologischen Zentren großer Kliniken, die tropenmedizinischen Institute und die Veterinärstellen der großen Tiergärten.

Im Notfall Auskunft durch:
Deutsches Serum-Informations-Zentrum
Wilhelma-Zoo
70376 Stuttgart
Tel. 0711/5 40 20
oder
Schweizerisches Tropeninstitut
Socinstr. 57
CH-4051 Basel
Tel. 0041/61/23 38 96 oder bei Nacht - 061/22 06 75

Therapie mit Tiergiften:

Seit jeher wird versucht, die Giftwirkung zu therapeutischen Zwecken zu nutzen. Am längsten bekannt ist hierbei das Krötengift der echten Kröten (Bufonidae), das in Europa im 17. und 18. Jahrhundert zur Behandlung der Herzinsuffizienz eingesetzt wurde. Es wurde bei uns durch Digitalis-Glycoside abgelöst, wird jedoch noch heute als Sen-So in Südostasien angewandt.

Ein weiteres, sehr gebräuchliches Heilmittel ist die Ameisensäure. Sie wird meist aus der Roten Waldameise (Formica rufa) gewonnen. Sie wird als Spiritus formicarum mit 1,25%iger Ameisensäure als Antisepticum genutzt oder bei Gicht und rheumatischen Beschwerden subkutan injiziert.

Die Schlangengifte lassen sich aufgrund ihrer Komplexität nicht in dem Maße nutzen, wie dies ursprünglich erhofft wurde. Da die Reinformen nur sehr schwer zu gewinnen sind, ist die Zahl der möglichen Nebenwirkungen sehr groß.

Erwähnt werden muß der Einsatz von Schlangengiften in der Schmerztherapie. Hier wurden die größten Erfolge mit Cobrotoxin, einem Giftstoff der Brillenschlange (Naja naja), erzielt. Die analgetische Wirkung ist stärker als die des Morphins, ohne suchterzeugende Nebenwirkungen zu haben.

Der Einfluß verschiedener Schlangengifte auf die Blutgerinnung wird therapeutisch genutzt. Die Gifte verschiedener Bothrops-Spezies und von Vipera russelli werden mit gutem Erfolg bei Bluterkranken eingesetzt. Im Gift der Malayischen Grubenotter (Agkistrodon rhodostoma) ist ein Inhaltsstoff, mit dem es gelang, artierelle und venöse Thromben aufzulösen und die Durchblutung zu verbessern. Das Präparat wird unter dem Namen Arwin® von der Firma Knoll AG vertrieben.

Klapperschlangengifte wurden mit Erfolgsquoten zwischen 50 und 70% in der Migränebehandlung und der Behandlung von Epilepsien eingesetzt; ihr Gebrauch ist jedoch aufgrund der Nebenwirkungen in den letzten 20 Jahren stark rückläufig.

Das jüngste Beispiel für die Anwendung von Schlangengiften in der Medizin sind die in den letzten Jahren neu auf den Markt gekommenen Angiotensin-Convert-Enzym-Hemmer zur Behandlung des hohen Blutdruckes, wie z.B. Capozide® der Firma Squibb von Heyden. Der Wirkstoff stammt aus dem Gift der brasilianischen Lanzenotter „Jararaca“ (Bothrops atrox).

Präparate aus Bienengift werden schon seit dem Altertum in der Medizin eingesetzt. Erinnert sei hier an das gebräuchliche Forapin® der Firma Mack, Illertissen, das bei Erkrankungen aus dem rheumatischen Formenkreis, bei Neuralgien und Muskelzerrungen angewandt wird.

Von den Käfergiften wird das Cantharidin in Form von Rheumapflastern eingesetzt.

Während in der Allopathie die Nebenwirkungen der Gifte gefürchtet sind und deshalb eine breite Anwendung nicht stattfindet, macht sich die Homöopathie gerade dies zunutze, um die Tiergifte in „potenzierter Form“, das heißt für den Nicht-Homöopathen in hohen Verdünnungen, gegen die verschiedenartigsten Erkrankungen einzusetzen.

Einige Beispiele:

Schwarze Witwe (Latrodectus-mactans)	Angina pectoris, periphere Durchblutungsstörungen Abdominalkoliken
Spanische Fliege (Lytta vesicatoria)	Nephritis, Cystitis, Urethritis, Prostatitis, Pleuritis, Pericarditis, Dermatitis
Rote Waldameise (Formica rufa)	Allergien, Asthma, Ekzeme, Myalgien, Migräne, Arthritiden, Nephritis, Ulcus ventriculi
Honigbiene (Apis mellifera)	Haut- und Schleimhautentzündungen, Urticaria, Angina, Scharlachnephritis
Erdkröte (Bufo bufo)	Angina pectoris, Epilepsie, Furunkulose
Brillenschlange (Naja naja)	Ende-Myocarditis, septische Diphtherie, Reizleitungsstörungen
Kreuzotter (Vipera berus)	Lymphangitis, Thrombophlebitis, Brechdurchfall, Kollapszustände
Lanzenotter (Bothrops atrox)	Blutstillung, Tachyarrhythmie, Hypertonie, Herzinsuffizienz mit Ödemneigung
Buschmeister (Lachesis mutus)	Cholangitis, Hyperthyreose, Hämorrhagische Diathese, Karbunkel, Thrombophlebitis, Dysmenhorroe
Klapperschlange (Crotalus horridus)	Septische Prozesse, Hämorrhagien, Thyreotoxikose, Thromboseneigung, Myodegenatio cordis

Dies ist nur ein kleiner Ausschnitt dessen, was in den einschlägigen Lehrbüchern erwähnt wird. Zur Zubereitung der Arzneimittel wird teilweise das Rohgift verarbeitet, teilweise werden die ganzen Tiere getrocknet und pulverisiert.

Infektionen durch Tiere und Tierbisse:

Infektionsprophylaxe:

- Bißwunden von Tieren müssen energisch und sorgfältig chirurgisch gereinigt und gespült werden. Gewebstrümmer müssen entfernt werden.
  Folgende Grundsätze sollen befolgt werden:
- Prophylaktische antibiotische Behandlung bei der außerklinischen Notversorgung prädisponiert nicht zu resistenten Keimen.
- Gramgefärbte Ausstriche aus infizierten Wunden haben nur eine sehr begrenzte Aussagefähigkeit.
- In jedem Falle ist das Anlegen einer Kultur unerläßlich.
- Unmittelbar nach Krankenhauseinweisung soll intravenös Penizillin gegeben werden.
- Semisynthetische Penizilline sowie Cephalosporine der ersten und zweiten Generation sind nicht adäquat zur Behandlung von Infektionen durch P. multocida und Anaerobier, beides häufige Keime infizierter Bißwunden.
- Das klinische Ansprechen im Verein mit Kulturnachweis und Empfindlichkeitstest soll Richtschnur für die antibiotische Behandlung sein.
- Die Antibiotikagabe ist kein Ersatz für eine sorgfältige chirurgische Wundversorgung.
- Tollwutprophylaxe soll, wenn auch nur der geringste Verdacht besteht, vorgenommen werden (Gabe von Hyperimmunserum und aktive Immunisation).
- An die Notwendigkeit zur Tetanus-Prophylaxe sei erinnert: mit Toxoidboostern! Tetanusimmunglobulin vom Menschen muß gegeben werden, wenn die Tetanusimmunisation unterlassen oder unvollständig vorgenommen war.

Die Mikrobiologie von Affenbissen ist bisher weniger bekannt, aber auch hier wird die polymikrobielle Anaerobierflora als vorhanden und in den allermeisten Fällen auch infizierend angenommen.
Komplikationen von Hunde- und Katzenbissen finden sich zumeist bei Kindern vom 5. bis 14. Lebensjahr und dann wieder bei Jugendlichen im Alter von 20 bis 29 Jahren am häufigsten. Besonders oft betroffen ist bei Hunde- oder Katzenbiß die Hand. Hier gibt es dann lokale Wundinfektionen, Osteomyelitis, septische Arthritis, rekurrierende Abszesse oder Zellgewebsentzündungen, Tendovaginitis und Tendosynovitis, Bakteriämie und sogar Hirnabszeß.
Solche Komplikationen könnten zumeist vermieden werden, wenn entsprechend dem Kulturergebnis das erregerspezifische Antibiotikum gegeben würde.

Gesundheitsgefahren durch verwilderte Haustauben
In einer Pressemeldung vom 9. März 1994 warnt das BGA:
Das Bundesgesundheitsamt in Berlin hält eine Kontrolle der Taubenpopulation in Großstädten aus gesundheitlichen und hygienischen Gründen für unerläßlich.
Tauben sind ebenso wie andere Zier- und Wildvögel sowie Nutz- und Liebhabertiere in der Lage, unter Umständen krankmachende Erreger zu verschleppen und zu übertragen. Krankheiten, die dem Bundesseuchengesetz unterliegen, spielen dabei allerdings eine sehr untergeordnete Rolle. Um das Übertragungsrisiko zu vermindern, sollte direkter körperlicher Kontakt mit Tauben sowie häufiger oder längerer Aufenthalt an von Tauben verkoteten Orten (z.B. Dachböden) vermieden werden.
Tauben können auch Parasiten verbreiten, z.B. den Speckkäfer, der aus den Taubennestern entweicht, oder Taubenzecken. Diese können den Menschen stark belästigen und Allergien hervorrufen. Erreger von Krankheiten im Sinne des Bundesseuchengesetzes, zum Beispiel Salmonellen oder Tuberkulose, übertragen diese Ektoparasiten nicht.
In den Großstädten, wo verwilderte Haustauben in Massen auftauchen, stellen sie zusätzlich eine Belästigung dar und verursachen Schäden an Bauwerken sowie hygienische Probleme. Auch um Gebäudeschäden, die durch den Kotbefall hervorgerufen werden, soweit wie möglich zu vermeiden, sind Maßnahmen zur Verminderung des Taubenbestandes notwendig: Es wird aufgerufen, Tauben nicht mehr zu füttern. Ein überreiches Nahrungsangebot führt zu einer verstärkten Fortpflanzung.

Es muß dafür gesorgt werden, daß Tauben in Gebäuden keine Nistmöglichkeiten haben. Die Tauben können mit verschiedenen Maßnahmen wie Netze, Spikes und Spanndrähte von unerwünschten Nistplätzen ferngehalten werden.
Anordnung und Überwachung solcher Maßnahmen sind Aufgabe der zuständigen Länderbehörden.

Erhöhtes Lungenkrebsrisiko durch Hausvogelhaltung; bessere Hygiene in der Hausvogelhaltung geboten
In einer Pressemeldung vom 30. Oktober 1992 warnt das BGA:
Nach einer epidemiologischen Studie des Bundesgesundheitsamtes in Berlin haben Personen, die in ihrer Wohnung Vögel halten, ein etwa doppelt so großes Risiko, an Lungenkrebs zu erkranken, wie die übrige Bevölkerung (British Medical Journal 305, 1992, 986).
Wer Hausvögel, z.B. Kanarienvögel, Wellensittiche oder Tauben, hält, sollte daher die Käfige sauberhalten und die Räume, in denen die Vögel gehalten werden, regelmäßig lüften. Dies gilt insbesondere für Volierenhalter, bei denen es durch Auffliegen der Vögel zu beträchtlichen Staubentwicklungen kommen kann. Das Einatmen der aufgewirbelten Partikel sollte vermieden werden. So kann empfohlen werden, die Arbeiten in Volieren mit Mundschutz durchzuführen.
Für die Studie des Bundesgesundheitsamtes wurden 239 Lungenkrebspatienten aus drei Berliner Krankenhäusern und 429 gesunde Personen gleichen Geschlechts und Alters befragt. Diese Kontrollgruppe war nach Alter, Rauch- und Ernährungsverhalten sowie gesundheitlichen Risiken mit den Patienten vergleichbar.
Zur Erklärung des durch Hausvogelhaltung möglicherweise erhöhten Lungenkrebsrisikos gibt es bisher nur Hypothesen. Zum einen ist es möglich, daß ständig kleinste Federpartikel der Vögel in die Lunge gelangen und das Lungenkrebsrisiko erhöhen. Zum anderen wirbeln Vögel mit ihrem Flügelschlag möglicherweise auch kleinste KotPartikel einschließlich der darin befindlichen Mikroorganismen, darunter Pilzsporen, auf. Es könnte sein, daß diese allergische Entzündungen in den Lungenbläschen hervorrufen, welche dann das Lungenkrebsrisiko erhöhen. Hier sind zur Klärung weitere Forschungen notwendig.
Das Bundesgesundheitsamt hatte schon 1988 darauf hingewiesen, daß immungeschwächte Personen den Kontakt mit pilzbesiedeltem Vogelkot meiden sollten, und wiederholt diesen Hinweis.
Rauchen, darauf macht das Bundesgesundheitsamt bei dieser Gelegenheit aufmerksam, ist allerdings Hauptursache für ca. 85 % aller Lungenkrebsfälle. Unter den restlichen 15 % hat die Hausvogelhaltung nach der Studie des Bundesgesundheitsamtes möglicherweise einen gewissen Anteil.

Tollwut
Immunglobulin vom Menschen
Zugelassen vom Paul-Ehrlich-Institut
Bundesamt für Sera und Impfstoffe

Zusammensetzung
1 ml enthält:

Immunglobulin vom Menschen	max. 170 mg
mit Tollwut-Antikörpern	150 I.E.*
Aminoessigsäure (Glykokoll) als Stabilisator	22,5 mg
Natriumtimerfonat** als Konservierungsmittel	max. 0,1 mg

Anwendungsgebiete
Alle Verletzungen, auch Belecken der Schleimhäute, durch Wildtiere sowie durch sicher oder verdächtig tollwutkranke Haustiere. Die Anwendung erfolgt ausschließlich in Verbindung mit einer Tollwut-Impfung (s. Hinweise).

Gegenanzeigen
Keine, da im Hinblick auf den tödlichen Ausgang klinisch manifester Tollwut eine Überbrückung der Zeitspanne bis zur aktiven Antikörperbildung dringend notwendig ist. Bei bekannter Überempfindlichkeit gegen homologe Immunglobuline sind Vorsichtsmaßnahmen zur Schockbehandlung zu treffen.

* I.E. = internationale Einheiten
** p-(Äthyl-mercury-thio)-benzolsulfonsäure, Natrium-Salz

Nebenwirkungen
Ein vorübergehender Druckschmerz an der Injektionsstelle und/oder kurz anhaltende Temperaturerhöhungen können auftreten. Hautreaktionen sind äußerst selten.
Das Präparat darf nicht intravenös verabreicht werden. Sollte es trotzdem zu einer unbeabsichtigten intravasalen Applikation kommen, muß besonders bei Personen mit AMS mit schockartigen Symptomen gerechnet werden.
Durch mehrfache Gabe von Vollblut, Plasma sowie Immunglobulinpräparationen kann es zu Sensibilisierungen kommen. Dies tritt insbesondere bei Personen mit selektivem IgA-Defekt, Hypogammaglobulinämie oder AMS auf. Als weitere Ursache einer Sensibilisierung werden unterschiedliche genetische Determinanten in der Immunglobuline diskutiert. Bei erneuter Gabe oben genannter Präparationen können sensibilisierte Personen mit anaphylaktischen Erscheinungen bis zum Schock reagieren.
Ist nach der Anamnese eine Sensibilisierung nicht auszuschließen, sind Vorsichtsmaßnahmen zur Schockbehandlung zu treffen.

Therapie des anaphylaktischen Schocks
Sofort Adrenalin: z. B. Suprarenin® langsam intravenös injizieren;
zusätzlich hochdosiert Kortikosteroide, z. B. Urbason® solub. forte* langsam i. v.
Mit Rücksicht auf die mögliche Reduzierung der Immunantwort sollte eine Verabreichung von Kortikosteroiden sorgfältig erwogen werden.

Weitere Angaben zu Tollwut-Immunglobulin:

Dosierung
Einmalige 20 I.E./kg Körpergewicht entsprechend den Empfehlungen der Weltgesundheitsorganisation.
Wegen der Gefahr einer Interferenz mit der Antikörperbildung während der Impfbehandlung mit Tollwut-Vaccine ist eine Erhöhung der Dosis über die empfohlene hinaus oder die Wiederholung der Verabreichung von Tollwut-Immunglobulin grundsätzlich zu vermeiden.

Wechselwirkungen mit anderen Mitteln
Nach Gabe von Immunglobulinen ist ein Abstand von mindestens 3 Monaten zur Impfung mit Masern-, Mumps- oder Röteln-Lebendimpfstoff einzuhalten, um eine Hemmung der aktiven Antikörperbildung nach Gabe dieser Impfstoffe auszuschließen.

Lagerung und Haltbarkeit
Tollwut-Immunglobulin ist im Kühlschrank bei +2° bis +10 °C aufzubewahren. Es darf nach Ablauf des auf Packung und Behältnis angegebenen Verfalldatums nicht mehr angewendet werden.
Geöffnete Ampullen sind sofort zu verbrauchen.

Anwendung
Immunglobuline sollten stets handwarm angewendet werden.
Die errechnete Gesamtmenge ist zur Hälfte um die Wunde herum möglichst i. m. zu infiltrieren, soweit das in der betroffenen Wundregion durchführbar ist. Der Rest ist vorzugsweise intraglutäal zu injizieren.

Zusätzliche Hinweise
Tollwut-Immunglobulin Behringwerke ist eine klare, gelbliche bis hellbraune sterile und pyrogenfreie Lösung der Immunglobulin-Fraktion, die aus dem Blut gesunder, gegen Tollwut aktiv immunisierter Menschen gewonnen wird. Der Reinheitsgrad beträgt mindestens 95 %.
Das Präparat ist nach einem Verfahren hergestellt, nach dem erfahrungsgemäß eine Infektion, einschließlich einer Hepatitis, nicht übertragen wird.
Die alleinige Anwendung von Tollwut-Immunglobulin schützt nicht gegen die Erkrankung, daher muß unbedingt gleichzeitig, jedoch an einer anderen Körperstelle, eine Tollwut-Vaccine verabreicht werden.
Bei der Tollwutimpfung sind die Angaben in der Gebrauchsinformation für den Tollwut-Impfstoff unbedingt zu beachten.
Die Injektion von Tollwut-Immunglobulin hat so früh wie möglich und simultan mit der ersten Verabreichung der Tollwut-Vaccine zu erfolgen. Auch bei verzögertem Behandlungstermin ist unabhängig von der Größe des zeitlichen Intervalls die vorgeschriebene Dosis zu verabreichen.

Handelsformen
Ampulle zu 5 ml mit 750 I.E. Tollwut-Antikörpern
Ampulle zu 10 ml mit 1500 I.E. Tollwut-Antikörpern

Tab. 2: Indikation zur Tollwutimpfung

Angaben zur Exposition	Angaben zum Tier, unabhängig von dessen Impfstatus	Tollwutprophylaxe
Berührung des Tieres, aber kein Kontakt mit Speichel dieses Tieres. Eigene Haut weder vor noch bei Kontakt verletzt.	tollwütig	nicht erforderlich bei Unklarheiten Impfung nach Schema B bei Gefahr weiterer Exposition Impfung nach Schema A oder B als präexpositionelle Prophylaxe, Tetanusimpfstatus prüfen
Kontakt der Haut mit Speichel des Tieres oder eigene Haut bei Tierkontakt leicht verletzt: Kratzwunde, Schürfwunde, leichtere Bißverletzung (bekleidete Stellen an Körper und Extremitäten).	Tier tollwutverdächtig*, aber für Untersuchung verfügbar	Sofortige Impfung nach Schema C, wenn Tier laut Untersuchungsergebnis gesund, Fortführung nach Schema B empfohlen. Wenn Tier laut Untersuchungsergebnis tollwütig, zusätzlich sofort Tollwut-Immunglobulin Behringwerke, Tetanusprophylaxe
	Tier wild lebend oder nicht für Untersuchung verfügbar oder Tier tollwütig	Sofortige Simultan-Behandlung nach Schema D Tetanusprophylaxe
Kontakt der Schleimhäute mit Tierspeichel oder schwere Bißverletzung oder Bißverletzung an Kopf, Gesicht, Hals oder Finger.	Tier tollwutverdächtig* oder tollwütig	Sofortige Simultan-Behandlung nach Schema D Tetanusprophylaxe

Gewöhnlich erfordert die Exposition zu Nagetieren oder Kaninchen nur selten, wenn überhaupt, eine spezifische Wutschutzbehandlung.
Dieses ist nur notwendig, wenn die Begleitumstände oder ein positiver Laboratoriumsbefund das Vorliegen von Tollwut eindeutig erbringen oder in hohem Grade wahrscheinlich machen.

*Tollwutverdächtig ist u. a. jedes Tier, das in einem Tollwutendemiegebiet unprovoziert beißt.

Tab. 3: Impfschema

	Schema A präexpositionelle Impfung	**Schema B** beschleunigte präexpositionelle Impfung	**Schema C** postexpositionelle Impfbehandlung	**Schema D** Simultanbehandlung
	Tollwut-HDC-Vaccine Behringwerke	Tollwut-HDC-Vaccine Behringwerke	Tollwut-HDC-Vaccine Behringwerke	Tollwut-HDC-Vaccine Behringwerke Tollwut-Immunglobulin Behringwerke*
	je 1× an Tagen: 0, 30, 60 + 1× 1 Jahr später	je 1× an Tagen: 0, 3, 7, 21 + 1× 1 Jahr später	je 1× an Tagen: 0, 3, 7, 14, 30, 90	Impfung nach Schema C + 1× 20 I.E./kg Immunglobulin simultan mit 1. Impfung (Gebrauchsinformation beachten)
Bei erneuter Exposition (nach vorausgegangener kompletter Impfung mit Tollwut-HDC-Vaccine nach Schema A–D) im Abstand von:				
weniger als 1 Jahr	Eine Impfung	Eine Impfung	Eine Impfung	Eine Impfung
mehr als 1 Jahr	2 bis 3 Impfungen an Tagen: 0, 3, 7	2 bis 3 Impfungen an Tagen: 0, 3, 7	1 bis 2 Impfungen	1 bis 2 Impfungen
			Wurde bei Tollwut-Exponierten die Impfung mit anderen Impfstoffen begonnen, aber nicht zu Ende geführt (z. B. während einer Auslandsreise), so empfiehlt sich ein Neubeginn mit HDC-Vaccine nach Schema C oder D.	

* Wenn kein Tollwut-Immunglobin erhältlich ist, Tollwut-Immunserum vom Pferd (40 I.E./kg KG) verwenden.

FSME und Lyme-Borreliose
siehe unter „Zecken“.

Einzeldarstellungen

Inhalt

Einzeldarstellungen

Eisenhut, blauer

Synonym:

Aconitum napellus L., Blauer Eisenhut, Echter Sturmhut; *F.:* Aconit napel. *E.:* Monkshood. *I.:* Aconito napello.

Vorkommen:

Hahnenfußgewächs, Ranunculaceae, Blütezeit Juli bis September; typische Gebirgspflanze, wächst auf Wiesen und Weiden; Zierpflanze
Verwechslung der Wurzel mit Sellerie oder Meerrettich möglich.

Beschaffenheit:

Ausdauernde, krautige Pflanze, ca. 50–150 cm hoch. Blätter handförmig, 5–7fach geteilt. Die dunkelblauen helmförmigen Blüten in vielblütigen, endständigen Trauben. Früchte mehrsamige Balgkapseln. Blütezeit: Juni–August.
Sammelart mit vielen Unterarten, die vielfach als eigene Arten beschrieben werden.
In den Gebirgen Mitteleuropas sind noch folgende blaublühende, giftige Arten vertreten: Aconitum paniculatum Lam., Rispiger Eisenhut; Aconitum variegatum L., Bunter Eisenhut.
Knollen dunkelgraubraun, derb, prall oder etwas längsrunzelig, 4–8 cm lang, bis über 2 cm dick, kurz oder gestreckt rübenförmig. Geschmack süßlich, dann kratzend, später würgend scharf.

Toxine:

In allen Pflanzenteilen sind der Hauptwirkstoff Aconitin und verwandte Alkaloide enthalten:

Leicht hydrolysierbare Esteralkaloide von terpenoider Struktur. Hauptalkaloid ist das → *Aconitin* (Acetylbenzoylaconin) $C_{34}H_{47}NO_{11}$. In geringeren Mengen Pikroaconitin (Benzoylaconin, Isaconitin, Benzaconin) $C_{32}H_{45}NO_{10}$, → *Mesaconitin* (Acetylbenzolymesaconin) $C_{33}H_{45}NO_{11}$, Hypaconitin (Acetylbenzoylhypaconin) $C_{33}H_{45}NO_{10}$ sowie die freien Alkamine Asonin $C_{25}H_{41}NO_9$, Napellin $C_{22}H_{33}NO_3$, Neopellin $C_{32}H_{43-45}NO_8$ und Neolin $C_{24}H_{39-41}NO_6$ (nach Hager).
Aconitingehalt in den Blättern 0,2–1,25 %, in der Wurzel 0,3–3 %.
Nebenwirkstoffe: die Alkaloide 1-Ephedrin und Spartein in der Knolle, Gerbstoff im Blatt.

Wirkungscharakter:
Rasche Resorption über Schleimhäute bzw. Magen-Darm-Trakt, aber auch über intakte Haut möglich. Aconitin wirkt zunächst erregend, dann lähmend auf sensible Nervenendigungen (Anästhesia dolorosa) und motorische Endplatten. Im ZNS zeigt sich diese Wirkung insbesondere an motorischen Zentren in Gehirn und Rückenmark, an Atem-, Brech- und Temperaturzentren. Der Tod erfolgt durch zentrale Atemlähmung, bei weit überletalen Dosen durch Herzstillstand.

Toxizität:

Aconitum napellus gilt als giftigste Pflanze Europas! 2–4 g der Wurzel, bzw. 3–6 mg Aconitin sind für einen Erwachsenen tödlich.

Symptome:

Nach wenigen Minuten: Parästhesien, wie „Brennen“ und „Kribbeln“, die sich im Bereich der Mundschleimhaut einstellen und sich dann von den Extremitäten ausgehend über den ganzen Körper ausbreiten → Anästhesie.
Schweißausbrüche, zunehmende Senkung der Körpertemperatur („Eiswasser statt Blut in den Adern“), Übelkeit, Erbrechen; erste Beschleunigung, dann starke Verlangsamung der Atmung, bis zum Stillstand;

Bradykardie, Arrhythmien, herabgesetztes Denkvermögen, aber präfinal erhaltenes Bewußtsein, u.U. starke Schmerzen, generalisierte Krämpfe, Diarrhoe, Ohrensausen, Gelb-Grün-Sehen, Schock.

Nachweis:

Papier-, Dünnschicht- und Gaschromatographie im Erbrochenen und Magenspülwasser.

Therapie:

Elektrolytsubstitution, Azidoseausgleich, wenn nötig Intubation, Sauerstoffbeatmung.
Monitorkontrolle, bei Bradykardie Atropin, Oxiprenalin i.v., Herzschrittmacher.

Besonderheiten:

Komplikationen: evtl. sofort Kammerflimmern.

Fliegen- und Pantherpilz

Synonyma:

Fliegenpilz (Amanita muscaria)
Pantherpilz (Anamita pantherina)

Beschaffenheit:

Der allgemein bekannte Fliegenpilz (Amanita muscaria) fällt durch seinen karmin- bis organeroten Hut, der mit weißen Warzen besetzt ist, auf und gibt somit selten Anlaß zu Vergiftungsunfällen.
Der in seiner Form dem Fliegenpilz ähnelnde Pantherpilz (Amanita pantherina) hat einen graubraunen Hut, sein Stiel – typisches Kennzeichen dieser Art – ist in die Knolle gleichsam eingepfropft und die Lamellen sind, wie bei allen Amanita-Arten, weiß. Ihm ähnliche Speisepilze sind der Graue Wulstling (Amanita spissa) und der Perlpilz (Amanita rubescens).
Fliegen- und Pantherpilz treten besonders im Spätherbst gehäuft auf.

Verwendung:

In Rußland wurden Fliegenpilzzubereitungen im letzten Jahrhundert in der Volksmedizin gegen vielerlei Krankheiten verwendet, teils innerlich, teils äußerlich. So z. B. wurde einfacher und blutiger Durchfall mit dem Pulver von toten Fliegenpilzen, die mit Branntwein kalt ausgezogen wurden, behandelt, während Saft oder Salbe mit Fliegenpilz als das beste Mittel gegen rheumatische Schmerzen galt. In der Homöopathie wird Agaricus muscarius bei cerebrospinalen Irritationen (erst Erregung, dann Lähmung), insbesondere bei Chorea und Epilepsie sowie Zucken der Augenlider und Muskelzuckungen verordnet.
Eine größere Bedeutung scheinen jedoch Pilze der Gattung Agaricus muscarius als Rauschmittel zu besitzen. Pilze werden schon seit vorgeschichtlichen Zeiten – und dies ist bei der weiten Verbreitung dieser Pflanzen nicht verwunderlich – zu Zaubereien in der Wahrsagekunst als Halluzinogen und auch als Rauschmittel verwendet. Schon das berühmte altindische „Soma" wurde vermutlich durch eine Fliegenpilzart hervorgerufen, über die Anwendung der Pilze für die oben genannten Zwecke gibt es eine umfangreiche Literatur, die neuerdings von HOFFMANN und SCHULTES aufgearbeitet wurde.
Verschiedene Völkerschaften Nordasiens (Samojeden, Ortiaken, Tungusen, Jakuden und andere) verwenden den Fliegenpilz als berauschendes Mittel, auf verschiedene Weise zubereitet. Nach 1 bis 2 Stunden setzt die Wirkung ein, die häufig mit Zucken der Muskeln und Sehnenhüpfen verbunden ist. Die Betroffenen werden in steigendem Maße lustig, zeigen aber auch bei Schwindel und Taumeln ungewöhnliche körperliche und geistige Kräfte. (Berserkerwut; manche Historiker sind der Ansicht, daß der „Furor teutonicus" ebenfalls auf Fliegenpilze zurückzuführen ist. Die germanischen Stämme haben nördlich des Schwarzen Meeres die geschilderte Verwendung während der Völkerwanderung möglicherweise kennengelernt.) Selten – siehe im Gegensatz hierzu REKO – zeigt sich eine traurige Gemütsstimmung. Aus dem Schlaf, in den die Berauschten verfallen, erwachen sie mit großer Mattigkeit, benommenem Kopf und aufgedunsenem Gesicht. Das berauschende Prinzip des Pilzes geht in den Urin über, und so unwahrscheinlich es klingen mag, berichten doch verschiedene Reisende, daß diese Völkerschaften selbst den Urin der Berauschten wieder trinken, um auf diese Weise die Berauschung auf Personen übertragen zu können (MADAUS, 1935). Häufig scheinen auch Fliegenpilzarten in Mexiko verwendet zu werden. Da die Berichte hierüber verhältnismäßig selten sind, und auch BRESINSKY (1985) in seinem Werk hierüber wenig erwähnt, sei an dieser Stelle die Schilderung von REKO (1949) wiedergegeben, die ausführlich die Erscheinungen bei Fliegenpilzvergiftungen beschreibt (ROTH et al., 1990).

Toxine:

Derivate des 3-Hydroxy-isoxazol

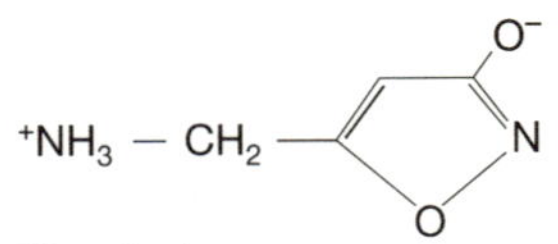

Muscinol

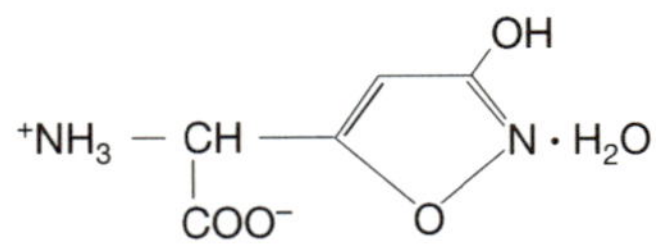

Ibotensäure

Wirkungscharakter:

Amanita muscaria wird auch als Rauschmittel verwendet (einer der meistgenossenen psychotropen Pilze in den USA) ohne unangenehme Wirkung auf den Magen-Darm-Trakt. Wird der Pilz mit einer halluzinogenen Erwartungshaltung genossen, so ruft er eher eine angenehme Wirkung hervor.
Die höchste Wirksamkeit zeigt Muscimol, ein Decarboxylierungsprodukt der Ibotensäure (5–10mal wirksamer als Ibotensäure). Es verursacht in einer Dosis von 7,5–10 mg per os nach ½–3 Std.: Ataxie, Muskelzuckungen, Schläfrigkeit, Euphorie oder Dysphorie, Derealisationsphänomene. Halluzinationen fehlen.
Es müssen noch andere Wirkstoffe enthalten sein, da die Vergiftung durch die Reinstoffe Ibotensäure und Muscimol nur teilweise der Fliegenpilzvergiftung entspricht (Roth et al 1990).

Stoffwechselverhalten:

Die Toxine werden äußerst schnell resorbiert, aber auch rasch (12–16 Std.) renal wieder ausgeschieden.

Toxizität:

Als tödlich wird die Aufnahme von mehr als 10 Pilzen angesehen.

Symptome:

Auch als Pantherina-Syndrom bezeichnet:
0,5–2 Stunden nach Pilzgenuß Speichelfluß, Schwitzen ohne Temperatursteigerung, Übelkeit, Erbrechen, Durchfall, Kopfschmerzen, Tachykardie und Kollapsneigung. Darüber hinaus kann es zu einem rauschartigen Erregungszustand mit optischen und akustischen Halluzinationen kommen. In schweren Fällen stärkste Delirien, Tobsuchtsanfälle, tiefe Bewußtlosigkeit und Tod im Schock.

Nachweis/Diagnostik:

Sporenbestimmung in Pilzresten, im Erbrochenen, im Stuhl.

Therapie:

Magenspülung, Medizinalkohle- und Natriumsulfatgabe.
Bei Erregungszuständen Sedierung mit Diazepam oder Neuroleptika (z. B. Haldol-Janssen®, Megaphen®).
Bei Koma Sicherstellung der Vitalfunktionen. Kontrollierte Diurese- und allgemeine Schocktherapie.

Literatur:

Bresinsky, A., Besl, H.: Giftpilze, WVG, 102 (1985)
Madaus: Handbuch der biologischen Heilmittel. Bd. 1, 433 (1935)
Reko: Magische Gifte. 123 (1949)
Roth, L., Frank, H., Kormann, K.: Giftpilze – Pilzgifte. ecomed verlagsgesellschaft, Landsberg (1990)

Goldregen

Synonyma:

Laburnum anagyroides, Cytisus, Klee- oder Bohnenbaum. *E.:* Golden chain; *F.:* Aubur; *I:* Avorniello.

Vorkommen:

Fabaceae, Schmetterlingsblütler, Zierstrauch blüht von April bis Juni, trägt von August bis Oktober Früchte. Süd- und Südosteuropa; in Mitteleuropa Zierstrauch in Gärten und Parkanlagen, selten verwildert.
Häufige Vergiftungen durch die Blüten oder bohnenähnlichen Pflanzen.

Beschaffenheit:

Sommergrüner, bis 6 m hoher Strauch oder Baum. Blätter büschelig, dreizählig, kleeähnlich. Blüten goldgelb in reichblütigen, hängenden Trauben. Hülsen länglich, braun.
Blütezeit: Mai–Juni, Früchte: Juli–Winter.

Toxine:

Alle Pflanzenteile enthalten unterschiedliche Mengen giftiger Alkaloide. Fruchtwände und Samen enthalten besonders viel (3 %) von dem Alkaloid Cytisin (und N-Methylcystisin), auf das die Giftwirkung zurückzuführen ist. *Cytisin* (Ulexin, Baptitoxin, Sophorin) $C_{11}H_{14}N_2O$, Fp. 155°, ferner Laburnin, Laburnamin, N-Methylcytisin, Anagyrin (nach Hager).

Wirkungscharakter:

Cytisin wirkt nikotinartig. Im Tierversuch beeinflußt es vorwiegend die sympathischen Ganglien. Es regt reflektorisch die Atmung über das Glomus caroticum an und wirkt in niedrigen Dosen zentral erregend. Hohe Dosen wirken zentral lähmend. Der Tod tritt durch Atemstillstand ein. Daneben sind kleinere Mengen Anagyrin und die Pyrrolizidinalkaloide Laburnin und Laburnamin enthalten.

Vergiftung:

Meist bei Kindern durch Zerkauen und Verschlucken der Samen, Kauen an den Zweigen oder an der wie Süßholz schmeckenden Wurzel (hierdurch Massenvergiftung), ferner durch Verwendung der Blüten an Stelle der zum Würzen benutzten (weißen, ungiftigen) Blüten der falschen Akazie (Robinia pseudacacia), endlich auch durch Milch von Ziegen, die größere Mengen Goldregenblätter und Zweige ebenso wie Tabak ohne Schaden vertragen. – Die Vergiftungserscheinungen gleichen in vielem denen der Nikotinvergiftung und setzen sehr schnell, meist schon nach 1/4 bis 1 Std., selten später, ein.

Toxizität:

Schon 3–4 Früchte (Schoten) bzw. 15–20 Samen können insbesondere für Kinder tödlich sein; häufigste Pflanzenvergiftung bei Kindern.

Symptome:

Übelkeit, Brennen im Mund- und Rachenraum, Speichelfluß, Durst, Würgen, Schweißausbrüche, heftiges (blutiges) Erbrechen, tonisch-klonische Krämpfe, Mydriasis, Schwindel, Schwäche, Lähmungen (Hypokaliämie?), Halluzinationen, Delir, Atemlähmung, Schock.

Nachweis:

Dünnschichtchromatographie im Erbrochenen und Magenspülwasser:
Schicht: Kieselgel GF 254
Fließmittel: Chloroform-Methanol-Ammoniaklösung konz. (68 + 30 + 2), KS, 10 cm
Nachweis: 1. UV 254 Fluoreszenzminderung, 2. Dragendorff-Reagenz nach Puech.
Auswertung: Beim Betrachten im kurzwelligen UV-Licht 254 erkennt man im mittleren Rf-Bereich die stark floureszenzmindernde Zone des Cytisins (hRf 50). Etwa auf gleicher Höhe liegt die Zone des Methylrots (hRf 50), darüber liegt eine schwächer fluoreszierende Zone (hRf 75), die wahrscheinlich dem Methylcytisin entspricht.
Nach Besprühen mit dem Dragendorff-Reagenz treten die vorstehend genannten Alkaloide als stark rotbraune Zonen auf orangegelbem Untergrund hervor. Anhand der Zonengrößen läßt sich der unterschiedliche Cytisingehalt der verschiedenen Organe erkennen. Die Fruchtwände und Samen enthalten hohe Mengen an Cytisin (bis zu 3 %). Der Gehalt in den Stengelanteilen ist deutlich geringer; noch wesentlich geringer ist er in den Blättern (etwa 0,3 %).

Therapie:

Sofort Medizinalkohle, Magenspülung, Diazepam bei Krämpfen, Beatmung (Intubation), Azidoseausgleich mit Natriumbikarbonat.

Literatur:

STAHL, E., GLATZ, A.: Immer wieder Vergiftungen durch Goldregen. Dtsch. Apoth. Z. 28, 1475–1476 (1982)

Kahler Krempling

Synonyma:

Paxillus involutus. *E.:* Involute paxillus; *F.:* Paxille enroule.

Vorkommen:

Juni bis November in Laub- und Nadelwäldern, auf Rasenflächen, in Gärten.

Beschaffenheit:

Der oliv bis rotbraune Hut (6–15 cm) ist anfangs flach gewölbt, am Rande eingerollt und filzig, später wieder flach bis trichterig. Die gegabelten, am Stiel herablaufenden, aderig verbundenen Lamellen sind leicht vom Hutfleisch ablösbar und färben sich bei Druck dunkelbraun. Der zylindrische 4–5 cm lange Stiel verjüngt sich am Grunde und ist schmutzig gelb oder braunrötlich. Beim Kochen schwärzt sich das gelbe Fleisch.

Sporen: Elliptisch, glatt, Sporenpulver rostbraun.

Verwechslung: Er kann mit dem Erlenkrempling, Paxillus filamentosus Fr., verwechselt werden.

Wirkungscharakter:

Rohe oder halbgekochte Pilze sind sehr giftig. Aber auch nach wiederholtem Genuß korrekt zubereiteter Pilze (20 Min. gekocht) sofortiges Auftreten einer immunhämolytischen Anämie zum Teil mit irreversiblem Schock mit disseminierter intravasaler Gerinnung und akutem Nierenversagen. Immunreaktion vom Soforttyp, in deren Verlauf es zur Bildung von Immunkomplexen kommt. Nachweis von spezifischen Ig-G-Antikörpern gegen Extrakt von Paxillus involutus.

Symptome:

30 Min. bis nach einer wiederholten Zubereitung von gekochten Kahlen Kremplingen Parästhesien (eisiges Gefühl von den Füßen zum Kopf), Palpitationen, Schweißausbrüche, Übelkeit, Sehstörungen, Schock, Anurie, Koma.
1–3 Stunden nach Genuß eines rohen Pilzes schwere Gastroenteritis, Schock.

Nachweis:

Sporenbestimmung in Putzresten, im Erbrochenen und im Stuhl.
Ig-G-Antikörperbestimmung.

Therapie:

Trinken, Plasmaexpander, Magenspülung, hochdosiert Corticoide, Heparinisierung.

Literatur:

Bschorr, F., Mallach, H. J.: Vergiftungen durch den Kahlen Krempling, eine genießbare Pilzart. Arch. Toxikol. 20, 82–95 (1963)
Deicher, W., Stangel, W.: Akute immunhämolytische Anämie nach Genuß des Kahlen Kremplings. Verh. dtsch. Ges. inn. Med. 83, 1606–1609 (1977)
Lefèvre, H.: Immunhämolytische Anämie nach Genuß des Kahlen Kremplings *(Paxillus involutus)*. Dtsch. med. Wschr. 107, 1374 (1982)
Mallach, H. J.: Vergiftungen durch den Kahlen Krempling. Dtsch. med. Wschr. 107, 396 (1982)

Schmidt, J., Hartmann, W., Würstlin, A., Deicher, H.: Akutes Nierenversagen durch immunhämolytische Anämie nach Genuß des Kahlen Kremplings (Paxillus involutus). Dtsch. med. Wschr. 96, 1188 (1971)
Winkelmann, M., Borchard, F., Stangel, W., Grabensee, B.: Tödlich verlaufene immunhämolytische Anämie nach Genuß des Kahlen Kremplings *(Paxillus involutus)*. DMW 17, 676 (1982)

Knollenblätterpilz

Synonyma:

Amanita phalloides Fries – Grüner Knollenblätterpilz
Amanita verna – Frühlingsknollenblätterpilz (Vorkommen nur im Frühjahr)
Amanita virosa Fries – Weißer Knollenblätterpilz
Amanita citrina mappa – Gelblicher Knollenblätterpilz (mäßig giftig).

Vorkommen:

Amanita verna und virosa wachsen in der Zeit von Juni bis Oktober in Buchen- und Eichenwäldern sowie in Nadel-(Fichten-)wäldern und auch in Parkanlagen. Ihr Vorkommen ist meist reichlich und in schönen Exemplaren, sie ergeben ein sehr wohlschmeckendes Pilzgericht.
In der Regel wird der in Mitteleuropa häufig vorkommende grüne Knollenblätterpilz mit dem Wiesenchampignon Feldegerling (Psalliota oder Agaricus campestris) und mit dem echten Ritterling (Tricholoma equestre) verwechselt.

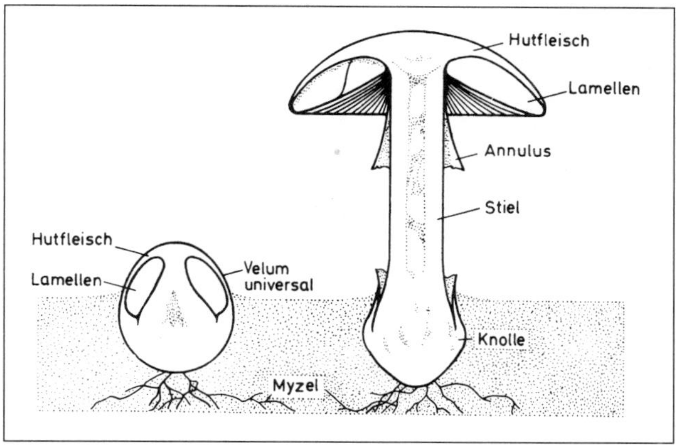

Abb. 1: Morphologie der Knollenblätterpilze: 3 Kennzeichen unterscheiden sie von ähnlichen eßbaren Pilzen: die Scheide (Vulva), die Manchette, die Rest der Gesamthülle (Velum universale) bzw. der Teilhülle (Velum terminale) ist, und die weißen Lamellen.
Die Färbung und Maserung des Stielfleisches und der Hut dienen ebenso der Identifizierung.

Beschaffenheit:
Der häufigere Grüne Knollenblätterpilz hat einen schmutzig-grünen bis weißlichen Hut (5–15 cm Durchmesser), weiße Lamellen und eine Stielknolle, die ganz oder teilweise in der Erde steckt. Charakteristisch ist die lappige, weiße, die Stielknolle umgebende Scheide; sie umgibt den jungen Pilz wie eine Eischale. Das Fleisch ist weiß, der Stiel trägt eine zarte, vergängliche Manschette. Man findet ihn zwischen Wald– und Parkbäumen von August bis Oktober.
Verwechselt wird er mit dem grünen Ritterling (Tricholoma flavovirens), obwohl dieser nur in der Färbung der Hutoberfläche eine gewisse Ähnlichkeit aufweist, während sein Stiel und seine Lamellen schwefelgelb gefärbt sind. Ferner fehlt die Stielknolle und deren Scheide.
Amanita virosa (wächst in Gebirgsgegenden) und Amanita verna unterscheiden sich vom Grünen Knollenblätterpilz in der weißen Farbe der Kappe und dessen mehr kugeligen Form.

Laienbeschreibung:

Lamellenpilz mit reinweißen, auf Druck oder beim Kochen nicht farblich anlaufenden Lamellen. Größe des Pilzes meist höher als 10 cm, Manschette am Stiel. Da meist unzureichende Pilzkenntnisse vorhanden sind, wird dagegen selten angegeben, daß der Pilz eine in einer Scheide steckende Knolle hatte. Es empfiehlt sich hier immer zu fragen, ob die Pilze abgeschnitten oder mit dem Finger aus dem Boden herausgedreht wurden. Am abgeschnittenen Pilz fehlt in der Regel das charakteristische Merkmal des „Todesbechers" (Knolle in einer Scheide).
Hauptunterschied zu allen Champignon-Arten (Agaricus): irgendwie blaß-rötlich bis braun gefärbte Lamellen (Braunsporer). Charakteristisch hierfür alle Farben der Schokolade vom hellsten Milchkakao bis zur bitteren Schokoladentafel.
Werden Pilze beschrieben, bei denen es sich offensichtlich nicht um Knollenblätterpilze handelt, so wird immer geklärt, ob eventuell ein Exemplar eines Knollenblätterpilzes dabei gewesen sein könnte.

Tab. 1: Grüner Knollenblätterpilz und seine Verwechslungsmöglichkeiten (ZILKER et al., 1988)

Grüner Knollenblätterpilz (Amanita phalloides):
Vorwiegend in Laubwäldern, unter Eichen und Kastanien, selten im Nadelwald unter Fichten.
Hut 4 bis 12 cm, halbkugelig konvex, graugrünlich-oliv bis oliv-bräunlich, Hutrand niemals gerieft, meist etwas heller.
Lamellen reinweiß, dichtstehend, am Stiel nicht angewachsen.
Stiel meist hell oder olivgrün genattert, lang und schlank. Ring am Stiel meist oben angesetzt. An der Stielbasis eine Knolle mit den Resten der schalenartigen Veleumhülle.

Verwechslungsmöglichkeiten – vor allem mit anderen grünen Pilzen:
Frauentäubling (Russula cyanoxantha):
In Laub- und Nadelwäldern, Hut – wenn ausgewachsen – flach gewölbt, oft auch trichterförmig, in der Regel violett, gelegentlich grünlich bis grün-oliv. Lamellen weiß, etwas am Stiel herablaufend. Stiel reinweiß, nach unten spitz zulaufend.
Gefederter Grüntäubling (Russula virescens):
Hut oben feldrig, typisch dunkelgrün spanfarbig. Lamellen weiß, freistehend, gelegentlich braunfleckig. Stiel weiß, spitz zulaufend, an der Basis braun.
Grünling (Tricholoma flavovirens):
In Nadel- und Laubwald. Hut gelbgrünlich, am Rand stark eingebogen. Lamellen tief ausgebuchtet angewachsen, zitronengelb bis schwefelgelb.

Tab. 2: Spitzkegeliger Knollenblätterpilz und seine Verwechslungsmöglichkeiten (Zilker et al., 1988)

Spitzkegeliger Knollenblätterpilz (Amanita virosa):
Häufig meist gruppenweise in Nadelwäldern, vor allem in höheren Lagen.
Hut jung eiförmig und völlig von der weißen, schalenartigen Außenhülle umschlossen, später kegelig oder konvex, aber niemals flach oder trichterförmig, reinweiß, nur alt am Scheitel etwas bräunlich.
Lamellen weiß, dichtstehend, am Stiel nicht angewachsen. Stiel weiß, ziemlich lang, grob, weißfleckig, Stielbasis von schalenartiger Scheide umgeben, in der die Knolle steckt.

Verwechslungsmöglichkeiten mit verschiedenen Champignonarten:
Wiesenchampignon (Agaricus campester)
Wächst nicht im Wald. Hutform und Hutfarbe können im jungen Zustand dem Knollenblätterpilz ähnlich sein.
Waldchampignon (Agaricus sylvaticus):
Seine Farbe ist bräunlich.
Anisegerling (Agaricus abruptibulbus):
Im Wald vorkommend, unterscheidet sich vom Knollenblätterpilz durch seinen intensiven Anisgeruch und durch eine Gelbfärbung auf Druck.
Grundsätzlich besitzen alle Champignonarten anfangs rosafarbene, später schokoladenbraune Lamellen. Verwechslung nur, wenn sehr junge halbkugelige Pilze genommen werden, deren Lamellenfarbe noch nicht sicher abzuschätzen ist.

Toxine:

- alpha- und beta-Amanitin – cyclische Oktapeptide
- Phalloidin und Abkömmlinge – cyclische Heptapeptide

Wirkungscharakter, Stoffwechselverhalten:

Ausschlaggebend für die Pathogenese der menschlichen Vergiftung sind die Amatoxine, die die RNA-Synthese in Zellkernen hemmen. Wahrscheinlich wird die Bildung von Phospho-diester-Bindungen gehemmt. Erst nach drei bis fünf Tagen sind wichtige Struktur- und Funktionsproteine, vor allem der Leberzelle, wegen der nicht mehr ausreichenden Synthese aufgebraucht und es kann bei Vergiftungen am Menschen der Tod eintreten. Alpha-Amanitin wird mit der Galle ausgeschieden und unterliegt außerdem einem enterohepatischen Kreislauf, der die Giftelimination verzögert und eine verlängerte Exposition der Leberzellen gegenüber dem Toxin bedingt (Paracelsus, Lewin, 1929; Langer et al., 1980b). Ein gewisser Anteil des Toxins wird durch glomeruläre Filtration eliminiert.
Phalloidin wird nur in sehr geringen Mengen über den Magen-Darm-Trakt aufgenommen. Subcutan oder intravenös injiziert, gelangt es über das Gallensäure-Carrier-System in die Leberzellen, wirkt dort zerstörend auf die Membranen der Zellen und des endoplasmatischen Reticulums ein und reagiert mit fibrillärem Actin. Dadurch wird eine Vakuolisierung der Leberzellen (Endocytose) und damit verbunden eine starke Anschwellung und das totale Versagen des gesamten Organs ausgelöst.
Die fatale Progredienz der Vergiftung läßt sich damit erklären, daß die Amatoxine nach Absterben der von ihnen befallenen Leberzellen in die Blutbahn und über die Galle in den Darm gelangen und von dort rückresorbiert werden, so daß sie nun bisher intakte Zellen angreifen können (enterohepatischer Kreislauf). Bei kurzer Latenzzeit ist die Prognose ungünstiger; Zeiten unter zwei Stunden (zwischen Verzehr und Symptomen) sprechen zwar für andere Ursachen (es können auch Vergiftungen durch andere Pilzarten vorliegen), schließen aber eine Amanita-Vergiftung nicht sicher aus.

Toxizität:

Amanitin ist ein zyklisches Oktapeptid, das in einer Konzentration von 0,02 bis 0,04 % im Pilz enthalten ist (Faulstich et al., 1974). Die tödliche Dosis beträgt für den Erwachsenen 0,1 mg/kg und ist somit bereits in 30 bis 50 g Pilz enthalten. Für Kinder wirkt bereits ein Zwanzigstel der letalen Erwachsenendosis tödlich. Da die eingenommene Giftmenge in der Regel nicht feststellbar ist, kann auch keine Relation zwischen dieser und dem Ausmaß der Leberschädigung hergestellt werden.
Der Anteil der Knollenblätterpilzvergiftungen an der Gesamtzahl der Vergiftungen betrug bei uns in 3 Jahren 0,07 %, der Anteil an allen Pilzvergiftungen lag bei 7 %. Von allen tödlich verlaufenden Pilzvergiftungen entfallen auf Knollenblätterpilzvergiftungen zwischen 82 und 90 % aller Fälle. Vor 28 Jahren lag die Sterblichkeit bei 30 %, in den letzten 10 Jahren bei 18–22 %. Bei Kindern unter 14 Jahren liegt die Sterblichkeit um den Faktor 1,5 höher als bei Erwachsenen.

Symptome:

1. Latzenzphase: 5–16 Stunden (eigene Fälle) 5–48 Stunden (Literaturangaben). Eine kurze Latenzperiode kann Hinweis auf eine schwere Vergiftung sein.

2. Gastrointestinale Phase: 24–48 Stunden. Kolikartige Bauchschmerzen, wiederholtes Erbrechen (bis 20mal), bis zu zwei Tage andauernde massive wäßrige Durchfälle, z.T. blutig bzw. Benzidin-positiv. Als Folge dieser massiven Flüssigkeitsverluste kommt es zu Hypovolämie, Oligurie, Erhöhung des Hämatokrits und des Gesamteiweißes; ferner tritt auf eine Hypokaliämie, Hypochlorhydrie und eine metabolische Alkalose. Bei anhaltendem Bikarbonat-Verlust schlägt dann in eine metabolische Azidose um. Weiter treten auf Blutdruckabfall, Tachykardie, Zyanose, Fieber, Wadenkämpfe, Schwäche, Kopfschmerzen und insbesondere bei Kindern tetaniforme Krämpfe.
3. Hepatorenale Phase: 48–190 Stunden. Zeichen der Leber- und Nierenschädigung: Ikterus, Magen-Darm-Blutungen, Somnolenz, Krampfanfälle, Oligurie bis Anurie, Coma hepaticum mit hepatischer Einzelphalopathie und hämorrhagischer Diathese. Der Tod kann eintreten im Coma hepaticum an den Folgen der hämorrhagischen Diathese.

Nachweis/Diagnostik:

Sporenidentifizierung in Erbrochenem, Stuhl und mitgebrachten Putzresten (Machbert und Wiesmeier).
Eine immer noch wenig bekannte Nachweismethode nach Wieland besteht in einer Farbreaktion auf Zeitungspapier: Einen Tropfen Pilzsaft auf die unbedruckte Stelle einer Zeitung bringen und eintrocknen lassen, dann wird die Stelle mit hochkonzentrierter Salzsäure (10 normal) befeuchtet. In Gegenwart von einigen Mikrogramm (µg = $^{1}/_{100\,000}$ g) Amatoxin erscheint nach 5 bis 10 Minuten ein deutlich blauer Farbfleck, der – soweit untersucht – nur von Amatoxinen herrührt. Es handelt sich um eine Farbreaktion zwischen Komponenten, die mit starker Säure aus Fichtenholzlignin entstehen, und dem Indolteil der Pilzgifte. Mit Hilfe dieses Zeitungspapier-Tests lassen sich Amatoxine auch in anderen als Amanita-Pilzen erkennen. Man hat das tödliche Pilzgift auch in manchen *Lepiota*-Arten (Schirmlinge) und einigen *Galerina*-Arten, z. B. *G. marginata,* dem Nadelholzhäubling, aufgefunden. Zum empfindlichen Nachweis dient die Dünnschichtchromatographie, bei der durch Anfärbung mit Zimtaldehyd in Chlorwasserstoffatmosphäre noch 50 Nanogramm (1 ng = 1 Milliardstel g) Amatoxin mit dunkelvioletter Farbe nachweisbar sind. Dieser Nachweis wird in seiner Empfindlichkeit nur übertroffen vom geschilderten Radioimmuno-Assay oder vom Hemmungstest am Transkriptionsenzym RNS-Polymerase B.
In jüngster Zeit wurden auch mehrere HPLC-Methoden für die Amatoxinbestimmung vorgestellt (Platt et al., 1987).
Die von Platt, Rieck et al. entwickelte HPLC-Methode stellt sowohl in der Nachweisempfindlichkeit (jeweils 10 ng/ml Plasma für alpha-Amanitin und Phalloidin) als auch im Zeitfaktor eine Alternative zur RIA-Methode dar. Drei Milliliter Plasma werden zur Enteiweißung mit wäßriger Sulfosalicylsäure im Natriumacetat gepufferten Medium behandelt und 15 Minuten zentrifugiert.
Von dem erhaltenen Überstand werden zwei Milliliter über eine Injektionsschlaufe in das chromatographische System eingespritzt.

Tab. 3: HPLC-Methode zum Nachweis von alpha-Amanitin und Phalloidin

Säulenmaterial:	Vorsäule: RP-8; Spheri-5; 30 × 2,1 mm
	Hauptsäule: RP-8; Spheri-5; 100 × 4,5 mm
Laufmittel:	a) Wasser mit 1 ‰ Acetonitril
	b) Acetonitril: Wasser (16,7 : 83,3 v/v)
Fluß:	1 ml/min
Detektorwellenlänge:	303 nm
Injektionsvolumen:	2 ml
Konzentration:	alpha-Amanitin: 100 ng/ml Plasma
	Phalloidin: 100 ng/ml Plasma
Methode:	Säulenschalttechnik

Alpha-Amanitin ist deutlich vom Phalloidin getrennt nachweisbar. Das Erscheinen des alpha-Amanitin-Signals nach 9,66 Minuten ermöglicht schon nach ca. 30 Minuten die Diagnosestellung.
Die Diagnose der Knollenblätterpilzvergiftung stützt sich auf die Anamnese, den klinischen Befund und die biochemischen Parameter. Die typische Anamnese beginnt mit dem Genuß selbst gepflückter vermeintlicher Speisepilze wie etwa Wiesenchampignons oder Parasole. Die ersten Beschwerden treten durchschnittlich nach 12 Stunden mit einer Variation zwischen 6 und 24 Stunden in Form von heftigen Brechdurchfällen auf. Diese Initialsymptomatik klingt in der Regel nach 2 bis 3 Tagen ab, wodurch der fälschliche Eindruck einer Remission entsteht. Werden nicht spätestens in dieser Phase wirksame Maßnahmen getroffen, treten nach 1 bis 2 Tagen die amanitinspezifischen Leberzellnekrosen auf, die den weiteren Krankheitsverlauf entscheidend bestimmen.
Bei der Pilzanamnese sollten zwei Fehler vermieden werden. Der erste Fehler ist, daß einfach von dem Pilz ausgegangen wird, den der Patient oder Pilzsammler benennt. Der zweite Fehler ist, daß dem Patienten oder Pilzsammler sofort Pilzbücher vorgelegt werden. Statt dessen hat es sich bewährt, dem Patienten oder Pilzsammler einen Pilzfragebogen (s. Kapitel „Pilze") vorzulegen, oder, falls nicht vorhanden, bestimmte Charakteristika des Pilzes wie Hutform, Sporenanlage, Form des Stieles, Farbe und Fundort abzufragen.

Eine Knollenblätterpilzvergiftung läßt sich anamnestisch nur dann ausschließen, wenn der Patient sicher angeben kann, daß die Pilze nicht im Wald und nicht unter Bäumen gesammelt oder daß ausschließlich Röhrenpilze genommen wurden. Besondere Vorsicht ist jedoch geboten, wenn der Patient angibt, grüne oder weiße Lamellenpilze gesammelt zu haben, da es sich dann um den grünen Knollenblätterpilz oder um den spitzkegeligen Knollenblätterpilz handeln könnte (Tabellen 1 und 2).
Die zweite und wichtigste Säule, auf der die Diagnose der Knollenblätterpilzvergiftung beruht, ist die Symptomatik. Hierbei ist die Latenzzeit zwischen Pilzmahlzeit und dem Auftreten der Symptome entscheidend. Rein schematisch läßt sich das Phalloides-Syndrom folgendermaßen einteilen:

1. Tag: Pilzgericht mit symptomfreier Latenz (7–24 Stunden)
2. Tag: Emesis, Diarrhoen, Koliken mit Dehydratation
3. Tag: Trügerische Remission der gastrointestinalen Symptomatik mit dem laborchemischen Nachweis eines schweren Leberparenchymschadens
4. Tag: Blutungskomplikationen besonders des Gastrointestinaltraktes
5. Tag: Zunehmende hepatische Enzephalopathie
6. Tag: Nierenversagen
7. Tag: Exitus letalis

In diesen schematischen Ablauf wird durch eine Vielzahl therapeutischer Maßnahmen modifizierend eingegriffen. Beim tödlichen Verlauf war es bisher nur möglich, den Todeszeitpunkt etwas hinauszuzögern. So gelingt es in aller Regel, die Blutungskomplikationen zu beherrschen, das Nierenversagen kann durch Hämodialyse überbrückt werden, und der Exitus letalis kann durch die Anwendung der modernen Kreislaufmittel hinausgezögert werden. Der Zeitpunkt, zu dem die hepatische Enzephalopathie bei beginnendem Leberzerfallskoma eintritt, ist nicht beeinflußbar. Sie kündigt sich am 4. Tag an und schreitet am 5. Tag rasch fort. Tritt die hepatische Enzephalopathie in die Komastufe IV oder V nach Lücking ein, so ist die Prognose infaust.
Gelegentlich kann es schwierig sein, aufgrund des Pilzsyndromes eine Pilzunverträglichkeit oder eine echte Nahrungsmittelvergiftung durch bakteriell oder viral kontaminierte Pilze von der Knollenblätterpilzvergiftung zu unterscheiden. Sowohl die Pilzunverträglichkeit als auch die Nahrungsmittelvergiftung durch Pilze können eine Latenzzeit im Bereich > 7 Stunden aufweisen. Eine Differenzierung zu der echten Knollenblätterpilzvergiftung ist nur aufgrund der Ausprägung der Symptome möglich. Während die Knollenblätterpilzvergiftung durch häufiges Erbrechen und choleraartige Durchfälle charakterisiert ist, weisen die Pilzunverträglichkeit oder die Nahrungsmittelvergiftung durch bakteriell oder viral kontaminierte Pilze oft nur gelegentliches Erbrechen und vereinzelt Durchfälle auf.
Als Routinebefunde bieten sich in erster Linie die GPT und die Prothrombinzeit an, die beide etwa 24 Stunden nach der Pilzmahlzeit pathologische Veränderungen aufweisen. Mit Hilfe dieser Laborgrößen gelingt in den meisten Fällen zumindest eine Verdachtsdiagnose, aufgrund derer die Therapie jedoch unbedingt eingeleitet werden sollte. Darauffolgende wiederholte Kontrollen sollten die Diagnose sichern und das weitere therapeutische Vorgehen bestimmen.
Der direkte Giftnachweis im Serum oder Urin des Patienten stellt kein verläßliches diagnostisches Kriterium dar. Aufgrund der Kinetik von alpha-Amanilin (hohe Gewebsverteilung, geringe Serumkonzentration und rasche -climination) gelingt in der klinischen Praxis der Giftnachweis aus Patientenserum und -urin mit ausreichender Zuverlässigkeit erst durchschnittlich 12 Stunden nach der Pilzingestion und bis maximal 36 Stunden post ingestionem im Serum. Ein zuverlässiger Amanitinnachweis im Urin ist bis etwa 48 Stunden nach der Pilzmahlzeit möglich (Langer et al., 1980a). Daher stellt ein negativer Giftnachweis kein Ausschlußkriterium einer Amanitinintoxikation dar.
Die Transaminasen und die Prothrombinzeit eignen sich in der klinischen Praxis am besten für die Verlaufskontrolle und die Prognosestellung. Die Prothrombinzeit als Index für die Syntheseleistung der Leber liefert den sensibelsten prognostischen Parameter. Sie erreicht ihre Maximalabweichung im Mittel 60 Stunden nach der Pilzeinnahme. Dagegen können die Transaminasen nur in bezug auf ihre Dynamik (Steilheit des Anstiegs und Absinkens) prognostische Informationen liefern. Die Maximalwerte werden durchschnittlich nach 70 Stunden registriert. Die Zeitspanne, nach der diese auftreten, richtet sich nach dem Schweregrad der Lebernoxe. Als Zusatzbefunde können noch die Serumammoniakkonzentration und alpha-1-Foetoprotein herangezogen werden.
In Fällen mit einem Transaminasensturz infolge schweren Leberversagens oder nach Substitution gerinnungsaktiver Präparate sollten zusätzliche sensible Syntheseparameter herangezogen werden, da die

herkömmlichen Laborgrößen unter diesen Gegebenheiten zu Fehlinterpretationen führen können. In solchen Situationen stellen die beiden Proteinfraktionen Präalbumin und retinolbindendes Protein infolge ihrer kurzen Serumhalbwertszeit brauchbare Hilfsbefunde dar (SMETANA et al., 1986). Die Serumamanitinkonzentration korreliert aus den oben erwähnten Gründen kaum mit dem Vergiftungsschweregrad. Dies gilt um so mehr für die Bestimmung der Giftkonzentration im Urin.
Die Beurteilung des Vergiftungsschweregrades erfolgt zweckmäßigerweise anhand der Befunde, die das Ausmaß der Leberschädigung reflektieren. Dabei hat sich in der Praxis die Unterscheidung dreier Schweregrade mit Hilfe der Prothrombinzeit (PTZ) und der GPT als zweckmäßig erwiesen:

leichte Vergiftung:	GPT ≦ 500 U/l
	PTZ ~ 100 %
mittelschwere Vergiftung:	GPT ≦ 2000 U/l
	PTZ ≧ 40 %
schwere Vergiftung:	GPT ≧ 2000 U/l
	PTZ ≦ 40 %

Differentialdiagnose:

Treten bei Patienten zwischen Juni und November Brechdurchfälle auf, so ist bei den differentialdiagnostischen Erwägungen an die Möglichkeit einer Knollenblätterpilzvergiftung zu denken. Die Frage nach einer Pilzmahlzeit muß deshalb immer gestellt werden. Wurden Pilze gegessen, so kommt der Latenzzeit kritische Bedeutung zu.
Treten die Symptome schon innert ½–2 Stunden im Anschluß an die Pilzmahlzeit auf, so wird es sich nahezu immer um quoad vitam unbedenkliche, leichte bis mittelschwere Störungen des Verdauungstraktes handeln. Zu solchen Magen-Darm-Störungen führen zum Beispiel Birkenreizker (Lactuarius torminosus), Riesenrötlinge (Rhodophyllus sinuatus) oder Tigerritterlinge (Tricholoma paradinum) (FLOERSHEIM).
Vergiftungen mit Magen-Darm-Symptomen, die mit einer ähnlichen Latenzzeit wie nach Knollenblätterpilzen auftreten, können auch durch die Frühjahrslorchel (Gyromitra esculenta) bewirkt werden. Auch bei dieser in Westeuropa sehr seltenen Intoxikation kommt es anschließend zu einer hepatorenalen Phase.
Eine längere Latenzzeit von 2 Tagen bis Wochen ist für Vergiftungen mit Cortinarius orellanus (orangefuchsiger Schleierling) oder anderen Cortinarien („Orellanus Syndrom“) charakteristisch, die protrahiert zu einer Niereninsuffizienz führen, fakultativ aber auch gastrointestinale Frühsymptome bewirken können (FLOERSHEIM).

Therapie:

Sofortmaßnahmen:

Bei anamnestisch geringstem Verdacht auf eine Knollenblätterpilzvergiftung alle möglichen Pilzesser auch solche, die noch keine Symptome zeigen, ermitteln, ausreichend Flüssigkeit wie Tee, Himbeersaft u.ä. trinken lassen und ein Erbrechen provozieren. Anschließend 50 Kohlekompretten in Wasser aufgelöst trinken lassen. Sofortige Einweisung in die Klinik, möglichst auf eine toxikologische Spezialabteilung. Erbrochenes und Putzreste der Pilze mit in die Klinik geben. Psyquil (10 mg i.v.) bei Erbrechen.

Kliniktherapie:

1. Magenspülung bei Klinikaufnahme, Instillation von 50 aufgelösten Kohlekompretten und 2 Eßl. Glaubersalz; hoher Einlauf 2mal/die 5 Tg.
2. Elektrolytausgleich: Substitution von Kalium, Natrium, Chlor.
3. Bikarbonatsubstitution.
4. Plasma(expander)Infusion bei Hypovolämie.
5. Paramomycin (Humatin®) 6 g/die evtl. über Magensonde, stdl. 1 Kaps.
6. Laktulose (Bifiteral, Laevilac) 60–100 g/die, evtl. über Magensonde.
7. Carbo medizinalis 40–60 g/die, evtl. über Magensonde.
8. Infusionslösung 3–5 Liter/die mit 60–120 mval/L KCI, 70–100 mval/L Nacl, 10–20 mval/L $NaHCO_3$, Glukose 2–4 g/kg KG, 6 Ampullen Multibionta/die (60 000 IE Vitamin A, 300 mg Vitamin B_1, 60 mg Vitamin B_2, 75 mg Vitamin B_6, 3000 mg Vitamin C, 30 mg Vitamin E, 600 mg Nikotinamid, 125 mg Panthenol), 240 mg Vitamin K_1 oral oder parenteral.

9. Heparinisierung: 600–800 IE/kg KG; 5 Tr Konahion pro Stunde.
10. Substitution von Antithrombin III. Falls Gerinnungsfaktor unter 70 % absinkt: 250 IE 3stündlich.
11. Digitalisierung bei Herzinsuffizienzzeichen.

Eine Hämoperfusion über XAD-4 Patronen, bei massiven Elektrolytstörungen evtl. in Kombination mit einer Hämodialyse, ist nur sinnvoll, wenn die erste Behandlung bei einer Mindestdauer von 4 Stunden bereits 24 Stunden nach Giftaufnahme beendet sein kann. In zwei In-vitro-Studien wurde gezeigt, daß durch Hämoperfusion Amatoxine innerhalb von Minuten aus dem Blut entfernt werden können. Diese Wirkung beruht darauf, daß kleine Moleküle (Molekulargewicht 100 bis 1000), besonders solche mit aromatischen Seitenketten, leicht an Harzen oder Aktivkohle adsorbieren. Das gilt für die Amatoxine, aber in ähnlicher Weise auch für Silymarinderivate oder Schilddrüsenhormone. Der Vorteil einer frühzeitigen Eliminierung der Amatoxine aus dem Blut – und das ohne Beteiligung der Niere, die im Kontakt mit Amatoxinen geschädigt wird – rechtfertigt den Einsatz dieser Methoden. Unabsichtlich miteliminierte Stoffe, wie die oben genannten, lassen sich im Anschluß an eine Therapie oder sogar während der Behandlung substituieren. Die Zeit zwischen Giftaufnahme und Einweisung auf unsere Toxikologische Abteilung betrug bei 15 Fällen im Mittel 35 Stunden (16–66 Std.) und damit ist die Effektivität dieser Gifteliminationsmethode beschränkt.

Eine extrakorporale Reinigung des Blutes sollte nur bei schweren Vergiftungen durchgeführt werden (Faulstich,1982).

Als weitere therapeutische Möglichkeit bietet sich eine forcierte Diurese an, weil die Amatoxine in hoher Konzentration im Urin erscheinen. Da zum Beginn des Krankheitsverlaufes aber eine schwere Dehydratation vorliegt, ist eine forcierte Diurese anfangs nur schwer in Gang zu setzen. Im weiteren Verlauf ist die forcierte Diurese durch das Auftreten eines akuten Nierenversagens limitiert.

Zu dem Versuch einer Antidot-Therapie gehört der Einsatz von Silibinin und Penicillin G. Beide Substanzen sollen die Aufnahme des Giftes in die Leberzelle verhindern. Beide Substanzen können damit nur gegenüber jenem Giftanteil wirksam werden, der zu Beginn der Therapie noch nicht an den Leberzellkern gebunden ist. Als unterstützende Antidot-Therapie kann die Gabe hochprozentiger Glukose in Kombination mit Insulin angesehen werden. In Leberzellkulturen fördert diese Kombination das Zellwachstum. Auch dem Einsatz von Thioctsäure wird eine unterstützende Wirkung auf die Leberzellregeneration zugeschrieben. Thioctacid unterstützt die Synthese von Coenzym A und regt den Zitronensäurezyklus in der Zelle an. Auch soll es Enzyme der biologischen Atmung in den Mitochondrien aktivieren.

Zur Verhinderung von Streßulzera wird Pirenzepin eingesetzt, das die Säuresekretion des Magens herabsetzt. Die weitere Therapie besteht in der intravenösen Gabe von ausreichend Flüssigkeit in Form von Elektrolytlösungen, der oralen Verabreichung von Paromomycin zur Darmsterilisierung und damit zur Verringerung der Einschwemmung von Endotoxinen.

Die Therapie der hepatischen Koagulopathie erstreckt sich auf die ausreichende Gabe von fresh frozen-Plasma und AT III in Kombination mit einer niedrig dosierten Heparinisierung.

Das Ziel der Therapie besteht darin, einem kleinen Teil von Patienten, die noch nicht die absolut tödliche Giftmenge aufgenommen haben, ein Überleben zu ermöglichen. Da zum Zeitpunkt des Therapiebeginns keine sichere Unterscheidung zwischen den Patienten, die ohne Therapie überleben würden, und jenen, die ohnehin keine gute Prognose mehr haben, möglich ist, muß für die wenigen Vergiftungen, die therapeutisch beeinflußbar sind, bei allen Vergifteten alles unternommen werden (Zilker, 1988).

Der klinische Stellenwert der Silibinintherapie wurde anhand einer Multizenterstudie einer kritischen Prüfung unterzogen, in dieser Studie waren 164 Vergiftungsfälle aus Krankenhäusern verschiedener europäischer Länder inkludiert, deren Fallberichte retrospektiv ausgewertet wurden.

Alle 164 Patienten wurden neben den Maßnahmen zur primären Giftelimination, Korrektur des Flüssigkeits- und Elektrolythaushaltes sowie der Gabe von Aktivkohle mit Silibinin behandelt. Der Großteil erhielt zusätzlich Penicillin, Thioctsäure und Cortison in variablen Kombinationen. Unter dieser Behandlung betrug die Gesamtletalität 12,8 %.

Faßt man nun die seit 1980 mit Silibinin behandelten und in der Österreichischen Vergiftungsinformationszentrale dokumentierten Fälle mit Knollenblätterpilzvergiftungen zusammen, so ergeben sich folgende Zahlen: insgesamt 252 Fälle, davon 108 leicht, 19 mittelschwer, 99 schwer und 26 letal (10,3 % Letalität).

Die daraus errechnete Letalität von 10,3 % stellt ein bisher unerreichtes Ergebnis dar und liegt weit unter den in den letzten Jahren publizierten Angaben, die über 20 % betrugen, wobei Silibinin nur in wenigen

Tab. 4: Wichtigste therapeutische Maßnahmen beim Phalloides-Syndrom (ZILKER, 1988)

Medikation	Dosis	Wirkung
1. Silibinin	20 mg/kg KG/24 h i.v. 4 Tage lang ab Aufnahme	verhindert Aufnahme in Leberzelle
2. Penicillin G	1 Mill/kg KG/24 h i.v. am 1. Tag ½ Mill/kg KG/24 h am 2. Tag ½ Mill/kg KG/24 h am 3. Tag	verhindert Aufnahme in Leberzelle
3. 50 % Glukose + Elyte + Insulinperfusion	2 l/die i. v. n. B. i.v. etwa 2–6 IE Insulin/h über Perfusor i.v., je nach BZ	soll Leberregeneration fördern
4. Duodenalsonde		Unterbrechung des enterohepatischen Kreislaufs
5. Kohle + Bifiteral	4stündlich über Sonde	Gifteliminierung + Unterbrechung des enterohepatischen Kreislaufs
6. Humatin	6 × 1 g/die über Sonde	Darmsterilisation, Verminderung von Enterotoxinen
7. Pirenzepin	2 × 10 mg/die i.v.	Ulkus- und Blutungsprophylaxe
8. Thioctacid	6 × 50 mg/die i.v.	Synthesestimulation (?)
9. Hämoperfusion	4–6 h mit 50–70 ml Gesamtdurchfluß bis zu 24 h nach Giftaufnahme	Giftabsorption an Kohle ist gut
10. AT III Heparin FFP	8 × 500 IE i.v./die 250 E/h 4 × 250 ml/die	Behandlung der Gerinnungsstörung und Verbrauchskoagulopathie

Einzelfällen zum Einsatz kam. Eine Analyse der eigenen Daten zeigt eine zunehmende Besserung der Überlebensrate seit Einführung des Silibinin im Jahre 1979. Während die erste größere Fallstudie aus den Jahren 1979 bis 1982 mit 164 Vergiftungsfällen noch eine Letalität von 12,8 % ergab, errechnet sich aus dem Krankengut der Jahre 1983 bis 1986 mit 70 Patienten eine Letalität von nur mehr 5,7 %. Dieser positive Trend ist auf die fortschreitende Verbreitung und den zunehmend konsequenten Einsatz von Silibinin zurückzuführen. Aus der ständigen Bemühung, das wirksamste Therapiekonzept zu erarbeiten, das überflüssige und möglicherweise nachteilige Behandlungsverfahren ausschließt, resultierten aus den 70 Fällen 17, die mit Silibinin als einziges antizytotoxisch wirkendes Medikament behandelt wurden. Der Schweregrad war in 4 dieser Fälle als leicht, in 6 als mittelschwer und in 6 als schwer einzustufen. Ein Patient verstarb 24 Stunden nach der Aufnahme an den Folgen einer massiven Aspiration von Mageninhalt. Aus dem Untersuchungszeitraum 1979 bis '82 stammen weitere 8 Patienten, die erfolgreich mit einer Silibinin-Monotherapie behandelt wurden.

Diese Ergebnisse unterstreichen die Wirksamkeit von Silibinin, das auch ohne die übliche Kombination mit Penicillin und unter Weglassung invasiver Behandlungsverfahren zufriedenstellende Behandlungsergebnisse liefert.

Lebertransplantation:

Neben konservativen Therapiemaßnahmen wie Magenspülung, Flüssigkeits- und Elektrolytausgleich, Hämodialyse und Hämoperfusion, forcierte Diurese sowie Versuche weiterer symptomatischer Therapiemaßnahmen (Silibinin, Thioctsäure, Heparin) bedarf der Einsatz der orthotopen Lebertransplantation unter modernen therapeutischen Gesichtspunkten unbedingt der Erwähnung.

Bei Auftreten eines Coma hepaticum sollte die Methode der Lebertransplantation einer frühzeitigen interdisziplinären Diskussion zwischen Internisten, Intensivmedizinern und Transplantationschirurgen zuge-

führt werden. Unter zunehmendem Komagrad II–III, sonographischer Verkleinerung der Lebergröße und Auftreten von Gerinnungsstörungen vor Ausbildung einer Verbrauchskoagulopathie sind die Chancen einer restitutio ad integrum durch Lebertransplantation günstig.
C. E. Broelsch, Chicago, berichtet über 58 Prozent Einjahresüberlebensraten bei Transplantationen unter akutem Leberversagen. Dem gegenüber stehen Letalitätsraten bei ausschließlich intensivmedizinischer Therapie, die zwischen 70 und 90 Prozent betragen.
Die Entscheidung zur Lebertransplantation beim akuten Leberversagen muß also frühzeitig gestellt und konsequent verfolgt werden, da nach persistierendem Komagrad IV apallische Syndrome beschrieben wurden, die sich auch nach erfolgreicher Lebertransplantation mit kompletter Restitution der Leberfunktion nicht mehr zurückbildeten (Theuer, 1989). Die Schwierigkeit besteht einerseits in der Wahl, andererseits in der Zeit, die zum Ausfindigmachen einer Spenderleber verbleibt. Damit ist von entscheidender Bedeutung, frühzeitig prognostische Parameter zu kennen, die darauf hinweisen, daß ein Überleben der Knollenblätterpilz-Vergiftung nicht möglich ist. Bei der Zeitpunktwahl erscheint bedeutend, daß man möglichst frühzeitig transplantiert, da zu diesem Zeitpunkt der Patient noch operationsfähig ist und noch keinen irreversiblen zerebralen Schaden davongetragen hat. Dies bedeutet, daß der Patient die Komastufe III der hepatischen Enzephalopathie nicht überschritten haben darf. Andererseits sind Fälle bekannt geworden, bei denen dieser Schweregrad der hepatischen Enzephalopathie reversibel war, womit das psychologische Dilemma für die betreuenden Ärzte aufgezeigt ist.
Es gibt vier Verlaufsformen der Knollenblätterpilz-Vergiftung. Die erste milde Verlaufsform besteht in einer schweren Gastroenteritis ohne meßbare Beteiligung der Leber am Vergiftungsgeschehen. Die zweite mittelschwere Verlaufsform weist neben der Gastroenteritis einen mäßigen Anstieg der Transaminasen auf, ohne daß es zu Störungen der plasmatischen Gerinnung kommt. Die dritte schwere Verlaufsform, die jedoch noch überlebt wird, zeigt Transaminasen im Bereich über 1000 U/L und eine Gerinnungsstörung, die sich mit einer Gerinnungstherapie beheben läßt.
Die tödliche Verlaufsform muß von dieser schweren Verlaufsform nun streng zu unterscheiden sein, will man frühzeitig den Ausgang der Vergiftung absehen. Annäherungsweise ist dies gelungen. Die vierte Gruppe mit tödlichem Verlauf unterscheidet sich von der Gruppe mit schwerem Verlauf durch eine mangelhafte Erholung der plasmatischen Gerinnung, einen fortgesetzten Bilirubin- und Kreatininanstieg, und zwar schon vor Eintritt der hepatischen Enzephalopathie. Ganz besonders hervorzuheben ist das Verhalten der plasmatischen Gerinnungsfaktoren. Eine Thromboplastin-Zeit, die zwei Tage nach Giftaufnahme unter 20 Prozent liegt und die bis zum Ende des dritten Tages nicht deutlich angehoben werden kann, ist prognostisch ungünstig.
Nach diesen Kriterien wurde in Portland, Oregon, USA, im Oktober vorigen Jahres eine fünfköpfige Familie behandelt. Bei vier Patienten waren die prognostischen Kriterien schlecht, alle vier wurden lebertransplantiert, und zwar im Komagrad II beziehungsweise III. Alle Patienten – auch der fünfte, der nach diesen Kriterien eine gute Prognose hatte – haben überlebt. In diesem Fall hatten die Ärzte im Giftnotruf München angerufen (Zilker, 1989).

Selbstversuche Dr. Bastien:

Seit 1957 experimentiert Dr. Piere A. Bastien aus Remiremont (Frankreich) mit einer Zusammenstellung aus den geläufigen Medikamenten Ercefuryl und Abiocine – ein Antibiotikum und ein Mittel gegen Leberschäden – und Vitaminen als Therapeutikum gegen Knollenblätterpilzvergiftungen. Zum dritten Mal demonstrierte er 1981 im Selbstversuch erfolgreich sein Rezept, indem er ein Omelett mit 100 g Knollenblätterpilzen zu sich nahm. Ein Chemiker des Botanischen Gartens in Genf überprüfte die Giftmahlzeit Bastiens auf ihre Echtheit, um Manipulation auszuschließen.
Nach der Mahlzeit kümmerte sich die 32jährige französische Ärztin Annemarie Dumont um Bastien. Die Fachärztin für antitoxikologische Medizin vertraut ebenfalls auf die Wirkung der Medizin-Kombination von Dr. Bastien: Wäre der französische Arzt gestorben, hätte sie sich wegen Beihilfe an einem Todesfall strafbar gemacht. Doch Bastien lebt, zwar hat er 1,5 Kilo abgenommen und auch sonst ist er noch geschwächt – aber er lebt.

Der medizinsche Kurzbericht der Ärztin:
19.00 Uhr: Er ist ok.;
19.30 Uhr: Durchfall;

20.30 Uhr: Erste medikamentöse Behandlung nach seinen Angaben;
21.00 Uhr: Er nimmt Karotten zu sich;
22.15 Uhr: Er zittert wie wahnsinnig am ganzen Körper;
23.00 Uhr: Er schreit wie am Spieß, hat Schmerzen, übergibt sich;
24.00 Uhr: Es wird noch schlimmer;
24.00 Uhr: Bis 5.00 Uhr: Verschiedene Behandlungen nach seinen Angaben;
5.30 Uhr: Er ist ruhig;
7.00 Uhr: Leichtes Bauchweh;
7.30 Uhr: Erneute Behandlung, unter anderem mit einem Gramm Vitamin C;
9.00 Uhr: Er verlangt Zeitungen, um zu lesen.
Nach Genf kam Dr. Bastien, weil hier die großen Gesundheitsorganisationen der UNO sitzen. „Meine Behandlung soll endlich anerkannt werden", sagt der Arzt, der schon fünf Leben in Frankreich mit seinen Mitteln retten konnte. „Ich werde mein Experiment auch ein viertes Mal vorführen, wenn die Schulmediziner weiterhin skeptisch sind."
Die Weltgesundheitsorganisation (WHO) wollte zu dem Versuch nicht Stellung nehmen. Ein WHO-Sprecher in Genf erklärte lediglich, daß die Behandlung von Pilzvergiftungen nicht in ihren Aufgabenbereich falle. (MM 17.9.81)

Kommentar:
Der Arzt lehrte uns, daß eine Behandlung, die sofort beim ersten Durchfall einsetzt, zu 100 % erfolgreich ist. Todesfälle ereignen sich erst, wenn nach Ablauf der Latenzzeit Fehldiagnosen wie „Sommergrippe", „Durchfall", „Gastroenteritis" oder „Lebensmittelvergiftung" gestellt wurden.

Besonderheiten:
1. Bei drohender disseminierter intravaskulärer Gerinnung ist Frischblut der Gabe von Gerinnungsfaktor-Konzentraten vorzuziehen, da bei diesen durch den Anreicherungsprozeß eine Aktivierung einzelner Faktoren erfolgen kann.
2. Im Coma hepaticum Grad IV ist der Einsatz von Pavianleberperfusionen zu empfehlen, der jedoch bisher nur in Bonn und München möglich ist.

Literatur:

v. CLARMANN, M.: Present diagnostic methods for mushroom intoxications. In Faulstich, H., Kommerell, B., Wieland, Th. (Ed.): Amanita Toxins and Poisoning (Witzstrock: Baden-Baden 1980)
BELLIARDO, F., MASSANO, G.: Determination of alpha-amanitin in serum by HPLC. J. Liq. Chromatogr. 6, 551–558 (1983)
BENEDICT, R. G.: Mushroom Toxins other than Amanita, in: (Hrsg.) KADIS, S., CIEGLER, A., AJL, S. J.: Microbial Toxins. Academia Press, New York, London, 281 (1972)
BUSI, C., FIUME, L., COSTANTINO, D., LANGER, M., VESCONI, F.: Amanita toxins in gastroduodenal fluid of patients poisoned by the mushroom Amanita phalloides. New. Engl. J. Med. 300, 800 (1979)
CLARMANN, M. v., MATHES, G., WEBER, Th., ERHARDT, W., KIRCHER, G., FISCHER, M.: Zur Therapie der Knollenblätterpilzvergiftung. Ergebnisse klinischer und experimenteller Untersuchungen. Fortschr. Med. 97, 1999–2005 (1979)
DESVIGNES, A.: Alimentation et la Vie 53, 155 (1965)
FAULSTICH, H., BUKU, A., BODENMÜLLER, H., WIELAND, TH.: Virotoxins, Actin Binding Cyclic Peptides of Amanita virosa Mushrooms. Biochem. 19, 3334 (1980)
FAULSTICH, H., GEORGOPOULOS, D., BLOCHING, M.: Analysis of the toxins of amanitin-containing mushrooms. Z Naturforsch 290, 86–89 (1974)
FAULSTICH, H., KOMMERELL, B., WIELAND, Th. (Hrsg.): Amanita Toxins and Poisoning. Witztrock, Baden-Baden, Köln, New York (1980)
FAULSTICH, H.: DÄ 50, 40 (1982)
FAULSTICH, H., TRISCHMANN, H., ZOBELEY, S.: A radioimmunoassay for amanitin. FEBS Letters 56, 312 (1975)
FAULSTICH, H., ZOBELEY, S., TRISCHMANN, H.: A rapid radioimmunoassay, using a nylon support, fort amatoxins from amanita mushrooms. Toxicon 20, 913–924 (1982)
FIUME, L., BUSI, C., CAMPADELLI-FIUME, G., FRANCESCHI, C.: Production of antibodies to amanitins as the basis for their radioimmunoassay. Experientia 31, 1233 (1975)
FLAMMER, R.: Differential-Diagnose der Pilzvergiftungen, Gustav-Fischer Verlag, Stuttgart, New York (1980)
FLOERSHEIM, G. L., BIANCHI, L., PROBST, A., CHIODETTI, N., HONEGGER, C. G.: Influence of zinc, D-penicillamine and oxygen on poisoning with Amanita phalloides. Zinc accelerates liver regeneration and prevents the depletion of brain noradrenaline caused by the mushroom. Agents and Actions (in press)

FLOERSHEIM, G. L., WEBER, O., TSCHUM, P., ULBRICH, M.: Die klinische Knollenblätterpilzvergiftung (Amanita phalloides). Prognostische Faktoren und therapeutische Maßnahmen. Eine Analyse anhand von 205 Fällen. Schweiz. med. Wschr. 112, 1164 (1982)
FLOERSHEIM, G. L.: Diagnose der Knollenblätterpilzvergiftung. DMW 22, 866 (1983)
FRIMMER, M.: Phalloidin, ein leberspezifisches Pilzgift. Biologie in unserer Zeit 9, 147 (1979)
HOMANN, J., HEINRICH, D., OEHLER, G., SCHÖNDORF, T. H., BLEYL, H., MATTHES, K. J.: Diagnostische und prognostische Bedeutung des Prothrombinkomplexes (Quick-Wertes) bei der Knollenblätterpilzvergiftung. medwelt 36, 1279–1289 (1985)
HORI, J. et al.: Orthotopic Transplantation of Liver in Pigs with Fulminant Hepatic Failure. Transplantation 29, 424 (1980)
HRUBY, K., FUHRMANN, M., SCOMOS, G., THALER, H.: Parmakotherapie der Knollenblätterpilzvergiftung mit Silibinin. Wiener klin. Wochenschr. 95, 2–8 (1983)
HRUBY, K., LENZ, K., MOSER, C. D., BACHNER, J. D., KORNINGER, C.: Knollenblätterpilzvergiftungen in Österreich. Wiener klin. Wochenschr. 91, 509–513 (1979)
HRUBY, K.: Intensivmed 24, 269–274 (1987)
JAHN, W., FAULSTICH, H., WIELAND, TH.: in Amanita Toxins and Poisoning. Witztrock, Baden-Baden, Köln, New York, 79 (1980)
JEHL, F., GALLION, C., BIRCKEL, P., JAEGER, A., FLESCH, F., MINCK, R.: Determination of alpha-amanitin and β-amanitin in human biological fluids by high-performance liquid chromatography. Analytical Biochemistry 149, 35–43 (1985)
KÖGL, F., DUISBERG, H., ERXLEBEN, H.: Untersuchungen über Pilzgifte, I. Über das Muscarin, I. Liebigs Ann. Chem. 489, 156 (1931)
LAMPE, K. F.: Toxic fungi. Ann. Rev. Pharmacol. Toxicol. 19, 85 (1979)
LANGER, M., VESCONI, S., COSTANTINO, D., BUSI, C.: Pharmacodynamics of amatoxins in human poisoning as the basis for the removal treatment. In: FAULSTICH, H., KOMMERELL, B., WIELAND, Th. (Hrsg.) Amanita Toxins and Poisoning. G. Witzstrock. Baden-Baden Köln New York, 90–97 (1980)
LANGER, M., VESCONI, S., JAPICHINO, G., COSTANTINO, D., RADRIZZANI, D.: Die frühzeitige Elimination der Amanitatoxine in der Therapie der Knollenblätterpilzvergiftung. Klin. Wochenschr. 58, 117–123 (1980)
LEWIN, L.: Gifte und Vergiftungen, S. 919 ff. (1929)
LIST, P. H., LUFT, P.: Gyromitrin, das Gift der Frühjahrslorchel. Arch. Pharm. 301, 294 (1968)
PARACELSUS: Sämtl. Werke, Bd. 1, S. 919, 923; Bd. 2, S. 615; Bd. 3, S. 215, 541
PASTORELLO, L., TOLENTINO, D., D'ALTERIO, M., PALADINO, R., FRIGERIO, A., BERGAMO, N., VALLI, A.: Determination of alpha-amanitin by high performance liquid chromatography. J. Chromatogr. 233, 398–403 (1982)
PLATT, D., RIECK, W., SCHMITT-RÜTH, R., SUMMA, J.-D., BACHNER, J.: Schneller zu einem sicheren Befund bei Vergiftung durch Knollenblätterpilze. Dtsch. Ärztebl. 84(8), 425–426 (1987)
SEEGER, R.: Vergiftungen durch einheimische Pilze. Dtsch. Ärztebl. 74, 2369 (1977)
SMETANA, R., HRUBY, K., BENESCH, B., BAUER, K., JAHN, O.: Laborchemische Diagnose und Therapiekontrolle der Amanitaintoxikation unter Silibininbehandlung. Intensivbehandlung 4, 170–175 (1986)
THALER, H.: Wien. klin. Wschr. 95, 224 (1983)
THEUER, D.: Knollenblätterpilzvergiftung. Dt. Ärztebl. 86, Heft 27, 2010 (1989)
VELVART, J., SCHLATTER-LANZ, I.: Vorgehen bei Vergiftungen mit Amanita phalloides. Schweiz. Ärzte-Ztg. 63, 1483 (1982)
WIELAND, TH., FAULSTICH, H.: Amatoxins, Phallotoxins, Phallolysin, Antamanide, the Biologically Active Components of Poisonous Amanita Mushrooms. Critical Rev. Biochem. 5, 185 (1978)
WIELAND, TH., WIELAND, O.: The Toxin Peptides of Amanita Species, in: Microbial Toxins (2), 249
WIELAND, TH.: Amatoxine, Phallotoxine – die Gifte des Knollenblätterpilzes. Chemie in unserer Zeit 13, 56 (1979)
WIELAND, TH.: Pilzvergiftungen. Z. Allg. Med. 59, 1259–1263 (1983)
ZILKER, T., VON CLARMANN, M.: Knollenblätterpilz-Vergiftung. Dt. Ärztebl. 85, Heft 38, 47 (1988)
ZILKER, T.: Knollenblätterpilzvergiftung. Dt. Ärztebl. 86(27), 2010 (1989)
ZULIK, R., BAKO, F., KISBAN, A.: Zur Behandlung der Knollenblätterpilzvergiftung. Med. Klinik 68, 1371–1372 (1973)

Pilze, allgemein

Knollenblätterpilze, Fliegenpilze, Kahler Krempling, muscarinhaltige Pilze und Psilocybe-Pilze, siehe jeweils auch gesondertes Kapitel.

Vorkommen:

Tab. 1: Unterscheidung eßbarer und giftiger Pilze (nach ROTH et al., 1990)

Eßbare Pilze		**Sehr giftige und giftige Pilze**	
Art	Unterscheidungsmerkmal	Art	Unterscheidungsmerkmal
Schw. Kaiserling *(Amanita caesarea)*	Stiel, Lamellen, Ring goldgelb.	Fliegenpilz *(Amanita muscaria)*	Stiel, Lamellen, Ring weiß.
Eier-Wulstling *(Amanita ovoidea)*	Stiel im Verhältnis z. Hut kurz u. dick. Scheide weit u. frei. Hut gewölbt	Grüner u. weißer Knollenblätterpilz *(Amanita phalloides u. virosa)*	Stiel im Verhältnis z. Hut lang. Scheide dem Stiel anliegend. Hut kegelförmig.
Perlpilz *(Amanita rubescens)*	Scheide zerfetzt	Pantherpilz *(Amanita pantherina)*	Scheide lappig, frei u. häutig.
	Fleisch wird nach Bruch weinrot, oft nach längerer Zeit. Hutrand glatt.		Nach Bruch keine Fleischverfärbung, auch nicht nach längerer Zeit. Hutrand gerieft.
Gedrungener Wulstling *(Amanita spissa)*	Knolle typisch rübenförmig. Hut glatt. Sporen amyloid.	Pantherpilz *(Amanita pantherina)*	Knolle weiß, rundlich. Hutrand gerieft. Sporen nicht amyloid.
Fransiger Wulstling *(Amanita strobiliformis)*	Scheide zerfetzt	Frühling-Knollenblätterpilz *(Amanita verna)*	Scheide lappig, frei u. häutig.
	Hut gewölbt, nicht gebuckelt.	Weißer Knollenblätterpilz *(Amanita virosa)*	Hut kegelförmig, mit stumpfem Buckel.
Ringloser Wulstling *(Amanita vaginata)*	Stiel ringlos.	Grüner und Frühlings-Knollenblätterpilz *(Amanita phalloides u. verna)*	Ring häutig, hängend u. gerieft.
Weißer Anis-Egerling *(Agaricus arvensis)*	Ohne Scheide. Lamellen immer gefärbt Geruchslos.	Frühlings-Knollenblätterpilz *(Amanita verna)* Weißer Knollenblätterpilz, Karbol-Egerling *(Amanita virosa, Agaricus xanthoderma)*	Scheide lappig u. häutig. Lamellen immer weiß. Geruch stark, unangenehm, widerlich.
Wiesen-Champignon (Agaricus campestris)	Ohne Scheide. Lamellen immer gefärbt.	Grüner und Frühlings-Knollenblätterpilz *Amanita phalloides u. verna)*	Scheide lappig, frei häutig, Lamellen immer weiß.
	Geruchlos.	Karbol-Egerling *(Agaricus xanthoderma)*	Geruch stark, unangenehm, widerlich.

Tab. 1 (Fortsetzung)

Eßbare Pilze		**Sehr giftige und giftige Pilze**	
Art	Unterscheidungsmerkmal	Art	Unterscheidungsmerkmal
Wald-Egerling *(Agaricus silvaticus)*	Fleisch rötend.	Karbol-Egerling (Agaricus xanthoderma)	Fleisch lebhaft, gelb werdend.
Dünnfleischiger Anis-Egerling *(Agaricus silvicola)*	Schwacher Anisgeruch.	Karbol-Egerling *(Agaricus xanthoderma)*	Geruch stark, unangenehm, widerlich.
	Ohne Scheide.	Grüner Knollenblätterpilz *(Amanita phalloides)*	Scheide lappig, frei, häutig. Lamellen immer weiß.
Südlicher Schüppling *(Agrocybe aegerita)*	Lamellen blaß-braun	Grünblättriger und Ziegelroter Schwefelkopf *(Hypholoma fasciculare u. H. sublateritium)*	Lamellen jung olivgrün.
Voreiliger Ackerling *(Agrocybe praecox)*	Hut u. Stiel nicht leicht voneinander trennbar. Lamellen jung weiß, im Alter zimtbraun.	Grüner und Frühlings-Knollenblätterpilz *(Amanita phalloides u. verna)*	Hut und Stiel leicht voneinander trennbar. Lamellen immer weiß.
Mehlräsling *(Clitocybe prunulus)*	Fleisch weich und brüchig.	Bleichweißer Trichterling, Feld-T., Laubfreund-T., Ranziger T. *(Clitocybe cerussata dealbata phyllopila hydrogramma)*	Fleisch faserig.
	Hut weiß oder gräulich. Lamellen graurötlich. Starker Geruch nach frischem Mehl.	Rinnigbereifter Trichterling *(Clitocybe rivulosa)*	Hut etwas fleischbräunlich. Lamellen weiß. Geruch nach ranzigem Mehl.
Rauchblättriger Schwefelkopf *(Hypholoma capnoides)*	Lamellen graubräunlich. Fleisch weiß. Geschmack mild.	Grünblättriger und Ziegelroter Schwefelkopf *(Hypholoma fasciculare H. sublateritium)*	Lamellen jung. olivgrün. Fleisch gelblich bis gelb. Geschmack bitter.
Stockschwämmchen *(Kuehneromyces mutabilis)*	Lamellen zimtbraun. Fleisch weiß. Geschmack mild.	Grünblättriger und Ziegelroter Schwefelkopf *((Hypholoma fasciculare H. sublateritium)*	Lamellen jung olivgrün. Fleisch gelblich bis gelb. Geschmack bitter.
	Hut hyugrophan. Stiel stark schuppig. Lamellen angewachsen, nicht herablaufend.	Leuchtender Ölbaumpilz *(Omphalotus olearius)*	Hut trocken, glatt. Stiel glatt. Lamellen stark herablaufend.
Edel-Reizker *(Lactarius deliciosus)*	Hutrand glatt. Milch orange, nicht sehr scharf im Geschmack.	Birken-Reizker *(Lactarius torminosus)*	Hutrand zottig. Milch weiß, scharf schmeckend.
Rosablättriger Schirmling *(Lepiota naucina)*	Ohne Scheide. Lamellen blaßrosa.	Grüner Knollenblätterpilz *(Amanita phalloides)*	Scheide lappig, frei u. häutig. Lamellen immer weiß.
	Stiel ohne Scheide, knollig, flockig. Lamellen blaßrosa.	Weißer Knollenblätterpilz *(Amanita virosa)*	Scheide häutig, dem Stiel anliegend. Stiel glatt. Lamellen weiß.

Tab. 1 (Fortsetzung)

Eßbare Pilze Art	Unterscheidungsmerkmal	**Sehr giftige und giftige Pilze** Art	Unterscheidungsmerkmal
Nelkenschwindling *(Marasmius oreades)*	Lamellen frei, entfernt, gelblich. Geruch schwach, angenehm, nicht mehlartig.	Rinnigbereifter Trichterling *(Clitocybe rivulosa)*	Lamellen gedrängt, weiß, leicht herablaufend. Geruch schwach nach ranzigem Mehl.
Hahnenkamm *(Ramaria botrytis)*	Stiel weiß. Zweige kurz, dick, mit rosa Spitzen.	Schöne Koralle *(Ramaria formosa)*	Stiel weiß, schwach rosa. Zweige orange-lachsfarbig, mit zitronengelber Spitze.
Zitronengelbe Koralle *(Ramaria flava)*	Stiel weiß, Zweige schwefelgelb.	Schöne Koralle *(Ramaria formosa)*	Stiel weiß, schwach rosa. Zweige orange-lachsfarbig, mit zitronengelber Spitze.
Täublings-Arten *(Russula ssp.)*	Alle mild schmeckenden Arten.	Spei-Täubling *(Russula emetica)* u. a.	Sehr scharf schmeckende Arten.
Krokodil-Ritterling *(Tricholoma caligatum)* Halsband-Ritterling *(Tricholoma focale)*	Stiel durch Ring in 2 Zonen geteilt.	Tricholoma albobruneum	Stiel mit 2 Zonen, obere weiß, untere kastanienbraun, rötlich, nur mit schleierartigem Ring.
Pappel-Ritterling *(Tricholoma populinum)*	Zwei verschieden gefärbte Zonen, jedoch kein Ring.	Tricholoma albobruneum	Stiel mit 2 Zonen, obere weiß, untere kastanienbraun, rötlich, nur mit schleierartigem Ring.
Rußkopf *(Tricholoma portentosum)*	Hut faserig. Huthaut schmierig. Lamellen und Stiel gelblich angehaucht.	Tiger-Ritterling *(Tricholoma pardinum)*	Hut mit braunen dachziegelartigen Schuppen. Huthaut trocken. Lamellen u. Stiel nicht gelblich.
	Hut nicht kegelig. Geschmack nicht scharf. Lamellen u. Stiel schwach gelblich.	Brennender Ritterling *(Tricholoma virgatum)*	Hut kegelig gebuckelt. Geschmack scharf, brennend. Lamellen u. Stiel weiß.
Erd-Ritterling *(Tricholoma terreum)*	Schmächtig im Aussehen. Stiel dünn u. gebrechlich, fast röhrig.	Tiger-Ritterling *(Tricholoma pardinum)*	Kräftiges Aussehen. Stiel sehr kräftig, im Verhältnis zum Hut dick.
	Hut filzig, angedrückt schuppig.	Brennender Ritterling (Tricholoma virgatum)	Hut kegelig gebuckelt. Geschmack scharf, brennend. Lamellen u. Stiel weiß.
Wolliger Scheidling *(Volvariella bombycina)*	Ohne Ring. Lamellen glänzend rosa.	Grüner und Frühlings-Knollenblätterpilz *(Amanita phalloides* u. *verna)*	Ring häutig, hängend u. gerieft. Lamellen immer weiß.
	Ohne Ring. Lamellen glänzend rosa.	Weißer Knollenblätterpilz *(Amanita virosa)*	Ring flockig, zurückgebogen. Lamellen immer weiß.

Verwendung:

In der Medizin werden Pilze nur selten verwendet. PARACELSUS empfiehlt Agaricus zur Verhütung von Phthise und Diabetes, als fliegentötendes Mittel, vor allem aber gegen Würmer. Hierbei ist jedoch nicht klar, ob er unter „Agaricus" Lärchenschwamm oder Fliegenpilz versteht.
WITTICH führt in seinem Arzneibuch 1595 ebenfalls Agaricus auf; hier handelt es sich jedoch vermutlich um den Fliegenpilz, da er gegen Epilepsie verordnet wird. Außerdem soll er Gehirn, Lunge, Brust etc. von böser Feuchtigkeit und zähem, grobem Schleim reinigen und bei Schwindel, Kopfschmerz und Apoplexie dienlich sein.
In einigen Kulturen werden bestimmte Giftpilz-Arten als Rauschmittel verwendet.

Wirkungscharakter:

Tab. 2: Verzeichnis der Pilze nach Vergiftungs-Syndromen (ROTH et al., 1990)

Syndrom Pilzart	Pilzgifte	Latenzzeit	Erste Symptome Hauptwirkung
1. *Phalloides-Syndrom*			
Amanita phalloides Amanita verna Amanita virosa Galerina badipes Galerina beinrothii Lepiota brunneo-incarnata Lepiota helveola Lepiota lilacea	*Amatoxine* α-Amanitin β-Amanitin *Phallotoxine* Ohne toxische Wirkung beim Menschen	meist 8–12 Stunden	Heftiges Erbrechen, dann Durchfälle. Lebergift, Protoplasmagift
2. *Gyromitra-Syndrom*			
Gyromitra esculenta	Gyromitrin und seine Spaltprodukte Methyl-N-formyl-hydrazin, Methylhydrazin	6–24 Stunden	Übelkeit, Kopf- und Bauchschmerzen, auch zentralnervöse Symptome. Lebergift, Gift für ZNS
3. *Orellanus-Syndrom*			
Cortinarius orellanus Cortinarius speciosissimus Cortinarius splendens Cortinarius gentilis (?)	*Orellanine* Orellanin Orellin	Sehr lang, oft Tage bis Wochen, selten Stunden.	Durst, Nierenschmerzen, evtl. gastrointestinale Frühsymptome. Nierengift.
4. *Muscarin-Syndrom*			
Clitocybe anisata Clitocybe angustissima Clitocybe candicans Clitocybe desalbata Clitocybe ericetorum Clitocybe phyllophila Clitocybe rivulosa Clitocybe suaveolens Inocybe dulcamara Inocybe fastigiata Inocybe fibrosa Inocybe napipes Inocybe patouillardii Inocybe virgatula (?) Mycaena pura (?)	Muscarin	Minuten bis 2 Stunden.	Schweißausbrüche, Brechdurchfälle. Nervengift.

Tab. 2 (Fortsetzung)

Syndrom Pilzart	Pilzgifte	Latenzzeit	Erste Symptome Hauptwirkung
5. *Pantherina-Syndrom* (incl. Fliegenpilzsyndrom nach FLAMMER) Amanita muscaria Amanita pantherina Amanita regalis Amanita gemmata (?)	Ibotensäure, Muxcimol, Muscazon und unbekannte Toxine	¼ (½) bis 2 (4) Stunden	Alkoholrauschähnliche Symptome, Euphorie, Halluzinationen. Nerven- und psychoaktive Gifte
6. *Psilocybin-Syndrom* Psilocybe semilanceata u. noch versch. Arten. Weitere halluzinogene Pilze finden sich in den Gattungen: Paneolus, Pholiotina, Panaeolina, Gymnopilus etc.	Psilocybin, Psilocin	¼ bis 2 Stunden	Schwindel, Rauschzustände, Halluzinationen. Psychoaktive Gifte, Nervengifte.
7. *Coprinus-Syndrom* (Antabus-Reaktion) Coprinus atramentarius (evtl. noch andere Coprinus-Arten	Coprin	Minuten bis 1 Stunde bei gleichzeitigem Alkoholgenuß.	Hitzegefühl, Atemnot, Schwindel, Herzrhythmusstörungen. Kreislaufgift.
8. *Paxillus-Syndrom* Paxillus involutus	Pilzantigen	¼ bis 2 Stunden nach vorausgegangenen Pilzmahlzeiten.	Gastrointestinale und hämolytische Symptome. Antigen-Antikörper-Reaktion mit Hämolyse (nach häufigem Verzehr desselben Pilzes).
9. *Gastrointestinales Pilzsyndrom* Agaricus placomyces Agaricus xanthoderma Boletus satanas Dermocybe sanguinea Hebeloma crustuliniformis Hebeloma sinapizans Hygrocybe conica Hypholoma fasciculare Hypoholoma sublateritium Lactarius helvus Lactarius scrobiculatus Lactarius torminosus Macrolepiota venenata Megacollybia platyphylla	Gastrointestinale Wirkstoffe	¼ bis 4 Stunden, selten bis 8 Stunden.	Übelkeit, Brechdurchfälle. Magen-Darm-Gifte.

Tab. 2 (Fortsetzung)

Syndrom Pilzart	Pilzgifte	Latenzzeit	Erste Symptome Hauptwirkung
Omphalotus olearius Pholiota squarrosa Ramaria formosa Ramaria mairei Russula emetica Russula foetens Scleroderma vulgare Stropharia ruo-sannulata Tricholoma pardium Tricholoma sulfureum Tricholoma virgatum			
Roh giftige Pilze:	Amanita citrina, Amanita rubescens, Amanita vaginata, Armillariella mellea, Boletus luridus, Clitocybe nebularis, Leccinum scabrum, Lepista nuda, Macrolepiota procera, Rhodophyllus clypeatus, Sarcosphaera crassa, Xerocumus badius		
Sensibilisierung durch Sporen:	Pleurotus ostreatus Serpula lacrymans		

*Pilzvergiftungen mit vorwiegend hepatotoxischer Symptomatik**

Die hierunter einzuordnenden Vergiftungen mit der Frühjahrslorchel sowie den Knollenblätterpilzarten sind in jedem Fall als lebensbedrohlich anzusehen. Vergiftungen mit der Lorchel, Helvella esculenta, werden überwiegend in Nord- und Ostdeutschland beobachtet. Eine Verwechslung mit echten Morcheln, die ungiftig und genießbar sind, ist meist die Ursache. Allerdings kann die Lorchel durch Abkochen und Trocknung der Pilze völlig entgiftet werden. Als Giftstoff dieser Pilzart wurde jüngst ein Hydrazinderivat, das Gyromitrin, entdeckt.

Die Symptome einer Lorchelvergiftung setzen retardiert, das heißt erst vier bis acht Stunden nach Pilzgenuß ein: Leibschmerzen, Übelkeit, Erbrechen und Durchfälle sind die ersten Anzeichen. In den folgenden Tagen entwickelt sich ein mehr oder minder ausgeprägter Ikterus; die klinische Symptomatik sowie die biochemischen Befunde deuten auf eine schwere Leber- und Nierenschädigung hin. Der Übergang in ein Koma hepaticum und urämicum kann zum Tod führen.

*Pilze mit muscarinartigen Wirkungen**

In diese Gruppe gehören Rißpilze, zum Beispiel der ziegelrote Rißpilz, Trichterlinge wie der weiße Gifttrichterling, weiter der Riesenrötling, der karminrote Speitäubling und der Satanspilz. Bei diesen Pilzarten findet man weit größere Mengen an Muscarin als im Fliegen- oder Pantherpilz, so daß hier die muscarinbedingte Vergiftungssymptomatik im Vordergrund steht: Miosis, Bradykardie, Schweißausbruch und gesteigerte Salivation. Weiterhin typisch ist eine ausgeprägte gastrointestinale Symptomatik mit Koliken, Erbrechen und Diarrhöen; eine leberschädigende Wirkung fehlt diesen Pilzarten.

Beim Speitäubling gehen die Giftstoffe teilweise in das Kochwasser über, jedoch gelingt es nicht, den Pilz durch Kochen restlos zu entgiften und genießbar zu machen.

*Pilzvergiftungen mit zentralnervöser Symptomatik**

Hier sind die Vergiftungen mit dem karminroten Fliegenpilz, Amanita muscaria, sowie mit dem braunen Pantherpilz, Amanita pantherina, zu nennen. Das im Fliegenpilz bereits im letzten Jahrhundert entdeckte Muscarin, das als Erregerstoff für parasympathische Rezeptoren in der Pharmakologie große Bedeutung erlangte, spielt für die Giftwirkung dieser Pilzart nur eine untergeordnete Rolle. In neuerer Zeit wurden im

* Quelle: Z. Allg. Med. 54, 1190–1195, Hippokrates Verlag GmbH, Stuttgart (1978)

Fliegenpilz als Wirkstoffe mit zentralnervösen, atropinartigen Effekten das Muscimol sowie die Ibotensäure gefunden und in ihrer chemischen Struktur aufgeklärt. Diesen beiden Stoffen, die im Fliegenpilz in 100fach höherer Konzentration vorkommen als das Muscarin, werden nach heutiger Vorstellung die atropinartigen Wirkungen bei Vergiftung mit dem Fliegenpilz bzw. dem Pantherpilz zugeschrieben.
Seit langem war in Sibirien die Anwendung von Fliegenpilzen als Rauschmittel bekannt, was heute nach Kenntnis der Wirkung und des pharmakokinetischen Verhaltens von Muscimol erklärbar ist: Muscimol wird nämlich unverändert wirksam im Harn ausgeschieden, und so wird es verständlich, daß Süchtige den Harn von anderen, die sich an dem Pilzgenuß berauscht hatten, tranken und ebenfalls einen Rausch erlebten.

*Pilzvergiftungen mit Kreislaufsymptomatik**

Vergiftungen mit dem Kahlen Krempling, in einigen Fällen mit letalem Ausgang, wurden in den letzten Jahren ebenfalls bekannt. Diese Kremplingsart ist, entgegen der Meinung vieler Pilzfreunde, auch in gekochtem Zustand giftig. Als Vergiftungssymptome wurden Absterbegefühle der Beine, kolikartige Schmerzen, Schwäche, Ohnmacht, Kollaps beobachtet, also Zeichen einer ausgesprochenen Kreislaufdysregulation. Bei den zur Obduktion gelangten Vergiftungsfällen fand man für diesen Pilz spezifische pathomorphologische Veränderungen, die die Kreislaufsymptomatik erklären: Fettembolien in Herz, Lungen und Nieren sowie Zeichen einer Gerinnungsstörung in Form von Hämorrhagien.
Als besondere Verlaufsform einer Vergiftung mit dem Kahlen Krempling wurden hämolytische Anämien beobachtet, die durch Sensibilisierung gegen Antigene aus dem Pilz hervorgerufen wurden. In diesen Fällen kam es nach dem erneuten Verzehr der Kremplinge infolge massiver Hämolyse mit Schock zu einem akuten Nierenversagen. Im Serum wurden spezifische Antikörper nachgewiesen, die bei Inkubation des Serums mit einem Lyophilisat des Pilzes Agglutination und Hämolyse der Eryhtrozyten hervorriefen.
Der Faltentintling führt, zusammen mit Alkohol genossen, zu einem Vergiftungsbild, das der Alkohol-Antabusreaktion gleicht: Angstgefühl, Schweißausbrüche, Kollapsneigung infolge Blutdrucklabilität, Tachykardie. Dies hat zu der Vermutung geführt, daß im Faltentintling ein dem Disulfiram (Antabus) ähnlicher Stoff enthalten ist. Disulfiram und andere Thiuramderivate führen zu einer Hemmung des Alkoholabbaus auf der Acetaldehydstufe. Die Suche nach dem Giftstoff im Faltentintling führte allerdings bisher zu keinem eindeutigen Ergebnis.

*Pilze mit vorwiegend gastrointestinaler Vergiftungssymptomatik**

Der Giftreizker, der sich vom Edelreizker durch seine scharf schmeckende Milch unterscheidet, kann durch Abkochen und Entfernen des Kochwassers genießbar gemacht werden. Ohne eine solche entgiftende Vorbehandlung ist sein Genuß jedoch toxisch und ruft starke gastrointestinale Beschwerden hervor.
Der als eßbarer Pilz bekannte Hallimasch, der von manchen Menschen nicht vertragen wird, kann heftige Magen-Darm-Beschwerden hervorrufen. Dies wäre ein Beispiel für eine individuelle Empfindlichkeit gegenüber einer Speisepilzart.

Pilzvergiftungen mit vorwiegend nephrotoxischer Symptomatik

Außer bei Amanita phalloides (Grüner Knollenblätterpilz) finden sich selten toxische Nierenschädigungen, abgesehen als Auswirkung einer Hämolyse.
In jüngster Zeit sind jedoch toxische Niereninsuffizenzerscheinungen nach dem Genuß von Cortinarius orellanus (Feldmeier, 1978) bekannt geworden. Fünf Kinder mit akutem Nierenversagen (metabolischer Acidose und arterieller Hypertonie in drei Fällen) wurden in einem Zeitraum von zwei Jahren beobachtet. 2 Kinder wurden kurzfristig mit der Hämodialyse behandelt. Ein drittes Kind mußte viermal dialysiert werden, Einschränkungen der Nierenfunktion über Monate, arterielle Hypertonie. Bei einem vierten Kind persistierte das Nierenversagen, es ist seither im chronischen Dialyseprogramm!
Histologie der Nieren: diffuse Tubulusatrophie, Tubulusnekrosen, interstitielle Fibrose
nephrotoxische Substanz: „Orellanin“
Bis 1952 galt cortinarius orellanus als eßbar. Zwischen 1952 und 1957 berichtete Grzymala aus Polen über Massenvergiftungen durch diesen Pilz an 132 Personen, von denen 10 in der Urämie verstarben.

* Quelle: Z. Allg. Med. 54, 1190–1195, Hippokrates Verlag GmbH, Stuttgart (1978)

Tab. 3: Hämolyse bei Pilzvergiftungen*

	Vorkommen	Mechanismus	Bemerkungen
Immunhämolyse (Paxillus-Syndrom)	Paxillus involutus Suillus luteus evtl. weitere Arten	Sensibilisierung AG-AK-Reaktion intravasale Hämolyse	Nachweis: Hämagglutinationstest (s. Text) Symptome: Bauchkoliken, Erbrechen, Durchfälle, Hb-urie, Subikterus, Schock, Niereninsuffizienz, DIG**
Chemische Hämolyse (Rohgenuss)	hämolysinreiche Pilze, wie Amanita crocea, rubescens und vaginata	Hämolysine in rohen Pilzen (hitzelabil) intravasale Hämolyse	chemische Hämolyse wahrscheinlich, jedoch nicht sicher belegt. Abgrenzung gegenüber sekundären Hämolysen ungenügend (Schock. DIG)
Begleithämolyse beim Gyromitrin-Syndrom	Gyromitra esculenta evtl. weitere Arten der Gattung Gyromitra, Helvella und Disciotis	Methämoglobinbildung toxische Schädigung der Erythrozyten extravasale Hämolyse? intravasale Hämolyse???	primär-toxische intravasale Hämolyse beim Menschen nicht belegt. Sequestration geschädigter Erythrozyten in der Milz?
Disseminierte intravasale Gerinnung (DIG**)	verschiedene Vegiftungssyndrome (Phalloides-, Gyromitrin-, Muscarin-Syndrom. GPI*)	mechaische Schädigung der Erythrozyten intravasale Hämolyse	DIG** kann Ursache und Folge von Hämolysen sein. Häufige Ursache einer DIG ist der Schock. Primär toxin-induzierte DIG nicht belegt
Toxische, mikroangiopathische, hämolytische Anämie	?	mechanische Schädigung der Erythrozyten intravasale Hämolyse	toxische Endothelschädigung durch Pilzgifte ist nicht sicher belegt
Enzymopenien	verschiedene Vergiftungssyndrome	erhöhte Vulnerabilität der Erythrozyten infolge Enzymdefekten	für Glucose-6-phosphat-Dehydrogenase-Mangel bis heute nicht belegt.
Artefakte	mechanische Schädigung der Erythrozyten bei Blutentnahme und Aufbereitung		

**DIG = disseminierte intravasale Gerinnung, GPI = gastrointestinale Pilzintoxikation

Gefahr durch den Verzehr von schlecht gekauten Pilzen (Roth et al., 1990)

Wie im geschichtlichen Überblick geschildert, war schon in früheren Zeiten bekannt, daß Pilze, zumal wenn sie nicht oder nicht richtig gekocht sind, zu Beschwerden führen können. Neuerdings haben schweizerische Ärzte durch einen Selbstversuch festgestellt – was lange Zeit verkannt wurde –, daß rohgegessene Pilze nicht nur als Nahrungsmittel vom Körper überhaupt nicht angenommen werden, sondern auch, daß Pilze, hastig gegessen und schlecht gekaut, zu einem Darmverschluß führen können. Sicherlich sind manche in der Literatur geschilderten Beschwerden nach dem Genuß von rohen Pilzen nicht auf Giftstoffe zurückzuführen, sondern auf das nachstehend ausführlich wiedergegebene Phänomen.

* Quelle: Flammer: Hämolyse bei Pilzvergiftungen. Schweiz. med. Wschr. 113, Nr. 42 (1983)

Ein Selbstversuch Schweizer Ärzte bewies: Ungekochte* Pilze werden während der Darmpassage nicht weiter zerkleinert. In englumigen Darmabschnitten können sie deshalb einen Obstruktions-Ileus verursachen. Patienten, z.B. mit Morbus Crohn oder Darmdivertikel, sollten Pilzgerichte gut kauen oder besser meiden. Ähnlich wie bei Pilzvergiftungen können noch nach einer langen Latenzzeit nach dem Verzehr von Pilzen kolikartige Abdominalbeschwerden auftreten. In einem Schweizer Hospital mußten in den letzten Jahren zwei Patientinnen mit Ileus infolge von Pilzkonsum laparotomiert werden.

- Eine 78jährige Patientin mit bereits diagnostizierter Sigmadivertikulose wurde mit einer chronisch rezidivierenden Subileus-Schmerzphase hospitalisiert. Ein Divertikulitis-Schub? Trotz Nahrungskarenz und Antibiotika entwickelte sich ein akutes Abdomen. Die Laparotomie ergab u.a. zwei Perforationsstellen, und im Darmlumen wie in der freien Bauchhöhle waren auf den ersten Blick in Scheiben geschnittene Zucht-Champignons zu erkennen. verantwortlich für die Darmstenose war ein segmentaler Morbus Crohn.
- Eine 44jährige Patientin mußte nach einer Hysterektomie mehrfach wegen Briden-Ileus operiert werden. Bei der letzten Re-Laparotomie fand sich ein „völlig verbackenes Dünndarmkonvolut“: Es enthielt ein faustgroßes Bezoar aus unverdauten Zucht-Champignons. Die Lumeneinengung des Darms war in diesem Fall adhäsiv bedingt.

Die Autoren unternahmen nun folgenden Selbstversuch: Sechs Stunden nach Spülung des Darmtraktes mit 2 l Fordtran-Lösung verzehrten sie den Inhalt einer 100-g-Dose Zucht-Champignons, und zwar ungekocht und nur zum Teil halbiert. Nach 12 Stunden erschienen die ersten, nach 72 Stunden die letzten Pilze im Stuhl; sie waren aufgrund des Wasserverlustes zwar geschrumpft, aber an ihrer Gestalt leicht erkennbar. Während der Darmpassage bleibt das chitinöse Grundgerüst der Pilze offensichtlich vollständig erhalten. Der Verzehr von Speisepilzen ist deshalb nur dann und in jedem Fall harmlos, wenn die Mahlzeit gut zerkaut wird. Dr. K. Z.

J. Tschudi, P. Schmid (Chirurgische Abteilung, Kantonsspital Bruderholz): Obstruktionsileus durch Pilze. Schweiz. med. Wschr. 119, 391–393 (1989)

*Vergiftungen durch eßbare, aber verdorbene Pilze***

Beachten sollte man auch, daß Speisepilze, wie der so hochgeschätzte Steinpilz, in verdorbenem Zustand Vergiftungen hervorrufen können. Bei solchen Vergiftungen mit an sich eßbaren Speisepilzen ist an das sekundäre Auftreten von Giftstoffen zu denken, die möglicherweise aus durch Bakterieneinwirkung zersetztem Pilzeiweiß gebildet werden.

Pilzvergiftungen mit rauschähnlicher Symptomatik (Roth et al., 1990)

Nachstehend ist eine Anzahl Pilzarten in Tabellenform zusammengefaßt, um Ärzten und Botanikern, die mit Gifterscheinungen zu tun haben, die von einer normalen Pilzvergiftung abweichen, einen Anhaltspunkt darüber zu geben, welche der oft weltweit verbreiteten Pilzarten hierfür verantwortlich sein könnten.

Erklärung der Spalten:

Spalte 1: Pilzart, wissenschaftlich-lateinischer Name, in Klammer angegeben die Anzahl der Arten, die heute bekannt sind.
Spalte 2: Verbreitungsgebiet, in Klammer angegeben, wo vor allem der Pilz als Rauschmittel verwendet wird, sofern dies auf bestimmte Gebiete beschränkt ist.
Spalte 3: Inhaltsstoffe
Spalte 4: Einnahmeart
Spalte 5: Wirkungsweise

Euph. = Euphorie	Schl. = Schlaf
Farb. = Farbensehen	„Ver“ = Pilzverrücktheit***
Hal. = Halluzination	Verz. = Verzückung
Makr. = Makropsie	Vis. = Visionen

* Der Autor meint hier wohl schlecht zerkleinerte Pilze, die meist hitzesterilisiert, d.h. 12-20 min bei 118 °C in der Dose behandelt werden (Anm. d. Verf.).
** Quelle Z. Allg. Med. 54, 1190–1195. Hippokrates Verlag GmbH. Stuttgart (1978)
*** Die vor allen Dingen in Neuguinea vorkommende Pilzverrücktheit äußert sich vor allem in unvorhersehbaren, durch den Pilzgenuß hervorgerufenen verrückte Taten.

Tab. 4: Rauschpilze (ROTH et al., 1990)

Pilzart	Verbreitungsgebiet	Inhaltsstoffe	Einnahmeart	Wirkungsweise
Amanita muscaria (L. ex Fr.) Pers., (50–60)	Europa, Afrika, Asien, Amerika	Ibotensäure, Muscimol, Muscazon	Verzehr von ein oder mehreren getrockneten Pilzen sowie andere Zubereitungen der Pilze	Euph., Farb., Vis., Makr., Verz., Schl.
Boletus kumeus Heim, B. manicus Heim, B. nigroviolaceus Heim, B. reayi Heim (225)	Gattung weltweit verbreitet (Neuguinea)	unbekannt	Verzehr?	„Ver."
Claviceps purpurea (Fr.) Tulasne (6)	Eruopa, Nordafrika, Nordamerika, Asien	Ergotin-Alkalide, hauptsächlich Lysergsäure-Derviate	oft mit Nahrungsmitteln (Mehl)	„Antoniusfeuer", gefäßverengend
Conocybe siligenoides Heim Concoybe cyanopus (40)	weltweit verbreitet (Mittelamerika)	Indol-Alkaloide, (Psilocybin 0,2–0,6 %, Psilocin), je nach Pilzart	Verzehr von 2–30 Pilzen, je nach Größe und Art	Hal.
Copelandia cyanescens (Berk. et Br.) Singer (1–2)	warme Zonen weltweit (Bali)	1,2 % Psilocin 0,6 % Psilocybin	Verzehr	Hal.
Heimiella angrieformis Heim, H. retispora (Pat. et Baker) Boedijn (2–3)	Asien, Neuguinea	unbekannt	Verzehr?	„Ver."
Lycoperdon mixtecorum Heim, L. marginatum Bitt. (50–100)	Mexiko	unbekannt	Verzehr	Hal.
Panaelos sphinctrinus (Fr.) Quélet (20)	weltweit verbreitet (Mexiko)	Indol-Alkaloide, (Psilocybin 0,2–0,6 %, Psilocin), je nach Pilzart	Verzehr von 2–30 Pilzen, je nach Größe und Art	Hal.

Tab. 4: (Fortsetzung)

Pilzart	Verbreitungsgebiet	Inhaltsstoffe	Einnahmeart	Wirkungsweise
Psilocybe acutissima Heim, P. aztecorum Heim, P. caerulescens Murr, P. caerulescens Murr var. albida Heim, P. caerulescens Murr. var. mazatecorum Heim, P. caerulescens Murr var. nigripes Heim, P. caerulescens Murr var. ombrophila Heim, P. caerulipes (Peck) Saccado, P. caerulipes (Peck) Saccodo var. gastonii Singer, P. cordispora Heim, P. fagicola Heim et Cailleux, P. hoogshageni Heim, P. isauri Singer, P. mexicana Heim, P. mixaeensis Heim, P. semperviva Heim et Cailleux, P. wassonii Heim, P. yungensis Singer, P. zapotecorum Heim (40)	Gattung weltweit verbreitet (Mexiko)	Indol-Alkaloide, (Psilocybin 0,2–0,6 %, Psilocin), je nach Pilzart	Verzehr von 2–30 Pilzen, je nach Größe und Art.	Hal.
Russula agglutina Heim, R. maenadum Heim, R. nondorbingii Singer, R. kirinea Heim, R. pseudomaenadum Heim (200)	Gattung weltweit verbreitet (Neugiunea)	vermutlich Ibotensäure und Muscimol	Verzehr?	„Ver."
Stropharia cubensis Earle (9)	warme Zonen weltweit verbreitet (Mexiko)	Psilocybin	Verzehr von 2–30 Pilzen, je nach Größe und Art	Hal.

Symptome:

Tab. 5: Übersicht der ersten Symptome bei 13 Syndromen: ++ = Hauptsymptom, + = typisches Symptom, (+) = seltene (Neben)Symptone.

Erste Symptome	Brechdurchfall: Latenz		Schweißausbruch	Rauschzustand, Gehstörung	Herzklopfen, Gesichtsröte	Atemnot	Kollapse	Blut im Urin	Nierenschmerz, Oligurie, Durst	Hautausschläge	Bemerkungen
	0–4 Stunden	4–24									
Syndrom											
A Phalloides-Syndrom		++									
B Gyromitrin-Syndrom		++									
C Orellanus-Syndrom	(+)	(+)							++		Latenzzeit 2–20 Tage
D Gastrointestinale Pilzintoxikation	++	(++)									
E Pilzindigestion	+	+					+	+	+		Hämolyse bei Rohgenuß
F Muscarin-Syndrom	+		++			+					
G Fliegenpilz-Syndrom	(+)		(+)	++							
H Pantherina-Syndrom	(+)			++							
I Psilocybin-Syndrom				++							
K Paxillus -Syndrom	+					+	++	++			
L Coprinus-Syndrom	(+)				++	+				+	
M Pilz-Allergie	+				+	+	+			+	
Angstreaktion	+		+		+	+				+	

Tab. 6: Differentialdiagnose der Pilzvergiftungen*

Ätiologie	Fliegenpilz, Pantherpilz	Rißpilz, Riesenrötling, Trichterling, Speitäubling, Satanspilz	Knollenblätterpilz, Speiselorchel	Giftreizker, Hallimasch, verdorbene Speisepilze	Kahler Krempling, Faltentintling + Alkohol
Symptomatik					
Latenz					
kurz (1 bis 2 Stunden)	+	+		+	+
lang (5 bis 12 Stunden)			+		
ZNS-Beteiligung					
Bewußtseinsstörungen	+		+		
Delirantes Verhalten	+				
Krampfanfälle	+				
Halluzinationen+			(+)		
Miosis		+			
Mydriasis	+				
Heptaorenales Syndrom					
Leberschwellung			+	(+)	
Ikterus			+	(+)	
Anurie			+		
Gastrointestinales Syndrom					
Übelkeit – Erbrechen		+	+	+	
Diarrhoen		+	+	+	
Koliken		+	+	+	
Exsikkose			+	+	
Kreislaufsyndrom					
Hitzgefühl					+
Schweißausbrüche		+			+
Tachykardie					+
Bradykardie		+			
Kollaps					+
Salivation		+			
Muskelkrämpfe	+				

*Quelle: Siegers, P.: Vergiftungen durch Pilze. Z. Allg. Med. 54, 1190–1195 (1978)

Nachweis/Diagnostik:

Pilz-Fragebogen

Bestand das Pilzgericht aus – nur einer Pilzart
– verschiedenen Pilzarten?

Name der Pilzart	Zahl d. gesammelten Exemplare	Alter der Pilze (jung/ausgewachsen)	Beschaffenheit, z.B. fest, madig, gequollen
1.			
2.			
3.			
4.			
5.			
6.			

– Befanden sich darunter Lamellenpilze?

Wenn ja, welche?

– Hutunterseite:
Blätter oder Lamellen?

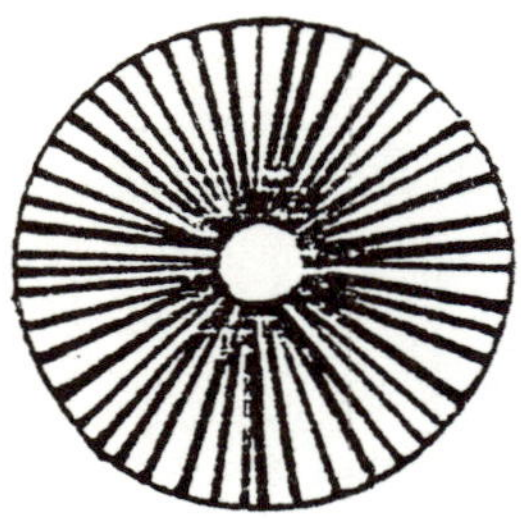

– War die Gestalt des Pilzes

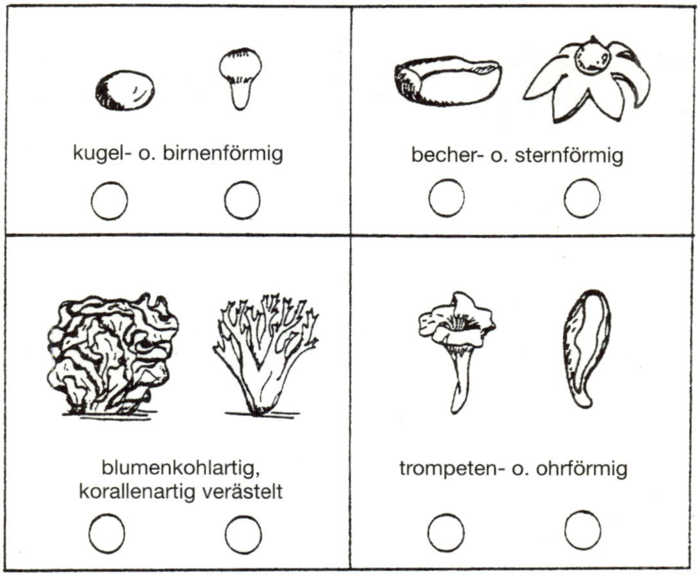

oder bestand der Pilz aus einem H U T / K O P F M I T S T I E L?

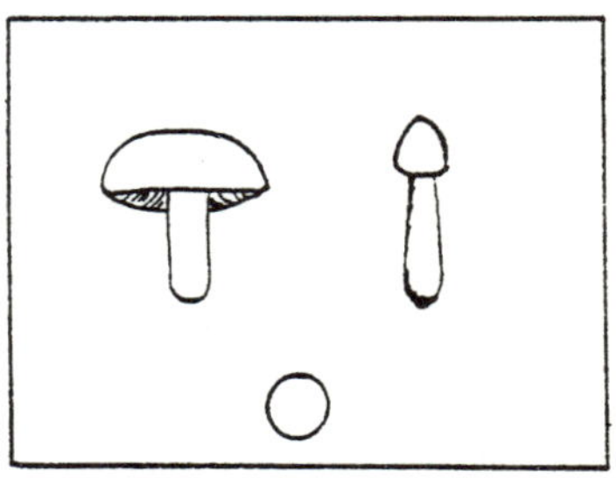

Wenn ja, kreuzen Sie bitte auf den folgenden Seiten jeweils die für den Pilz zutreffenden Formen an!

I. H U T

1. Hutunterseite:

Farbe . . . .

Farbveränderungen auf Druck. . . . .

Lamellen

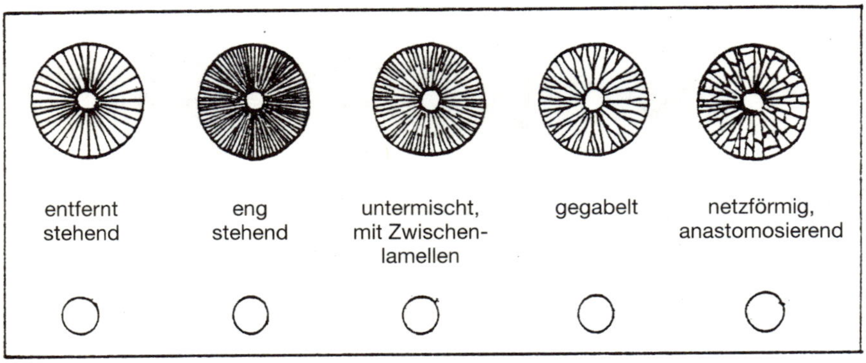

Poren

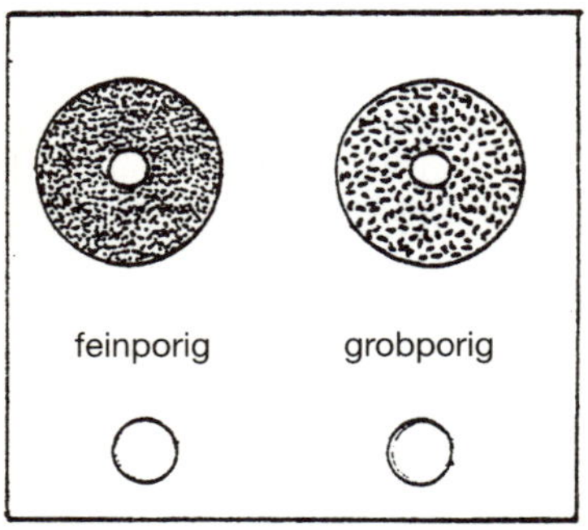

Stacheln

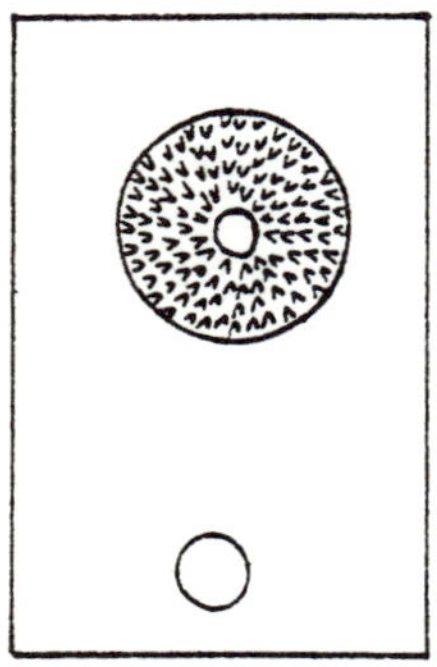

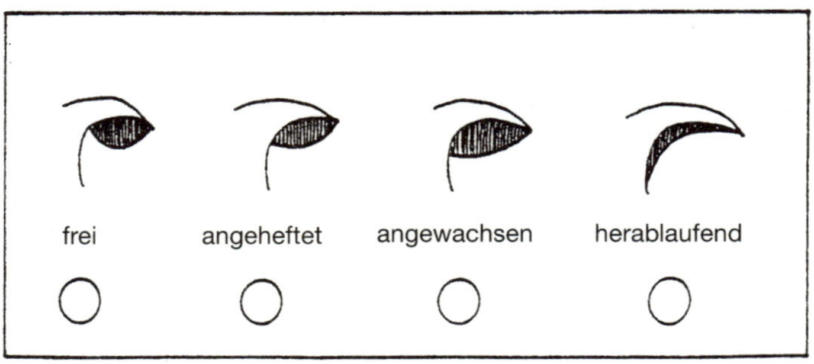

2. Hutform:

Durchmesser .... cm Dicke .... cm

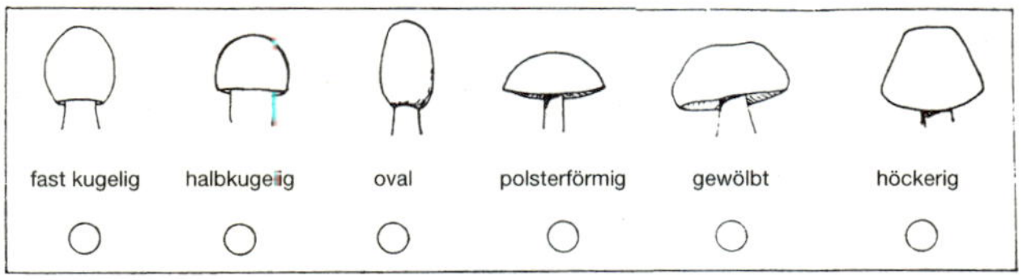

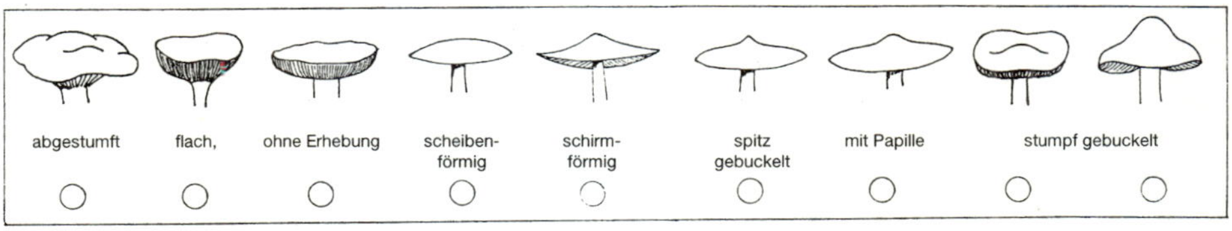

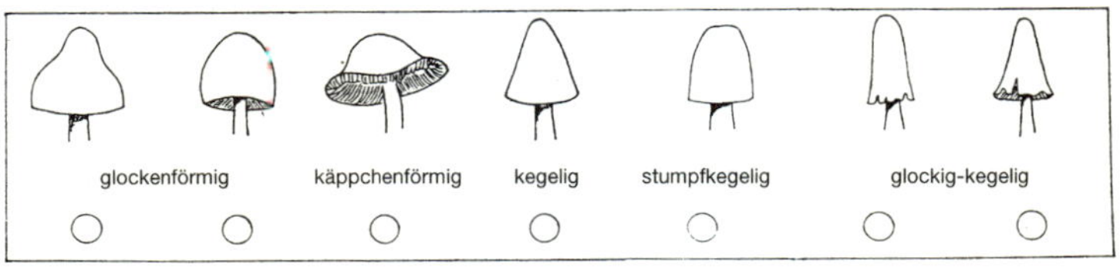

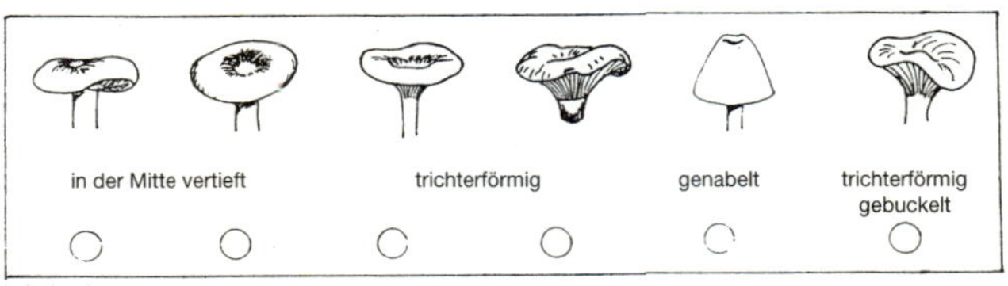

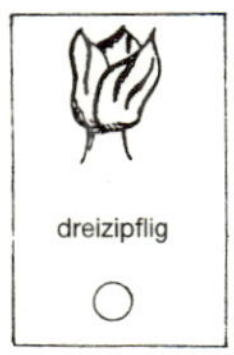

3. Hutoberfläche:
War die Hutoberfläche trocken, feucht, schmierig, schleimig oder samtig?

glatt ○

radial-
faserig ○

faserig-
rissig ○

punktiert ○

angedrückt
schuppig ○

grobschuppig ○ ○

spitzschuppig ○

warzig ○

felderig
zerrissen ○

gezont ○

grubig-
wabenartig ○

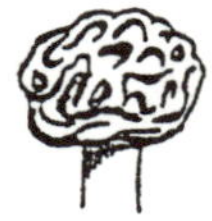
unregelmäßig
wulstig ○

4. Hutrand:

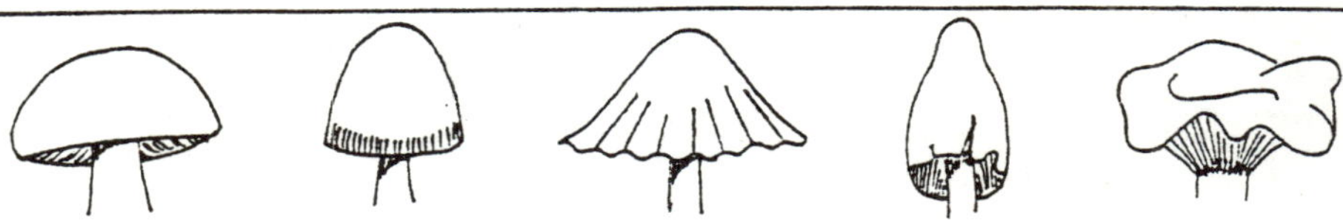

glattrandig ○ gerieft ○ wellig ○ gelappt, verbogen ○ ○

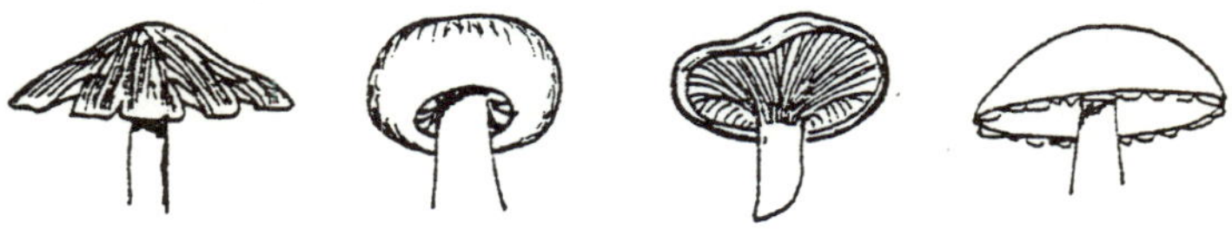

eingerissen ○ eingerollt ○ ○ fransig behangen ○

II. STIEL

Höhe .... cm Durchmesser .... cm Farbe ....

1. Sitz des Stiels:

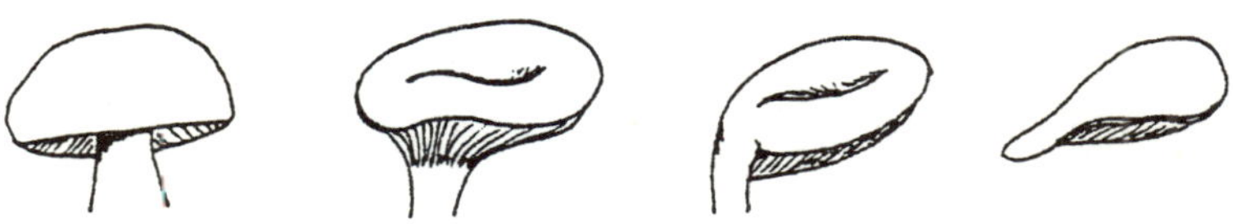

zentral ○ exzentrisch ○ seitlich ○ ○

2. Stielform:

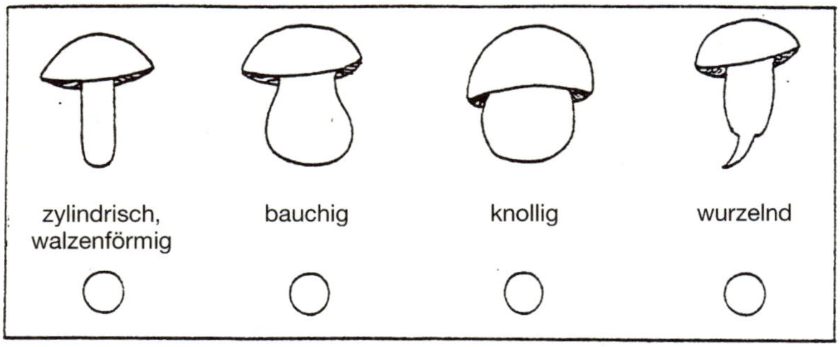
zylindrisch, walzenförmig
bauchig
knollig
wurzelnd

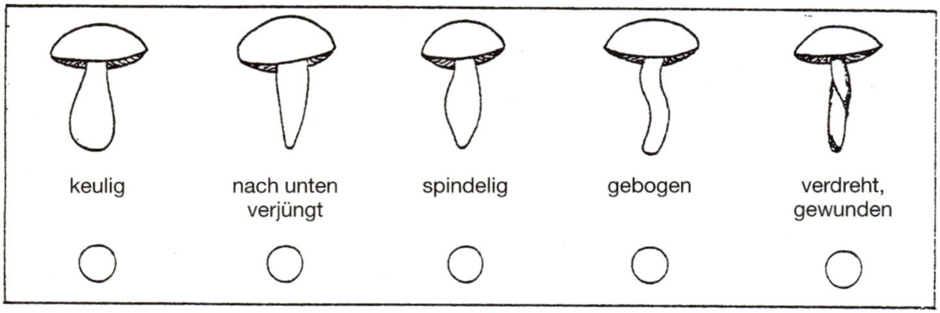
keulig
nach unten verjüngt
spindelig
gebogen
verdreht, gewunden

3. **Stieloberfläche:**
War die Stieloberfläche glatt, faserig, behaart, trocken, schleimig oder klebrig?

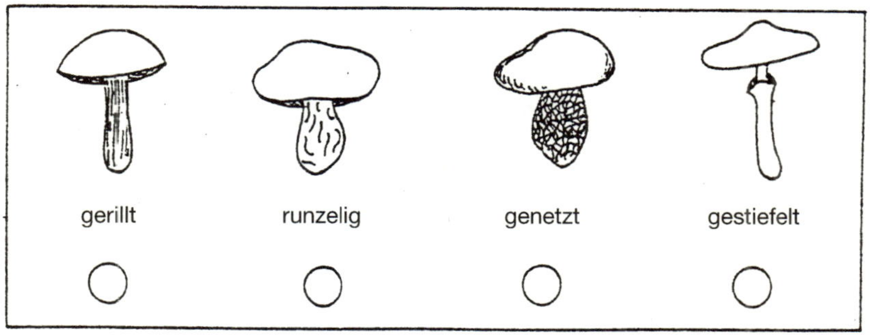

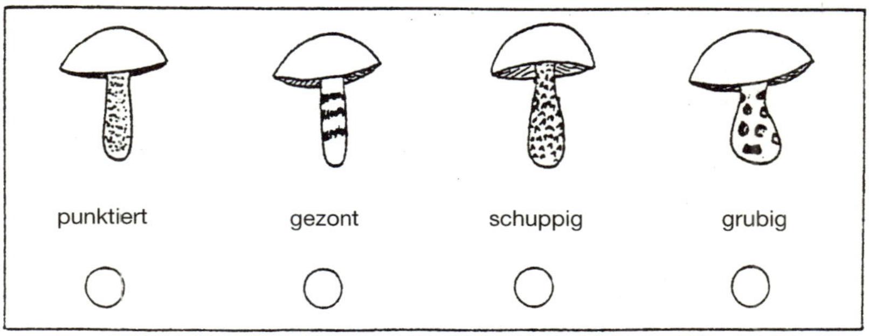

4. **Besaß der Pilz**

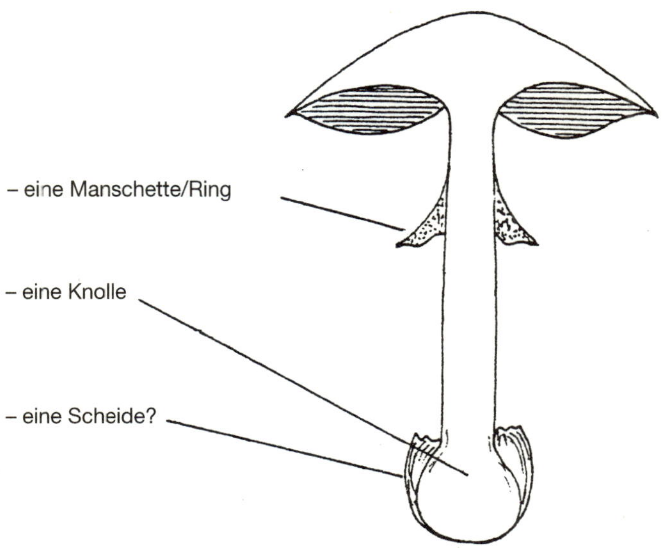

Wenn ja, geben Sie die Form bitte möglichst genau an!

a) **Manschette/Ring**

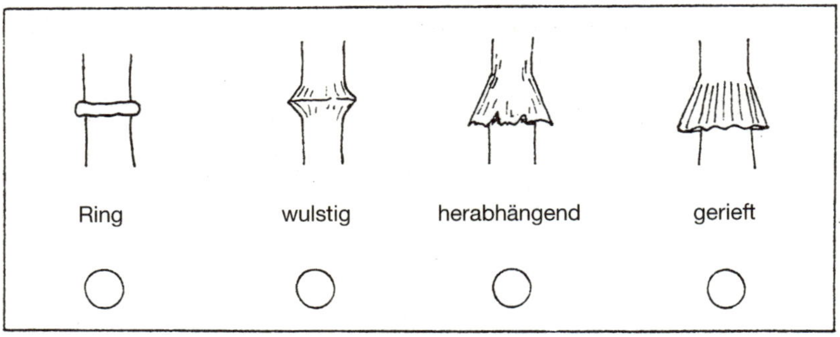

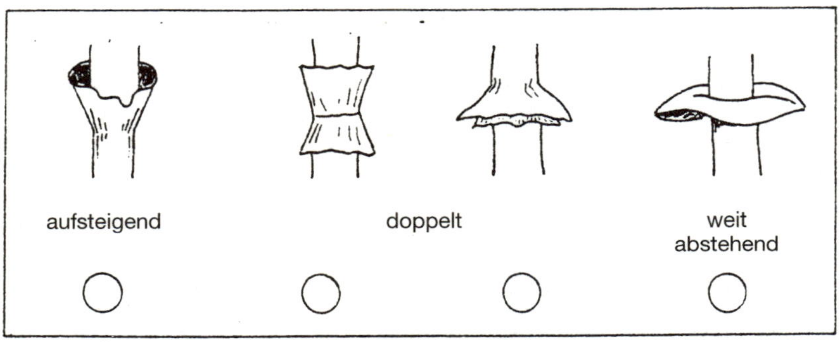

b) **Knolle**

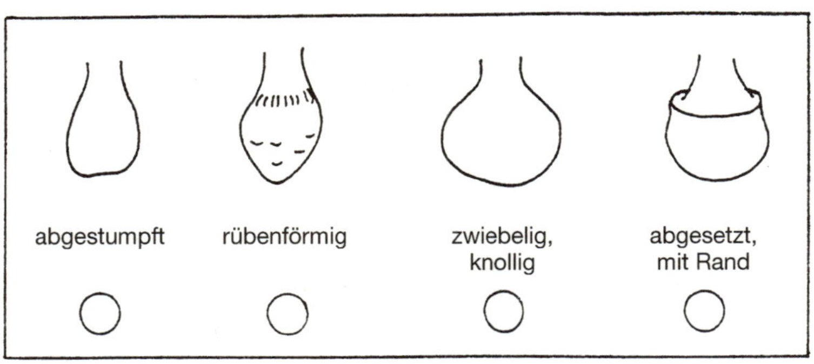

c) **Scheide**

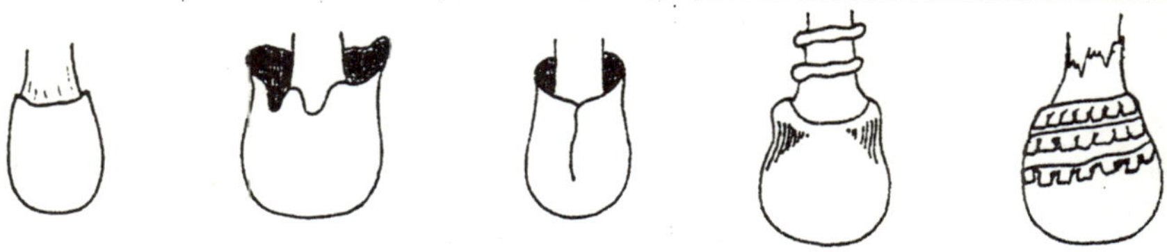

beschnitten | abstehend, häutig | stumpfrandig angewachsen, mit Gürteln darüber | warzig gegürtelt

○ ○ ○ ○ ○

5. **Stielfleisch:**
Ließ sich das Fleisch

in Fasern spalten | oder war es mürbe-brüchig?

○ ○

III. SONSTIGE MERKMALE

1. Pilzgeruch: . . . .
2. Saft oder Milch: . . . . Farbe . . . .
3. Stand der Pilz – einzeln?
   – oder wuchs er in Büscheln?

Therapie:

Tab. 7: Übersicht der Therapie bei 12 Syndromen**

Therapie/ Syndrom	Spezielle Therapie	Bemerkungen	Allgmeine Therapie
A Phalloides-Syndrom	Rehydratation, forcierte Diurese; Hämoperfusion, Hämofiltration; Penicillin*, Thioctsäure*, Silybin*, hyperbarer Sauerstoff	frühe Hämoperfusion wegen früher irreversibler Giftwirkung	bei Verdacht auf schwere Vergiftung: 1. Krankenhaus-Einlieferung der erkrankten und (noch?) symptomfreien Tafelgenossen 2. Sicherstellung von Pilzresten 3. Magenspülung bei allen Tagelgenossen 4. Einnahme von 40–60 g Tierkohle 5. Abführmittel 6. 3 gehäufte Teelöffel Kochsalz auf ein Glas lauwarmes Wasser, wenn wegen des Erregungszustandes keine Magensonde eingeführt werden kann oder wenn Erkrankte nicht erbrechen 7. Überwachung und symptomatische Behandlung und adäquate Schocktherapie 8. In allen Fällen Kontrolle von Transaminasen und Kreatinin, bis 1 Woche nach subjektiver Genesung
B Gyromitrin-Syndrom	Rehydratation; Hämodialyse	evtl. Pyridoxin und Folsäure	
C Orellanus-Snydrom	Überwachung der Nierenfunktion; Hämodialyse	häufig chronische Hämodialyse oder Nierentransplantation wegen irreversiblen Nierenschadens	
D Gastrointestinale Pilzintoxikation	Rehydratation		
E Pilzindigestion	Rehydratation		
F Muscarin-Syndrom	Atropin		
G Fliegenpilz-Syndrom	Beruhigungsmittel	bei Erregungszustand keine Magnesonde!	
H Pantherina-Syndrom	Beruhigungsmittel		
I Psilocybin-Syndrom	Beruhigungsmittel		
K Paxillus-Syndrom	Überwachung der Nierenfunktion; Hämodialyse	Plasmaseparation?	
L Coprinus-Snydrom	Ascorbinsäure i. v. Eisen i. v. Cystein i. m. Beruhigungsmittel	Alkohol kann noch 50 Stunden nach Pilzmahlzeit Kreislaufreaktionen auslösen	
M Pilz-Allergie	Symptomatische Behandlung; Antiallergica		

*Empfohlene Dosierung (Velvart & Schlatter, 1982): Penicillin: 1 Mio E/kg KG und Tag, während 3 Tagen. – Thioct-Säure: 300–1000 mg/Tag i. v. – Silymarin: 20 mg/kg KG und Tag in b Infusionen über 2 Stunden Dauer
**Quelle: Siegers, P.: Vergiftungen durch Pilze. Z. Allg. Med. 54, 1190–1195 (1978)

Literatur:

Alder, A. E.: Die Pilzvergiftungen in der Schweiz während 40 Jahren. Schweiz. Z. Pilzk. 38, 65–73 (1960)
Alder, A. E.: Vergiftungen durch roh genossene Pilze. Schweiz. Z. Pilzk. 32, 174–177 (1954)
Amitai, I., Peleg, O., Ariel, I., Binyamini, N.: Severe poisoning in a child by the mushroom Inocybe tristis, Malençon and Bertault. Isr. J. med. Sci. 18, 798–801 (1982)
Arietti, N., Tomasi, R.: I funghi velenosi. Edizione Agricole, Bologna (1975)
Azéma, R. C.: Mémoire'sur la toxicité des Gyromitres. Documents mycologiques, tome X, 1–28 (1979)
Back, K. C., Pinkerton, M. K.: Toxicology and pathology of repeated doses of monomethylhydrazine in monkeys. AMRL-TR 66–199, Aerospace Medical Research Labs., Wright-Patterson, Air Force Base, Ohio (1967)
Bobrowski, H.: Ostra niewydolność nerek w przebiegu ostrego nabytego zespolu hemolitycznego u osoby uczulonej na grzyb maslak (Boletus luteus). Pol. Tyg. Lek. 21, 1864 (1966)
Bornet, A.: Intoxications par champignons autres que l'amanite phalloïde. Diss., Zürich (1980)

Breuer, E., Stahler, O.: Hämolytischer Ikterus bei Horchelvergiftungen. Med. Welt 18, 1013–1016 (1966)
Bschor, F., Kohlmeyer, J., Mallach, H. J.: Neue Vergiftungsfälle durch Paxillus involutus (Batsch) Fr. – Z. Pilzk. 29, 1–3 (1963)
Bschor, F., Mallach, H. J.: Vergiftungen durch den Kahlen Krempling (Paxillus involutus), eine genießbare Pilzart. Arch. Toxikol. 20, 82–95 (1963)
Chénieux, J. C.: Les gyromitres toxiques. Champignons toxiques. Coll. de méd. lég. et de tox. méd. No 106, 151–159. Masson, Paris (1978)
Coulet, M., Guillot, J.: Poisoning by Gyromitra: a possible mechanism. Med. Hypohteses 8, 325–334 (1982)
Coulet, M., Mustier, J., Andraud, G.: Contribution à l'étude histologique: Intoxication familiale par Gyromitra esculenta avec un cas mortel. Bull. Méd. lég. Tox. méd. 8, 155–163 (1965)
Deicher, H., Stangel, W.: Akute immunhämolytische Anämie nach Genuß des Kahlen Kremplings. Verh. dtsch. Ges. inn. Med. 83, 1606–1609 (1977)
Faure, J., Beaudoing, A., Cau, G.: A propos d'une intoxication mortelle par les fausses morilles (Gyromitra esculenta). Bull. Méd. lég. Tox. méd. 8, 83–85 (1965)
Feldmeier, S.: Niereninsuffizienz nach Pilzvergiftung mit Cortinarius Orellanus. Nieren- & Hochdruckkrankh. 7, 256 (1978)
Flammer:, Hämolyse bei Pilzvergiftungen. Sweiz. med. Wschr. 113, 1555-1561 (1983)
Flammer:, R., Horak, E.: Giftpilze – Pilzgifte. Franckh'sche Verlagshandlung, Stuttgart (1983)
Flammer: Hämolyse bei Pilzvergiftungen. Schweiz. med. Wschr. 113, 1555–1561 (1983)
Fortney, S. R., Clark, D. A.: Effect of monomethylhydrazine on methemoglobin production in vitro and in vivo. Aerospace Med. 38, 239–242 (1967)
Franke, S., Freimuth, U., List, P. H.: Über die Giftigkeit der Frühjahrsmorchel Gyromitra (Helvella) exculenta Fr. – Arch. Toxikol. 22, 293–332 (1967)
George, E. M.: Effects of monomethylhydrazine on human red blood cells. S. 24, US Dept. of commerce, National Technical Service, Springfield, VA, 1973. (NTIS AD 770283)
Giusti, A., Carnevale, A.: A case of fatal poisoning by Gyromitra esculenta. Arch. Toxicol 33, 49–54 (1974)
Gérault, A., Girre, L.: Mise au point sur les intoxicationes par les champignons superieurs. Bull. Soc. Mycol. franc. 93, 373–405 (1977)
Hendricks, H. V.: Poisoning by false morel (Gyromitra esculenta). J. Amer. med. Ass. 114, 1625 (1940)
Lagrange, M.: Paxillus involutus (Kahler Krempling). Dtsch. med. Wschr. 104, 750 (1979)
Lagrange, M.: Von der Toxizität des Kahlen Kremplings. Südwestdtsch. Pilzrundschau 18, 10–13 (1982)
Leahy, H. F.: Monomethylhydrazine effect on blood in vitro. S. 365–373. US Dept. of Commerce, National Technical Service, Springfield, VA 1970 (NTIS AD 727528).
Lefèvre, H.: Immunhämolytische Anämie nach Genuß des Kahlen Kremplings (Paxillus involutus). Dtsch. med. Wschr. 107, 1374 (1982)
Levitan, D., Macy, J. I., Weissmann, J.: Mechanism of gastrointestinal hemorrhage in a case of mushroom poisoning by Chlorophyllum molybdites. Toxicon 19, 179–180 (1981)
Lewin, L.: Gifte und Vergiftungen, 919 ff (1929)
Lincoff, G., Mitchel, D. H.: Toxic and hallucinogenic mushroom poisoning. Van Nostrand Reinhold Company, New York (1977)
List, P. H., Luft, P.: Gyromitrin, das Gift der Frühjahrsmorchel. Arch. Pharm. 301, 294–305 (1968)
Mac Ewen, J. D., Theodore, J., Vernot, E. H.: Human exposure to EEL concentrations of monomethylhydrazine, S. 335–363. US Dept. of Commerce, National Technical Service, Springfield, VA, 1970 (NTIS AD 727527)
Mittmann, W.: Zur Klinik und Therapie der Morchelvergiftung (Gyromitra esculenta). Z. ärztl. Fortbild. 62, 710–713 (1968)
Ministerium für Gesundheitswesen (DDR): Pilzvergiftungen und Erkrankungen nach Verzehr von Pilzen 1976 und 1977. Mykol. Mitt.-Bl. 22, 92 (1978)
Paracelsus: Sämtl. Werke; Bd. 1, 919, 923; Bd. 2, 615; Bd. 3, 215, 541
Raszeja, S.: Differenzierung von Fragmenten giftiger und essbarer Pilze auf Grund ihrer hämagglutinierenden und hämolytischen Eigenschaften. Westfäl. Pilzbriefe 5, 85–90 (1965)
Roth, L., Frank, H., Kormann, K.: Giftpilze-Pilzgifte. ecomed verlagsgesellschaft, Landsberg (1990)
Rumack, B. H., Salzman, E.: Mushroom poisoning: diagnosis and treatment. CRC Press Inc. West Palm Beach, Florida (1978)
Schmidt, J., Hartmann, W., Würstlin, A., Deicher, H.: Akutes Nierenversagen durch immunhämolytische Anämie nach Genuß des Kahlen Kremplings (Paxillus involutus). Dtsch. med. Wschr. 96, 1188–1191 (1971)
Seeger, R., Wiedmann, R.: Zum Vorkommen von Hämolysinen und Agglutininen in höheren Pilzen (Basidiomyceten). Arch. Toxikol 29, 189–217 (1972)
Straus, A.: Pilzvergiftungen 1946 in Berlin und Brandenburg. Ther. d. Gegenw. 5, 110–113 (1948)
Szepietowski, T., Ratajezak, T.: Ostra niewydolnoś́c nerek po zatruciu piestrzenica. Pol. Tyg. Lek. 26, 1551 (1971)
Waller, H. D., Kaufmann, W., Gerok, W., Eggstein, M.: Biochemische Befunde bei heterozygoten Glutathionreduktasemangel-Trägerinnen mit Pilzvergiftungen. Klin. Wschr. 42, 613–618 (1964)
Wieland, Th.: Amatoxine, Phallotoxine – die Gifte des Knollenblätterpilzes. Chemie in unserer Zeit 13, 56–63 (1979)

Winkelmann, M., Borchard, F., Stangel, W., Grabensee, B.: Tödlich verlaufende immunhämolytische Anämie nach Genuß des Kahlen Kremplings (Paxillus involutus). Dtsch. med. Wschr. 107, 1190–1194 (1982)
Wittich: New Artzneybuch, 52 (1595)

Pilze, muscarinhaltig

Chemische Formel:

Muscarin

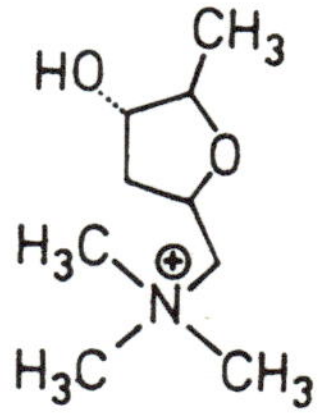

Vorkommen:

Rißpilze (Inocybe-Arten)
Trichterlinge (Clitocybe-Arten)
Fliegenpilze (Amanita muscaria)

Stoffwechselverhalten:

Muscarin, ein Parasympathomimetikum, wird, obwohl es ein quartäres Amin ist, leicht und rasch resorbiert. Da es kein Ester ist, wird es auch nicht von der Cholinesterase hydrolisiert und so, weitgehend unverändert, renal ausgeschieden.
Muscarin greift direkt an parasympathischen Nervenendigungen an und erregt die dortigen Rezeptoren.

Symptome:

Nach einer Latenzzeit von ¼–1 Stunde kommt es zu Speichelfluß, Schweißausbrüchen, Durchfall, Erbrechen, Miosis und Hypotonie mit Kollapsneigung bei relativer Bradykardie.

Toxizität:

Die tödliche Giftmenge ist, je nach Toxingehalt, in 40–500 g Frischpilz enthalten. Ungefähr 2 % aller Vergiftungen werden durch Muscarin-Intoxikationen verursacht. Die Letalität beträgt 7,9 %. Grundsätzlich sollten Rißpilze gemieden werden.

Therapie:

2 mg Atropin i. m. oder i. v. Danach ergibt sich meist eine schlagartige Besserung.
Sonst symptomatische Therapie:
Rehydratation, Blutdruckkontrolle

Pilze, psilocybinhaltig

Vorkommen:

Panaeolus ater
Paneolus finicola
Paneolus subalteatus
Psilocybe cyanescens
Psilocybe semilanceata
Psilocybe serbica
Stropharia coronilla

Wirkungscharakter:

Inhaltsstoffe dieser Giftpilze sind die toxikologisch bedeutsamen Hydroxytryptamin-Abkömmlinge Psilocybin und Psilocin, die wie LSD wirken.

Psilocybin

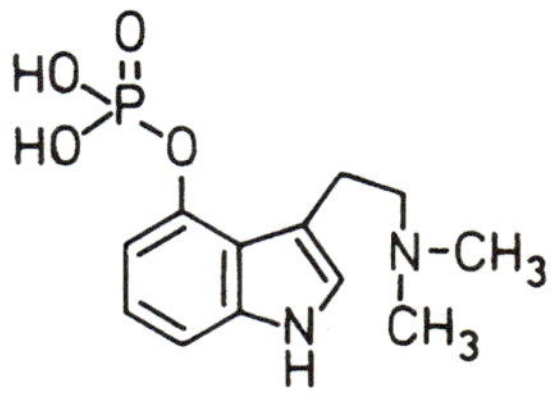

Sie haben ausgesprochen halluzinogene Eigenschaften und wirken neurotrop und psychotrop. Durch Rohgenuß oder durch Exsiccate kommt es zu Vergiftungserscheinungen.

Toxizität:

ED: 4–12 mg, Wirkdauer 5 Stunden. Sehr geringe Letalität, da die Pilze nicht in größeren Mengen als Nahrung genossen werden.
Die japanische Art Stropharia venenata ist neurotoxisch und kann Todesfälle verursachen. Möglich ist auch ein Suizid während der Halluzinose.
Bei uns ist die Psilocybinvergiftung sicher sehr selten. Vor allem aber bei Süchtigen mit halluzinatorischen Psychosen muß an die Möglichkeit einer Pilzvergiftung gedacht werden.

Nachweis:

Sporenbestimmung in Pilzresten, Erbrochenem, Stuhl, Dünnschichtchromatographie (Urin, Erbrochenes).

Symptome:

Latenzzeit:
¼–1–2 Stunden.

Körperliche Symptome:
Kopfweh, Benommenheit, Ameisenlaufen am ganzen Körper, Gefühlslosigkeit, Mydrasis, Brachykardie, Blutdruckabfall, Gleichgewichtsstörungen.

Psychische Symptome:

Wutanfälle, Gewalttätigkeit, Glücksgefühl oder Depression, Befreiung von Hemmungen und Angst, Angst und Unruhe, Lachanfälle, Trunkenheit, Delirium, Bewußtlosigkeit, Halluzinationen, gestörtes Raum- und Zeitgefühl, Depersonalisation, Suizidalität. Die Symptome klingen innerhalb von einigen Stunden wieder ab. Häufig fehlt die Erinnerung an das Vorgefallene.

Therapie:

Kohle-Pulvis-Gabe; Magen-Darm-Entleerung; Sedation und Überwachung.

Rainfarn

Synonyma:

Chrysanthemum vulgare α, Knöpfchen, Wurmfarn, Tanacetum vulgare α.

Vorkommen:

Korbblütler, Blütezeit: Juli–September; wächst an Wegrändern, Hekcen, Rainen, auf Dämmen und Schutt.

Toxine:

Im Kraut (0,2–0,6 %) und in der Blüte (bis 1,5 %) findet sich ein Ätherisches Öl = Oleum Tanaceti, in dem zu etwa 70 % der Hauptwirkstoff α-β-Thujon = Tanaceton enthalten ist.

Nebenwirkstoffe:

l-Campher, Borneol, ein Terpen, Umbellulon und Polyacetylene, 0,01–0,04 % Bitterstoff Tanacetin.

Wirkungscharakter:

Thujon ist ein starkes lokales Reizgift. Resorptiv wirkt es zunächst erregend, dann lähmend. Es kann schwerste Stoffwechselstörungen verursachen als Folge einer fettigen Degeneration der Leber, die ganz ähnlich wie bei der akuten Phosphorvergiftung das Bild der akuten gelben Leberatrophie zeigt. Auch in anderen parendchymatösen Organen treten degenerative Veränderungen auf, chrakteristisch sind außerdem Blutungen im Gebiet der Magenschleimhaut und im Herzmuskel, sowie eine schwere degenerative Nierenschädigung; u. U. kann es zum Abort kommen. Bei Aufnahmen sehr großer Dosen tritt der Tod nach 1 bis 3½ Stunden durch Kreislauf- und Atemstillstand ein, nach kleineren letalen Gaben infolge der schweren degenerativen Organveränderungen, insbesondere der Leberatrophie und der sich daraus ergebenden deletären Stoffwechselstörungen.

Toxizität:

15,0–30,0 g Oleum Tanaceti gelten als letale Dosis für einen Erwachsenen.

Symptome:

Hauterscheinungen: Rötung, Blasenbildung, evtl. Nekrosen; Erbrechen, Bauchschmerzen, Gastroenteritis, starke Rötung des Gesichtes; dann bei völliger Bewußtlosigkeit starke klonische, aber auch tonische Krämpfe, auch mit Trismus und Opisthotonus, starke Beschleunigung der Atmung und der unregelmäßig werdenden Herztätigkeit, Mydriasis und Pupillenstarre, Uterusblutungen, Oligurie, Hämaturie, Dyspnoe, evtl. Ikterus.

Nachweis:

Dünnschichtchromatographie im Erbrochenen und Magenspülwasser.

Therapie:

Soforttherapie: Erbrechen auslösen, Natriumsulfat, Kohle, Magenspülung.
Hauterscheinungen: Haut- und Schleimhautblasen steril abdecken, Tetanusprophylaxe, lokal Locacorten-Schaum 5 Tr. Konakion pro Stunde

- Substitution von Antithrombin III;
  falls Gerinnungsfaktor unter 70 % absinkt: 250 IE/3stdl;
- Digitalisierung bei Herzinsuffizienzzeichen.

Seidelbast

Synonyma:

Gemeiner Seidelbast (Daphne mezereum L.), Kellerhals, Deutscher Pfeffer, Pfefferstrauch, Beißbeere, Zeiland, Wolfsbast, Steinröschen (Daphne striata Tratt.), Gestreifter Seidelbast, Alpenflieder.

Vorkommen:

Blütezeit: März–Mai; Fruchtzeit: Juli–September Bevorzugt Hügel- und Bergland, vorwiegend in Laub- und Mischwäldern, aber auch in Nadelwäldern; häufig auch als Zierstrauch.

Toxine:

In allen Pflanzenorganen, besonders konzentriert im Bast der Rinde und in den brennend-scharf schmekkenden Beeren finden sich Ester von Diterpenpolyalkoholen, deren Struktur erst vor kurzem aufgeklärt werden konnte. Die Rinde des Seidelbasts enthält das Daphnetoxin, die Samen das Mezerein.

Nebenwirkstoffe:
In Rinde, Blatt und Blüte das Glycosid Daphnin, in der Frucht und Blüte etwas ätherisches Öl.

Wirkungscharakter:

Beide Substanzen sind starke lokale Reizgifte, die bis zum geschwürigen Zerfall der Haut führen können. Die Resorption kann schon durch die intakte Haut erfolgen, erst recht nach oraler Aufnahme. Es kommt zur Schädigung der Nieren, des Zentralnervensystems und des Kreislaufs, was schließlich zum Tod im Kollaps führen kann.

Toxizität:

4 bis 5 Beeren veursachen starke lokale Reizungen, 10 bis 12 Beeren können für Kinder die letale Dosis sein. Die Mortalität einer Seidelbast-Vergiftung liegt bei 30 %.

Symptome:

Hauterscheinungen: Rötung, Schwellung, Pustel- und Blasenbildung, bei langem Einwirken kommt es zu einem geschwürigen Zerfall der Haut.
Brennen und Anschwellen von Lippen, Mundschleimhaut und Zunge, schlecht heilende Stomatitis, Salivation, Schluckbeschwerden, Erbrechen, Magenschmerzen, Koliken, Diarrhoen, u.U. mit blutigen Beimischungen, Nephritis, Albuminurie, Hämaturie, Kopfschmerz, Schwindel, erhöhte Körpertemperatur, Tachykardie, Dyspnoe, Kollaps.
Bei Kindern können auch Krämpfe auftreten.

Nachweis:

Dünnschichtchromatographie im Erbrochenen und Magenspülwasser.

Therapie:

Haut- udn Schleimhautblasen werden steril abgedeckt, dann Tetanusprophylaxe, lokal Locacorten-Schaum. Kohle-Pulvis, Erbrechen auslösen, Natriumsulfat, viel warmen Tee trinken lassen.
Magenspülung mit burgunderfarbener Kaliumpermanganatlösung, Instillation von 10 g Kohle-Pulvis, Überwachung von Elektrolyten, Säure-Base-Haushalt und Nierenfunktion; bei Krämpfen: Valium i.v.; bei Atemlähmung: Intubation und Sauerstoffbeatmung.

Wasserschierling

Synonyma:

Cicuta virosa L., Wasserschierling, Giftwüterich, Borsten-, Parzenkraut Cicuta aquatica Gesner, Coriandrum Cicuta Roth.

Vorkommen:

Doldengewächs; Blutezeit: Juli, August; wächst in Sümpfen, an Gräben und Teichrändern; relativ häufig Vergiftungen bei Kindern, die an den süßlich schmeckenden untersten Stengelteilen kauen. Verwechslung mit Sellerie-, Pastinak- und Petersilienwurzeln möglich.

Toxin:

In allen Pflanzenteilen, insbesondere im Saft der Stengelkammern (frisch 0,2 %, trocken bis 3,5 %) ist der Hauptwirkstoff Cicutoxin, ein ungesättigter Alkohol, enthalten.

Nebenwirkstoffe:
Cicutoxinin: es ist noch ungeklärt, ob Cicutoxin an der Krampfwirkung des Wasserschierlings beteiligt ist. Ätherisches Öl: in der Wurzel 0,1 bis 0,35 %, in der Frucht 1,2 %.

Wirkungscharakter:

Das bitter schmeckende Cicutoxin ist ein typisches, zentral angreifendes Krampfgift, das vorwiegend rein klonische erst im späteren Verlauf auch tonische Krämpfe hervorruft. Insbesondere bei Kindern können sie auch mit Trimus und Opisthotonus einhergehen. Die erregende Wirkung des Cicutoxins erstreckt sich entsprechend dem Hauptangriffsort an der Medulla oblongata auch auf das Atem- und Vasomotorenzentrum sowie auf die Vaguskerne. Der erregenden Wirkung folgt um so schneller, je höher die Dosis, schließlich Lähmung der lebenswichtigen Zentren, der Tod erfolgt durch primäre zentrale Atemlähmung.

Toxizität:

Letale Dosis: Eine Wurzelknolle bzw. 2–3 g der frischen Pflanze; 50 % aller Vergiftungen enden tödlich!

Symptome:

Innerhalb von 20 Minuten, spätestens nach 1 Stunde: Brennen in Mund und Rachen, Bauchschmerzen, Übelkeit, Herzklopfen, Schwindel, Gefühl der Berauschung, taumelnder Gang, Verdunklung des Gesichtsfeldes, Schläfrigkeit, u. U. Ohnmacht.
Dann erfolgt plötzlich, häufig unter lautem Aufschreien oder gleichzeitigem Erbrechen der erste und gleich sehr heftige Krampfanfall. Die Anfälle dauern etwa eine halbe bis zwei Minuten und betreffen die gesamte Körpermuskulatur. Es handelt sich dabei um spontan einsetzende, zuerst klonische, später auch tonische, mit Zähneknirschen, Trismus und Opisthotonus einhergehende Krämpfe von größter Heftigkeit. Das Bewußtsein und der Cornealreflex sind während der Krämpfe erloschen, die Pupillen maximal erweitert und lichtstarr, die Augen nach innen und abwärts gedreht, die Atmung röchelnd oder ganz aussetzend; vor dem Mund steht Schaum, die Schleimhäute sind stark zyanotisch, der Puls ist klein und frequent. Gegen Ende der einzelnen Anfälle treten Atmung und Bewußtsein wieder ein. Die Anfälle wiederholen sich in Abständen von etwa 15 Minuten bis zur völligen Erschöpfung. Der Tod tritt meist innerhalb einiger Stunden nach Giftaufnahme während eines besonders schweren Anfalls infolge Erstickens oder kurz nach einem Anfall infolge von Atemlähmung ein.

Differentialdiagnose:

Differentialdiagnostisch wichtig gegenüber Strychnin ist, daß bei der Vergiftung durch Cicutoxin die tonischen Krämpfe spontan auftreten, also nicht wie bei der Strychninvergiftung Reflexkrämpfe sind. Der auch bei der Vergiftung mit Wasserschierling beobachtete Risus sardonicus und die tetanischen Erscheinungen könnten auch Anlaß zu Verwechslung mit Wundstarrkrampf geben. Das Fehlen von hohem Fieber und der vorzugsweise epileptiforme Charakter der Krämpfe ermöglichen die Differenzierung.

Nachweis:

Dünnschichtchromatographie im Erbrochenen oder Magenspülwasser.

Therapie:

Sofort Kohle-Pulvis 10 g, Erbrechen.
Magenspülung mit burgunderfarbener Kaliumpermanganatlösung, Instillation von 10 g Kohle-Pulvis, nach der Resorption (Krämpfe!) Relaxierung und Intubation, solange das Krampfstadium anhält, nur so viel Antieplieptiko wie Diazepam, Barbital u. a., daß die Krämpfe eben unterdrückt bleiben; Valium i. v., forcierte Diurese; bei Atemlähmung: Intubation und Sauerstoffbeatmung unter Curarisierung.

Ameisen (Formicoideae)

Vorkommen:

Es gibt weltweit rund 7000 Arten. Ca. 80% leben in den Tropen und Subtropen. Sie gehören eigentlich zu den Hautflüglern, haben jedoch im Laufe der Evolution ihre Flügel verloren. Nur die Geschlechtstiere sind beflügelt, nach der Begattung werden die Flügel abgeworfen. Ein Ameisenstaat besteht aus ein paar Dutzend bis zu mehreren Millionen Tieren. Er wird von geschlechtsreifen Weibchen gegründet, die Männchen sterben nach der Begattung. Im allgemeinen sind die Männchen kleiner als die Weibchen.
Alle Weibchen besitzen die Anlage zu einem Stachel. Je nach Entwicklungsstufe der Tiere wird dieser immer kleiner, bis er bei der am höchsten entwickelten Schuppenameise völlig verschwunden ist. Diese besitzt nur noch eine Giftdrüse.

Toxine:

Proteine, Alkaloide mit ungesättigten Seitenketten.
Citronellol, Geraniol, Neral, Geranial, Ameisensäure, Iridomyrmecin, Ketone, Aldehyde und Sulfide.

Vergiftungsweg:

Je nach Art durch Stich mit dem Giftstachel, durch Biß mit gut ausgebildeten Kiefern oder durch auf die Haut gesprühtes Gift aus Giftdrüsen.

Giftwirkung:

Neurotoxisch, cytotoxisch, allergisierend.

Symptome:

Brennschmerz, Juckreiz, Rötung, Schwellung, Blasenbildung, Temperaturerhöhung, Übelkeit, evtl. Nekrosebildung, in seltenen Fällen Lähmungserscheinungen. Todesfälle nach Mehrfachstichen im anaphylaktischen Schock sind beschrieben.

Nachweis:

DC, GC, Identifizierung des Tieres.

Therapie:

Kühlung mit Eis. Vermeiden von Kratzwunden; evtl. lokal Cortison oder Antihistaminika. Bei Nekrosen täglich sterile Wundverbände und Spülung vom H_2O_2.
Bei anaphylaktischem Schock Adrenalin und Cortison i. v., Antihistaminika, Plasmaexpander und Azidoseausgleich mit Natriumbikarbonat.

Tab. 1: Die wichtigsten Giftvertreter der Ameisen

Name	Vorkommen	Toxin	Giftweg	Giftwirkung	gefährl. Unterarten	Größe	Symptome	Therapie	Besonderheiten
Stechameisen (Ponerinae)	Tropen Subtropen	wahrscheinl. Proteine	kräftiger Stachel	neurotoxisch	Paraponera clavata	1–1,5 cm	Schmerz, Blasenbildung, Fieber, Lähmungserscheinungen	Kühlung, evtl. Locacorten®-Schaum	Fleischfresser, ernähren sich von Insekten, z. B. Termiten
Bulldoggenameise (Myrmeciinae)	Australien	Proteine (MG 11000–23000) Enzyme	Stachel	cytotoxisch, neurotoxisch	Myrmecia pyriformis	> 2 cm	brennender Schmerz, stundenlanges Unwohlsein, allergische Reaktion	Kühlung, Schockprophylaxe	greifen sofort an, halten sich mit den Kiefern an der Haut und stechen mit den Hinterleibsstacheln mehrmals zu; bei wiederholter Exposition Boostereffekt
Knotenameisen (Myrmicinae)	Tropen, Subtropen, gemäßigte Zonen	Alkaloidgemisch, Proteine, Ameisensäure, antibiotisch und antimykotisch wirksame Stoffe	Stachel und/oder Beißwerkzeuge	neurotoxisch, cytotoxisch (nur tropische Arten)	rote Knotenameise	< 1,5 cm	Brennschmerz	Kühlung	heimische Art
					Feuerameise Solenopsis xyloni S.invicata S.richteri	bis 1,5 cm	Brennen, Rötung, Schwellung, Schmerz, allergischer Schock, Nekrose	Kühlung, Schockprophylaxe, Wundreinigung, Antibiotikaprophylaxe	Todesfälle im anaphylaktischen Schock in Nordamerika beschrieben
					S.saevissima S.bondari	< 1,5 cm	starker Schmerz	Analgetika, Schockprophylaxe	Nesträuber, auch südamerikanische Diebesameise genannt
					S.punctaticeps	< 1,5 cm	Schmerz, evtl. Nekrose	Kühlung, Wundreinigung, Antibiotikaprophylaxe	lebt in Südafrika
					Progonomyrnex spp.	wenige mm	starker Schmerz; bei Kindern Übelkeit und Erbrechen	Schmerzbehandlung	sehr volkreich, lebt nur in Nordamerika

Tab.1: Fortsetzung

Name	Vorkommen	Toxin	Giftweg	Giftwirkung	gefährl. Unterarten	Größe	Symptome	Therapie	Besonderheiten
					Blattschneiderameise Attra				schneidet Blätter in kleine Stücke und züchtet darauf einen Pilz, den nur diese Art frißt; große Schäden durch Entlaubung
Wander-Treiber-Ameisen (Dorylindae)	Tropen, Subtropen	alkoholische Verbindungen, chinonartige Verbindungen, Indole	kurzer Stachel, scharfe Beißwerkzeuge, Drüse	cytotoxisch	Eciton spp. (Südamerika) Anomma spp. (Afrika)	4 mm bis 4 cm	Bißverletzung, Schmerz, evtl. Rötung	Abwaschen, evtl. Locacorten®-Schaum	Königin ca. 4 cm (eine der größten Ameisen), Geschlechtstiere 2–3 cm, Soldaten ca. 1 cm mit Säbelkiefer, Arbeiterinnen ca. 4 mm; haben keinen festen Bau; Schädlingsbekämpfer
Schuppenameisen (Formicinae)	weltweit	Neral, Geranial, Geraniol, Citronellol, Ameisensäure (21–75%ig)	Giftdrüse	neurotoxisch	Rote Waldameise (F.rufa)	0,5–1 cm	Brennschmerz, Rötung	Kühlung	spritzt ihr Gift bis 50 cm weit
					Wiesenameise (Lasius)	< 0,5 cm	Brennschmerz	keine Therapie notwendig	sehr klein, braun
					Roßameise (Camponotus)	1 cm	Brennschmerz, Rötung, bei kleinen Tieren Atemdepression	Kühlung, evtl. Locacorten®-Schaum	größte einheimische Ameise, schwarze Färbung
					Amazonenameise (Polygergus)	< 1 cm	Brennschmerz, Rötung	Kühlung	überfallen andere Ameisenstaaten und halten sich diese als Sklaven

Tab.1: Fortsetzung

Name	Vorkommen	Toxin	Giftweg	Giftwirkung	gefährl. Unterarten	Größe	Symptome	Therapie	Besonderheiten
Drüsenameisen (Dolichoderinae)	Tropen	Iridomyrmecin	Wehrdrüse	bakterizid, insektizid, (stärker als DDT)	Iridomyrmex	< 1 cm	Bißverletzungen	Wundreinigung	bei Menschen nur Bißverletzungen, keine Giftwirkung bei Warmblütern; lebt überwiegend in Südamerika und Südafrika

Amphibien(Amphibia)

Vorkommen:

Amphibien sind wechselwarme Wirbeltiere, die sowohl im Wasser als auch an Land leben. Sie umfassen etwa 2800 Arten.
Man unterscheidet drei Hauptgruppen:
- Schwanzlose- oder Froschlurche (Anura oder Salientia)
- Schwanzlurche (Urodela oder Caudata)
- Blindwuhlen (Apoda oder Gymnophiona)

Alle Amphibien haben eine nackte, immer feuchte Haut. Sie sind zur Metamorphose – dies ist die Wandlung vom Kiemenatmer und Pflanzenfresser als Larve zum Lungenatmer und Fleischfresser als erwachsenes Tier – befähigt. Ihr Lebensraum muß eine hohe Luftfeuchtigkeit aufweisen. Ca. 80% der Amphibien leben in den Regenwäldern der Tropen und Subtropen.

Verwendung:

Der Mensch machte sich die Krötengifte schon seit langem zunutze, sowohl als Pfeilgift für die Jagd als auch als Medizin. In Ägypten und China wurden sie als Mittel gegen Ödeme, Herzinsuffizienz, Schlangenbisse und Infektionen eingesetzt. In Japan und China werden getrocknete Krötenhäute noch heute zur Behandlung der Herzinsuffizienz eingesetzt. Früher waren diese Mittel auch in Europa weit verbreitet, wurden jedoch nach der Entdeckung des Digitalis weitgehend verlassen, da die Nebenwirkungen hier geringer und berechenbarer sind.
In der Homöopathie kommt heute noch Bufo zur Anwendung. Es handelt sich hierbei um das Gift der Bufo rana mit den Inhaltsstoffen Bufotalin (cardiotoxisch) und Bufotenin (neurotoxisch). Als Indikationen gelten Angina pectoris sowie epileptiforme Zustände.

Toxine:

Alle Amphibien haben Schleimdrüsen in der Haut, die die Haut ständig feuchthalten. In dem Schleim sind Stoffe enthalten, die die Festsetzung von Mikroorganismen verhindern. Die Inhaltsstoffe wirken bakterizid (Auflösung von Cytoplasmamembran und Ribosomen) und fungizid (Schädigung von Mitochondrien). Wie A. Mar und H. Michl bereits 1977 nachgewiesen haben, sterben entgiftete Tiere innerhalb weniger Tage an Hautinfektionen.
In dem schleimigen Hautüberzug sind die verschiedensten Giftstoffe enthalten, die jedoch noch nicht alle aufgeklärt sind. Die Giftstoffe bilden auch einen passiven Schutz der Tiere gegen das Gefressenwerden. An Toxinen wurden bisher biogene Amine, Peptide, Steroide und Alkaloide isoliert.

Vergiftungsweg:

Vergiftungen bei Menschen treten allenfalls bei Terrarienbesitzern bei unsachgemäßem Umgang (Berühren der Tiere ohne Schutzhandschuhe bei gleichzeitig offenen Wunden) auf. Einige Indianer Südamerikas benutzen den Schleim als Pfeilgift.

Giftwirkung:

Die Giftwirkung ist cardio-, myo- und neurotoxisch. Auch sympathikomimetische Wirkungen wurden festgestellt. Die Stoffe wirken gefäßverengend, blutdrucksenkend, hämolytisch, lokalanästhetisch oder halluzinogen.

Therapie:

Haut spülen, Schockbehandlung.

Tab. 1: Die wichtigsten Giftvertreter der Amphibien

Gattung	Name	Vorkommen	Toxine	LD_{50} Maus, s. c.	Giftwirkung	Verwendung
Froschlurche, Echte Frösche (Ramidae)	Wasserfrosch (Rana esculanta)	Europa	freie As, 4 Peptide, Proteine	6–12 mg/kg (Kaninchen)	cardiotoxisch, hämolytisch	
	Grasfrosch (Rana temporaria)	Europa	Serotonin, Bradykinin		myotoxisch, blutdrucksenkend	
Echte Kröten (Bufonidae)	Erdkröte (Bufo bufo) Aga (Bufo marinus)	Europa Australien	Bufotoxin (Bufogenine, die mit Korksäure und Arginin verknüpft sind)	400 µg/kg	cardiotoxisch, lokalanästhetisch	vor der Entdeckung des Digitalis bei Herzinsuffizienz eingesetzt (pos. inotrop);
	Wechselkröte (bufo viridis Laur)	Südamerika	Bufoviridin			Bufogenine sind 5mal stärker anästhetisch wirksam als Cocain;
	Bufo alvarius	Mittelamerika	O-Metylbufotenin	75000 µg/kg	halluzinogen	Bufogenin zählt zu den somatogenen Halluzinogenen (Psychodysleptikum)
	Bufo formosus Bufo arenarum	China, Formosa, Japan	Bufothionin			
	Verschiedene Bufo sp.		Norepinephrin Candicin	5000 µg/kg 10 000 µg/kg	blutdrucksteigernd cholinomimetisch	
	alle Bufo sp.		biogene Amine (Catecholamin), Indolalkylamine			
Farbfrösche (Dendrobatidae)	Baumsteigerfrosch (Phyllobates aurotaenia)	Südamerika	Alkaloide, Batrachotoxin, Homobatrachotoxinin, Pseudobatrachotoxinin	2 µg/kg	neurotoxisch, myotoxisch, atemdepressiv (irreversible Blockade der Nervenendplatten)	Pfeilgift kolumbianischer Indianer
	Dentrobates pumilio Dentrobates auratus	Panama	Pumiliotoxin – A B C	 2500 µg/kg 1500 µg/kg 1200 µg/kg	neurotoxisch, myotoxisch (führt unter klonischen Krämpfen zum Tod)	Pfeilgift der Indianer in Panama
	Dentrobates histrionicus	Südamerika	Spiropiperidin, Alkaloide, Gephyrotoxin			

Tab. 1: Fortsetzung

Gattung	Name	Vorkommen	Toxine	LD_{50} Maus, s.c.	Giftwirkung	Verwendung
Greiffrösche (Phyllomedusae)	Phyllomedusa rohdei	Südamerika	Phyllokinin		bradykininartig, blutdrucksenkend, gefäßerweiternd	
	Phyllomedusa bicolor	Südamerika, Indopazifik	Physalaemin (Dekapeptid)		blutdrucksenkend, gefäßerweiternd	
Laubfrösche (Hylidae)	Laubfrosch (Hyla arborea)	Mittel- und Südeuropa, Nordafrika, Kaukasus, Japan	Polypeptid, Serotonin	300 µg/kg	hämolytisch, blutdrucksteigernd	
	Hyla caerulea	Südamerika, Asien	Caerulein, Histamin, Serotonin		blutdrucksenkend	
	Hyla pearsoniana	Äquatorialafrika	Caerulein, Histamin, Serotinin		blutdrucksenkend	
	Hyla peroni	Südamerika, Asien	Bufotenin	6000 µg/kg	neurotoxisch, cardiotoxisch	
Pfeiffrösche (Leptodactylinae)	Leptodactylus pentadactylus, Leptodactylus ocellatus	Mittel- und Südamerika	Serotoninderivate, Bufotenin, Bufotenidin,	6000 µg/kg	myotoxisch, neurotoxisch	
			Leptodactylin,	10 000 µg/kg		
			Candicin	10 000 µg/kg	cholinomimetisch	
	Leptodactylus vilarsi	Panama	Caeruleinähnliches Peptid, Histamin, Bufotenidin und Dehydrobufotenin	6000 bis 10 000 µg/kg	myotoxisch, cardiotoxisch (RR-Steigerung u. Senkung) allergisierend, gefäßerweiternd	
	L. pentadactylus labyrinthicus	Südamerika	Spinaceamin			
	Physalaemus fuscumatulatus, Physalaemus centralis	Südamerika	Physalaemin (Polypeptid)		stark gefäßerweiternd, lang anhaltende Blutdrucksenkung	

Tab. 1: Fortsetzung

Gattung	Name	Vorkommen	Toxine	LD_{50} Maus, s.c.	Giftwirkung	Verwendung
Scheibenzüngler (Discoglossidae)	Rotbauchunke (Bombina bombina)	Ost-, Mittel- und Westeuropa	4 basische Peptide, freie Aminosäuren, Serotonin	300 µg/kg	neurotoxisch, niesreizauslösend	
	Gelbbauchunke (Bombina variegata)	Ost-, Mittel- und Westeuropa	12-Aminosäuren GABA, Serotonin, 2 Nonapeptide, Polypeptid (MG 87000)		hämolytisch	
Stummelfußfrösche (Atelopodidae)	Goldener Pfeilfrosch (Atelopus zeteki)	Panama	Zetekitoxin A. u.B.	11 µg/kg	cardiotoxisch, neurotoxisch	Pfeilgift
	Atelopus varius varius	Panama	Zetekitoxin C	80 µg/kg	cardiotoxisch, neurotoxisch	Pfeilgift
	Atelopus varius ambulatorius	Panama, Costa Rica, Kolumbien	Zetekitoxin			
	Atelopus cruciger					
	Atelopus chiriquensis	Panama, Costa Rica, Kolumbien	30% Tetrodotoxin 70% Chiriquitoxin	8 µg/kg	neurotoxisch, cardiotoxisch	Pfeilgift
Zungenlose Frösche (Pipidae)	Xenopus laevis	Mittel- und Südamerika	Serotonin, Bufotenidin	300 µg/kg	blutdrucksteigernd, gefäßverengend, cardiotoxisch	
Schwanzlurche (Urodela)	Salamandra maculosa Alpensalamander (Salamandra atra)	Europa, Asien, Amerika	Samandarin, Cycloneosamandion, Samanin, Samandeon	1500 µg/kg	neurotoxisch, cardiotoxisch, lokalanästhetisch, atemdepressiv	
Molche (Triturus)	Streifenmolch (Triturus vulgaris), Kammolch (T.oristatus), Marmormolch, Bergmolch	Ost-, Mittel- und Westeuropa	Amylase, Phosphatasen, Arylamidasen		hämolytisch	
	Taricha torosa, Taricha rivularis, Taricha granulosa	Kalifornien	Tarichatoxin (ähnlich Tetrodotoxin)	8 µg/kg	neurotoxisch	

Echsen

Vorkommen:

Sonora-Wüste, Arizona, Gila-River-Valley, Neu-Mexiko, nördliches Mittelamerika. Unter den ca. 2000 Echsenarten finden sich nur zwei giftige Vertreter.

Tab. 1: Die Giftvertreter der Echsen

Name	Vorkommen	Giftapparat	Größe
Gila Krustenechse oder Gila-Monster (Heloderma suspectrum)	Gila-River Valley/Arizona Neu-Mexiko Sonora-Wüste	von ca. 40 Zähnen sind 30–35 in Ober- und Unterkiefer mit Giftdrüsen versehen	bis 50 cm
„Escorpion" (Heloderma Horridum)	Zentral-Mexiko nördl. Mittelamerika	von ca. 45 Zähnen sind etwa 30 in Ober- und Unterkiefer mit Giftdrüsen versehen	bis 80 cm

Toxin:

Heloderma-Toxin.

Vergiftungsweg:

Die beiden giftigen Vertreter haben 41 bis 45 Zähne mit einer Länge von 3 bis 6 mm. Hiervon sind im Ober- und Unterkiefer je etwa 20 mit Giftdrüsen versehen. Die Giftdrüsen liegen paarig im Unterkiefer. Wird das Tier in die Enge getrieben, beißt es zu. Die Echse verbeißt sich für ca. 10 bis 15 Minuten. Eine Entfernung vor dieser Zeit ist nur durch Bruch der Kiefer mit stabilen Werkzeugen möglich.

Giftwirkung:

Kreislaufwirksam; Hauptgefahr durch Superinfektion der Bißwunden.

Toxizität:

LD_{50} Maus s. c. 1,4 mg/kg.

Symptome:

Schmerzhafter Biß; Schwellung der Bißstelle; blau-rote Hautverfärbung; Übelkeit; Temperaturerhöhung bis 39,5°; Schock.

Nachweis:

DC; GC; Identifizierung des Tieres.

Therapie:

Schockbekämpfung; Entfernung des Tieres; gründliche chirurgische Wundreinigung. Antibiotikaprophylaxe; Tetanusprophylaxe.

Besonders zu beachten:

Die Tiere nicht in die Enge treiben. Sie warnen durch deutliches Zischen und Fauchen, bevor sie zubeißen. Nach einem Biß muß unbedingt ein Arzt aufgesucht werden. Ein spezifisches Antiserum gibt es nicht. Das manchmal verabreichte Schlangenserum sollte auf keinen Fall gegeben werden, da das Helodermatoxin immunologisch völlig anders als die bekannten Schlangengifte ist.
Die bekanntgewordenen Todesfälle basieren nicht auf der Giftwirkung, sondern wurden durch Herzinfarkte, ausgelöst durch den Schreck, hervorgerufen.

Fische (Pisces)

Grundsätzlich muß zwischen aktiv giftigen und passiv giftigen Fischen unterschieden werden. Es gibt ca. 250 aktiv und ca. 550 passiv giftige Fischarten. Aktiv giftige Fischarten besitzen einen voll entwickelten Giftapparat, den sie sowohl zur Verteidigung als auch zum Angriff einsetzen. Als passiv giftig bezeichnet man die Fische, die nach dem Verzehr des ganzen Fisches oder einzelner Organe Vergiftungssymptome auslösen können.

Aktiv giftige Fische

– Drachenfisch oder Scorpionfisch (Scorpaenidae)

80 Unterarten mit Giftwirkung sind bekannt. Nach dem Giftapparat ist eine Einteilung in drei Gruppen möglich.

– Zebrafische	(Pterosis und Dendrochirus)	→ *siehe dort*
– Scorpionfische	(Scorpaena)	→ *siehe dort*
– Steinfisch	(Synanceja)	→ *siehe dort*
– Petermännchen oder Weberfisch	(Trachinidae)	→ *siehe dort*
– Stachelrochen	(Dasyatidae)	→ *siehe dort*
– Welse	(Siluroideae)	→ *siehe dort*
– Stachelhaie	(Squaloidei	→ *siehe dort*

Passiv giftige Fische

Der Verzehr des ganzen Fisches oder einzelner Teile kann das ganze Jahr über oder aber, bei einigen Arten, nur zu bestimmten Jahreszeiten zu Vergiftungssymptomen führen.

Man unterscheidet:

– Ichthyoo-toxische Fische	(einzelne Organe sind giftig)	→ *siehe dort*
– Ciguatera-toxische Fische	(Gift im ganzen Fisch; Stärke unterschiedlich)	→ *siehe dort*
– Tetrodo-toxische Fische	(Gift im ganzen Fisch; Stärke unterschiedlich)	→ *siehe dort*
– Vergiftung durch Umweltgifte		

Umweltgifte, die die Fische speichern und beim Verzehr an den Menschen abgeben können, sind Arsen-, Cadmium-, Blei- und Quecksilberverbindungen; Pestizide wie DDT, Lindan, PCB; Öle, die von Schiffen abgelassen werden; radioaktive Substanzen.
Erinnert sei hier an die Minamata-Krankheit in Japan, wo durch Quecksilberverbindungen (Ethylmercurichlorid) aus Industrieabwässern schwere Schäden an Menschen gesetzt wurden. Neben vielen tödlichen Verläufen traten Degenerationserscheinungen an Nervenzellen, Störungen im Bewegungsapparat, Hör- und Sehschwächen sowie psychische Erkrankungen auf.

Fische, ciguatera-toxisch

Vorkommen:

Vergiftungen durch Ciguatoxin treten hauptsächlich im südlichen und mittleren Pazifik und auf den Westindischen Inseln auf. Ein Ansteigen der Vergiftungsfälle ist zu verzeichnen (SINELL, 1980).
Einige hundert Spezies von Korallenfischen sind bekannt, die von Zeit zu Zeit diese Erkrankung verursachen (SUTHERLAND, 1986).
Nach GILLESPIE et al. (1986) sind mehr als 400 Arten aus 57 Familien und 11 Ordnungen in Küstennähe gefangener Fische als Ciguatoxinträger beschrieben worden. Häufig handelt es sich um tropische Zackenbarsche (Serranidae) und Stachelmakrelen mit einem Gewicht von mehr als 5 kg (SINELL, 1980).
Nach LANGE (1987) sind von den Nahrungsmittelvergiftungen in den USA durch Fischgenuß mehr als die Hälfte auf Ciguatera zurückzuführen. In den USA ereigneten sich 1974 26 Epidemien mit 148 Einzelerkrankungen (SINELL, 1980).
Das Center for Disease Control (1979) berichtete von 19 Ausbrüchen mit 56 Fällen im Jahre 1978.
In Australien wurden zwischen 1976 und 1984 166 Ausbrüche mit 479 Erkrankungen registriert. Zwischen 1980 und 1984 konnten jährlich etwa 20 Ausbrüche ermittelt werden. Die Anzahl nimmt jährlich zu. Die Anzahl nicht registrierter Ausbrüche wird als sehr hoch veranschlagt (GILLESPIE et al., 1986).
Nach JOHNSON et al. (1983) und LANGE (1987) ist das Vorkommen von ciguatoxinhaltigen Fischen auf den Bereich zwischen den 35° nördlichen und dem 35° südlichen Breitengrad begrenzt.
Innerhalb einer geographischen Region z. B. einer Bucht oder eines Riffs besteht keine gleichmäßige Verteilung der belasteten Fische. Dies mag mit der Vielzahl der ökologischen Faktoren zusammenhängen (HALSTEAD, 1978).
Es gibt eine strenge Entwicklung der Belastungen über Jahre hinweg. Anfänglich sind nur wenige Spezies belastet, auf dem Höhepunkt der Entwicklung enthalten fast alle Fische das Gift, im Endstadium des Cyclus sind meist nur noch große Aale, bestimmte **snappers und groupers** toxisch. Dieser Cyclus scheint etwa acht Jahre zu dauern (HASHIMOTO, 1979).
Nach HASHIMOTO (1979) wurden in Regionen, wo bisher keine Ciguatera-Fälle auftraten, durch menschliche Aktivitäten, die die Umgebung und damit die Bedingungen veränderten, nach einer bestimmten Zeit plötzlich Ciguatera-Fälle registriert.
Nach JOHNSON et al. (1983) und LANGE (1987) treten v. a. da gehäuft Ciguaterafälle auf, wo Korallenriffs kurz vorher in ihrem Gleichgewicht gestört wurden. Dies kann durch Naturgewalten (Stürme, Hurrikans) oder durch menschliche Eingriffe (Sprengungen) passieren. Man geht davon aus, daß Dinoflagellaten unter den ersten Lebewesen sind, die neue oder kahle Oberflächen in tropischen Gewässern besiedeln können (LANGE, 1987).

Die wichtigsten Giftvertreter:

(HASHIMOTO, 1979)	(JOHNSON et al., 1983)
Lutjanus bohar	Sphyraenidea
Lutjanus monostigma	Lutjanus bohar
Gymnothorax javanicus	Seriola dumerili
Sphyraena barracuda	Acanthuridae
Epinephelus fuscoguttatus	Serranidae
Caranx sexfasciatus	Huraenidae
Seriola aureovittata	
Glabrilutjanus nematophorus	
Scarus gibbus	
Ctenochaetus striatus	

Eine Untersuchung über Ciguatera-Vergiftung in Queensland (Australien) zeigte, daß Scomberomorus commersoni und andere Scomberomorus spp. für die meisten Vergiftungsfälle verantwortlich sind. Diese

Fische gehören normalerweise zu den Speisefischen. Gehören sie zu den toxischen Exemplaren, können sie außer beträchtlichen Mengen an Ciguatoxin auch noch andere eng verwandte Verbindungen und Maitotoxin enthalten. Bei den betroffenen Fischen enthalten die Eingeweide und hier v. a. die Leber im Gegensatz zum Fleisch das meiste Toxin (GILLESPIE et al., 1986).
MCFARREN et al. (1965) isolierte aus Schalentieren (Crassostria virginica und Venus mercenaria campechiensis), die im Frühjahr 1962 an verschiedenen Buchten in Florida gefangen wurden, ein Toxin, welches Ciguateravergiftung bewirkt. Einige Personen hatten nach dem Genuß solcher Tiere, die aus diesen Buchten stammten, Erscheinungen einer Ciguatoxinvergiftung.
Untersuchungen an Muränen in den USA zeigten, daß bei ciguatoxinhaltigen Tieren die Toxinkonzentration in der Leber rund 50mal höher war als im Fleisch. Außerdem war jede Leber von Muränen, die sich ein einem Ciguateragebiet befanden, toxinhaltig (YASUMOTO et al., 1969).

Toxin:

Name:

Ciguatoxin ist ein Toxin, welches in bestimmten Fischen gefunden wurde (HASHIMOTO, 1979; MOSHER, 1966). Ciguateratoxin ist synonym zu Ciguatoxin (HALSTEAD, 1978). Der Ausdruck Ciguatera stammt von der Meeresschnecke, Cittarium pica, die auf den Karibischen Inseln cigua genannt wird. Der Begriff wurde zum erstenmal von den spanischen Eroberern in Kuba verwendet, um damit eine Krankheit zu beschreiben, die durch neurologische und gastrointestinale Symptome gekennzeichnet ist und durch den Verzehr von eben dieser Schnecke verursacht wurde. Der Name wurde später auch auf andere, ähnliche Krankheiten ausgeweitet, die durch Fische in der Karibik hervorgerufen wurden (HASHIMOTO, 1979).

Chemische Formel:

Die empirische Formel lautet: $C_{35}H_{65}NO$ (SCHEUER et al., 1967).

Beschaffenheit:

Ciguatoxin besteht aus mehreren Fraktionen, die teils wasserlöslich, teils fettlöslich sind (HALSTEAD, 1978). Eine Kombination dieser Fraktionen kann von Fischspezies zu Fischspezies, oder sogar zwischen einzelnen Individuen, unterschiedlich sein. Eine endgültige Definition dieses komplexen Toxins ist bisher nicht gegeben.
Nach JOHNSON et al. (1983) handelt es sich bei Ciguatoxin um ein fettlösliches Toxin, welches nicht durch Kochen, Gefrieren oder Magensäfte zerstört werden kann. Ein mit diesem Toxin behafteter Fisch ist weder durch Geschmack, Beschaffenheit noch durch Geruch erkennbar. Salzen und Marinieren haben ebenfalls keinen Einfluß auf das Toxin (LANGE, 1987).
Ciguatoxin ist eine Polyether-Verbindung mit einem Molekulargewicht von 1112 (GILLESPIE et al., 1986).
Das Molekulargewicht von Ciguatoxin liegt etwa zwischen 1000 und 1500 (LANGE, 1987).
Nach SCHEUER et al. (1967) handelt es sich bei Ciguatoxin um ein transparentes, leicht gelbliches, visköses Öl. Zur Bestimmung wurde nach einer besonders genauen vorangegangenen Reinigung die Dünnschichtchromatographie verwendet. Eine Kristallisation gelang nicht. Es ist relativ instabil und verliert durch Kontakt mit Luft, Licht und chromatographischen Adsorbentien seine Toxizität.
Nach HASHIMOTO (1979) wurden in ciguatoxinhaltigen Fischen außerdem noch andere Toxine isoliert. Sie wurden als Ciguaterin, Maitotoxin und Scaritoxin bezeichnet.

Vergiftungsweg:

Ciguatoxin wird wahrscheinlich durch Dinoflagellaten (Gambierdiscus toxicus), die sich auf der Oberfläche toter Korallen und an bestimmten Algen befinden, produziert (GILLESPIE et al., 1986). Suspensionen von Gambierdiscus toxicus Adachi und Fukuyo haben ähnliche Fettlöslichkeit, chromatographische Merkmale und Biotoxizität wie das Ciguatoxin, welches von den entsprechenden toxischen Fischen isoliert wurde (JOHNSON et al., 1983).
Nach BADEN (1983) findet sich G. toxicus normalerweise als ein sessiler Epiphyt v.a. auf roten Algen (Spyridea und Acanthophora) und auf braunen Algen (Sargassum und Turbinaria).

Fische, die sich von Pflanzen ernähren, nehmen Algen und Detritus und somit auch das von den Dinoflagellaten produzierte Ciguatoxin auf. Fleischfressende Fische nehmen dann als Endglied der marinen Nahrungskette diese pflanzenfressenden Fische auf und reichern das Toxin in hohem Maße an. Somit wäre auch erklärbar, warum diese toxischen Speisefische in Abhängigkeit vom Vorkommen der Algen bzw. der Dinoflagellaten nur in bestimmten Gebieten zu finden sind (GILLESPIE et al., 1986).
McFARREN et al. (1965) isolierten aus Gymnodiniumbreve-Kulturen ein Toxin, welches identisch mit dem Ciguatoxin ist.
Diese Meinung, daß das Toxin über die Nahrung in die Fische gelangt, wird heute von den meisten Autoren anerkannt (HALSTEAD, 1978). Dafür sprechen drei Punkte:
- es gibt keine Fischspezies unter den sogenannten „Ciguatoxin-Fisch-Spezies", die immer und überall Toxinträger ist,
- innerhalb eines bestimmten Gebietes kann eine bestimmte Spezies hochtoxisch sein, während eine andere Spezies nicht toxisch ist,
- Ciguatoxinträger sind im allgemeinen Bodenbewohner oder ernähren sich von Bodenbewohnern. Obwohl manche Pelagier auch mit Ciguatoxin belastet sind, scheint es aber so zu sein, daß sie sich meist vorher in Küstennähe aufhielten und sich von Meeresbodenbewohnern ernährten. Die meisten Ciguatoxinträger sind Riffbewohner.

Es ist möglich, daß die Algen Ciguatoxin oder einen nicht toxischen Vorläufer von Ciguatoxin enthalten, der dann erst nach Aufnahme im Fischorganismus in die toxische Substanz umgewandelt wird. Die unterschiedliche Verteilung im Fischorganismus ist wahrscheinlich zurückzuführen auf: venösen Abtransport aus dem Darmtrakt, Entgiftung und metabolische Prozesse im Fisch. Normalerweise enthalten der Darmtrakt und die Leber aufgrund der Verdauungsphysiologie die höchsten Ciguatoxinmengen (HALSTEAD, 1978).
Man nimmt an, daß sich die Träger von Ciguatera streng auf Meeresfische und einige Invertebraten und Algen beschränken. Süßwasserfische wurden als Toxinträger bisher nicht beobachtet. Theoretisch kann jeder im Meer lebende Fisch unter bestimmten Bedingungen zum Ciguatoxinträger werden. Am häufigsten jedoch sind Fischspezies in warmen, subtropischen und tropischen Regionen betroffen (HALSTEAD, 1978).
Fische mit Ciguatera-Belastung sind phylogenetisch z. T. sehr weit auseinander und haben sich entsprechend stark bezüglich Körperform und auch anderen Eigenschaften auseinanderentwickelt. Ihre Lebensräume, Verhalten, Freßgewohnheiten und ihre Fortpflanzungsweisen unterscheiden sich ebenso wie ihre Morphologie (HALSTEAD, 1978).
Erwähnenswert ist, daß im Zusammenhang mit Rotalgenblüten (Gymnodinium breve) in bestimmten Gegenden in Florida Fischsterben beobachtet wurde (McFARREN et al., 1965).

Giftwirkung:

Bei Versuchstieren hat man herausgefunden, daß Ciguatoxin leicht aus dem Gastrointestinaltrakt resorbiert wird und in der Leber relativ stabil ist (OGURA et al., 1968).
Ciguatoxin hat einen direkten Effekt auf die peripheren und zentralen Nerven. Es steigert die Permeabilität von Muskel- und Nervenzellmembranen für Natriumionen. Eine Antagonisierung dieser Effekte ist durch Tetrodotoxin und durch Kalziumionen möglich (HASHIMOTO, 1979).
Nach GILLESPIE et al. (1986) ist die Wirkung von Ciguatoxin darin zu sehen, daß es spannungsabhängige Natriumkanäle in der Zellmembran öffnet. Die weite Verbreitung der Natriumkanäle in Nerven und Muskelgewebe erklärt die große Bandbreite der Effekte die beim Menschen durch Ciguatoxin verursacht werden.
Der Tod tritt bei der Ciguatoxinvergiftung dadurch ein, daß die Reizleitung der Nerven am Zwerchfell blockiert wird und deshalb die Atmung ausfällt. Laborversuche mit Säugern ergaben bei

niedrigen Ciguatoxindosen:	leichte Bradykardie und Blutdruckabfall
hohen Ciguatoxindosen:	(i. v. bei künstlich beatmeten Katzen) initiale Bradykardie und Hypotension (cholinergischen Ursprungs) gefolgt von Tachykardie und Hypertension (adrenergen Ursprungs) und eventuell Arrhythmie und Herzversagen

Atropin, Phentolamin, Calzium-Glukonate und Lidocain können die initialen cardiovaskulären Effekte von Ciguatoxin beheben.
Ein Mittel, um den Herzbeschwerden zu begegnen, ist noch nicht bekannt.
Direkte Effekte von Ciguatoxin in Form von Zelldepolarisation auf Herzmuskel, glatte Muskulatur und

Skelettmuskulatur können vollständig durch Tetrodotoxin rückgängig gemacht werden. Tetrodotoxin blockiert die spannungsabhängigen Natriumkanäle.
Symptome mit antichloinergischer Natur sind vorhanden (LANGE, 1987).
Nach JOHNSON et al. (1983) gibt es bestimmte Anticholinesteraseaktivitäten, was sich aus Versuchen an isolierten Kanincheneingeweiden und humanen Erythrozyten ergibt. Dies könnte die Symptome der Bradykardie und der Hypotension gut erklären. Der gesamte Komplex der Toxizität ist jedoch umfangreicher, da bei Ratten die Atemlähmung durch Verabreichung von Atropin oder Pralidoxin nicht behebbar ist. Studien an isolierten Frosch- und Kröten-Nervi ischiadici, die in Lösungen mit Ciguatoxin gehalten werden, ergeben eine partielle Hemmung des Aktionspotentials. Dieser Effekt könnte darauf zurückzuführen sein, daß Ciguatoxin die passive Penetration der Natriumionen durch die Zellwand erhöht. Die ATP abhängige Natrium-Kalium-Pumpe wird, soweit bekannt ist, nicht beeinflußt.
Das Toxin kann die Plazenta durchdringen. In späterem Stadium der Schwangerschaft machen sich bei Feten bizarre Bewegungen bemerkbar. Nach der Geburt ist eine Gesichtslähmung festzustellen (LANGE 1987).

Toxizität:

Die Letaldosis für Mäuse beträgt 0,45 g/kg (GILLESPIE et al., 1986).
Toxizität von anderen isolierten Toxinen von Ciguatoxin-Fischen:
- Ciguaterin: ein wasserlösliches Toxin, verursacht bei Katzen Vomitus, für Menschen und Mäuse ist es ungiftig (HASHIMOTO, 1979);
- Maitotoxin (aus Ctenochaetus striatus isoliert): ein wasserlösliches Toxin, verursacht bei Katzen ebenfalls Vomitus (HASHIMOTO, 1979);
- Scaritoxin (aus Scarus gibbus isoliert): führt nach anfänglichen Ciguaterasymptomen zu einer zweiten Krankheitsphase, die gekennzeichnet ist durch mangelndes **of static and dynamic equilibration**, schwankenden Gang, **dysmetria, persistent resting, and kinetic tremor**. Diese Symptome dauern etwa eine Woche und sind auf eine Störung im Cerebellum zurückzuführen (HASHIMOTO, 1979).

Symptome:

Es gibt beträchtliche individuelle Unterschiede bei den Symptomen. Es ist sehr wahrscheinlich, daß viele Personen ciguatoxinhaltigen Fisch verzehrten, der ihnen wenig oder überhaupt keine Beschwerden verursachte. Ob diese Unterschiede vielleicht genetisch bedingt sind oder auf unterschiedliche Eßgewohnheiten zurückzuführen sind, ist nach LANGE (1987) nicht klar.
Nach HASHIMOTO (1979) spiegeln die unterschiedlichen Symptome die großen Unterschiede bei der Zusammensetzung des Giftes in den Fischen wider.
Nach HOLT et al. (1984) gibt es klare Unterschiede von bestimmten Symptomen, abhängig von der geographischen Region. Eine Erklärung wäre in der unterschiedlichen Reaktionslage der einzelnen Patienen und der Anwesenheit von mehr als einem Toxin oder Metaboliten zu suchen, da in ein und denselben Fisch verschiedene Toxine und toxische Metaboliten gefunden wurden. So gehen nach LANGE (1987) im Südpazifik neurologische Symptome gastrointestinalen voraus, während es auf den Westindischen Inseln umgekehrt ist.
Die Inkubationszeit beträgt bei genügender Giftaufnahme in der Regel 5 Stunden (SUTHERLAND, 1986).
Nach PEARCE et al. (1983) treten bei den meisten Patienten die Symptome innerhalb der ersten 12 Std. auf. Bei 96% seiner Patienten waren die Symptome auf jeden Fall in den ersten 24 Std. vorhanden. Nach LANGE (1987) kann die Zeitspanne der Inkubationszeit von nur wenigen Minuten bis zu zwei Tagen dauern.
Die schlimmsten Symptome zeigen Patienten, die bereits einmal eine Ciguatera-Vergiftung durchgemacht hatten. Dies mag an einer sich entwickelten Empfindlichkeit oder was wahrscheinlicher ist, an einer Akkumulation des Toxins im Organismus liegen (JOHNSON et al., 1983).
Zu den ersten Symptomen, die auftreten, zählen Parästhesien und Empfindungslosigkeit um die Lippen und Zunge und ein prickelndes Gefühl an den distalen Extremitäten (GILLESPIE et al., 1986). Oft sind Parästhesien mit einer Umkehr der Temperaturempfindung verbunden, so daß bei dem Patienten z.B. heiße Getränke als kalt und umgekehrt erkannt werden (SINELL, 1980, GILLESPIE et al., 1986, SUTHERLAND, 1986 ...). Diese Symptome können mehrere Tage, aber auch länger dauern. Bemerkenswert ist auch die Tatsache, daß bei 28% von ehemaligen Vergiftungspatienten in Queensland (Australien) nach Alkoholgenuß erneut Ciguatoxin-Vergiftungserscheinungen auftraten (GILLESPIE et al., 1986).

Nach Pearce et al. (1983) führen alle Aktivitäten, die die Hautdurchblutung erhöhen, zu Pruritus. Deshalb sollten sowohl körperliche Anstrengungen wie auch Alkoholgenuß vermieden werden.
Auch gastrointestinale Symptome treten in der Regel frühzeitig auf. So kommt es zu Nausea, Vomitus, wäßrige Diarrhoe und Schmerzen im Abdomen. Diese Beschwerden lassen aber meist innerhalb von 24 Std. nach (Gillespie et al., 1986).
Manche Patienten entwickeln Arthralgie oder Myalgie und oft kommt es zu einer generalisierten Desquamation (Sutherland, 1986).
Nach Dufva et al. (1976) wurde auch über Oligurie und Haematurie berichtet.
Eventuelle ophthalmologische Befunde sind gekennzeichnet durch: Dilatation der Pupillen, Strabismus, Ptosis, verschwommenes Sehen, Photophobie und sogar vorübergehende Blindheit (Lange, 1987).
Symptome, die Wochen, Monate oder sogar Jahre bestehen bleiben und zu einer erheblichen Beeinträchtigung des Allgemeinbefindens des Patienten führen, sind: Energieverlust, Gelenk- und Muskelschmerzen, Kopfschmerz und Juckreiz. Das Symptom des Juckreizes wird v. a. in Australien beobachtet (Gillespie et al., 1986).
Vogt (1986) beschreibt zwei Fälle, bei denen geringgradiger Pruritus und Temperaturschwankungen noch sechs Wochen später beobachtet wurden.
Symptome einer Ciguatera-Vergiftung können in Zeiten von Streß, Krankheit oder Fehlernährung erneut auftreten (Johnson et al., 1983).
Fieber ist im allgemeinen nicht vorhanden, ansonsten müßte noch eine andere Beeinträchtigung in Betracht gezogen werden (Johnson et al., 1983).
Nach Sutherland (1986) berichten manche Patienten über Zahnschmerzen und Lockerung der Zähne.
Nach Holt et al. (1983) traten bei 46 untersuchten Fällen im Jahre 1982 in Puerto Rico bei 70% der Patienten gastrointestinale Symptome auf. Bei 24% waren sowohl gastrointestinale und neurologische Symptome vorhanden. Die gastrointestinalen Symptome verschwanden innerhalb zwei Tagen, während Arthralgie und Myalgie bis zu sechs Monaten vorhanden waren. Unterschiedliche Häufigkeitsangaben von neurologischen Symptomen in der Literatur sind nach Holt et al. (1983) damit zu erklären, daß es bei den Patienten zu einer subjektiven Beurteilung ihrer Schmerzen kommt, die individuelle Einstufung dieser Schmerzen sehr groß ist und die Empfindlichkeit auf Ciguatoxin stark variiert. Eher noch wahrscheinlich ist aber, daß die Unterschiede in erster Linie auf verschiedenen Giften beruhen.
Cardiovaskuläre Symptome sind selten. In akuten Fällen wurde Bradykardie und Blutdruckabfall beobachtet (Gillespie et al., 1986, Johnson et al., 1983).
Todesfälle sind selten. Ein einziger Fall in Australien, der auf eine Ciguatera-Vergiftung zurückzuführen ist, wird von Noel et al. genannt. Nach Johnson et al. (1983) scheinen die wenigen Todesfälle auf Koma, Krämpfe und Atemdepression zurückzuführen zu sein.
Die Mortalitätsrate beträgt 1 pro 1000 (Lange, 1987) und ist dann entweder auf Atemstillstand oder hypovolämischen Schock zurückzuführen.
Nach einer Intoxikation wird keine Immunität ausgebildet. Im Gegenteil berichtet man von Fällen, bei denen nach einer überstandenen Intoxikation mit Ciguatoxin nach wiederholtem Fischgenuß typische Symptome einer erneuten Ciguatera-Vergiftung auftraten, im Gegensatz zu Personen, die bisher noch keine Intoxikation hatten und die nach Genuß desselben Fisches keinerlei Reaktionen zeigten. Personen, die bereits eine Ciguatera-Vergiftung hinter sich hatten, berichteten, daß nach Genuß von Fisch, welcher normalerweise keine Ciguatera-Vergiftung verursacht, sie plötzliche und heftige Symptome zeigten, die an und für sich typisch für eine allergische Antwort sind (Noel et al.).
Bagnis (in Hashimoto, 1979) teilt die Symptome in 4 Gruppen auf:
1) gastrointestinale Symptome, wie Vomitus und Diarrhoe
2) cardiovasculäre Störungen, Hypotension und Bradykardie
3) neurologische Erscheinungen, wie gestörtes Sensorium und Myosis
4) und andere Symptome wie Asthenie und Arthralgie
Weiterhin stellte er fest, daß gastrointestinale Symptome üblich sind bei Vergiftungen, die durch herbivore Fische, während kardiovasculäre und andere Beschwerden vorzugsweise bei Vergiftungen mit carnivoren Fischen vorkommen.

Nachweis:

DC, GC.
Der Nachweis kann mit dem Tierversuch geführt werden.
Im allgemeinen wurden bisher Mäuse aufgrund ihrer Wirtschaftlichkeit dazu verwendet. Auch Katzen, Mungos, Tauben, Hühner und Flußkrebse eignen sich zum Toxinnnachweis. Katzen reagieren außergewöhnlich empfindlich auf Ciguatoxin. Sie haben allerdings den Nachteil, daß sie bei oralen Tests leicht zu Erbrechen des ciguatoxinhaltigen Testmaterials neigen. Ein Fütterungstest mit Mungos als Screeningtest und ein Mäusetest, bei dem das Testmaterial injiziert wird, scheint zur Giftanalyse am erfolgversprechendsten zu sein. Der isolierte Nervus ischiadicus vom Frosch hat sich ebenfalls für den Bioassay bewährt (Hashimoto, 1979).
Nach Ogura et al. (1968) ist der Flußkrebs zwanzigmal empfindlicher als die Maus.
Inzwischen wurde auch ein Radioimmunoassay entwickelt (Johnson et al., 1983).
Zur Zeit stehen jedoch keine geeigneten Nachweismethoden für die Praxis zur Verfügung. Durch das Toxin sind die organoleptischen Eigenschaften des Fisches nicht beeinträchtigt und können deshalb als Hinweis auf Giftigkeit nicht herangezogen werden (Gillespie et al., 1986, Johnson et al., 1983).

Diagnose:

Richtlinien und Leitsymptome für die Diagnose (Center for Disease Control, 1979):
a) Klinik:
- Inkubationszeit 1–36 h, gewöhnlich 2–8 h
- klinische Symptome vergleichbar mit Ciguatera, gewöhnlich folgen initialen gastrointestinalen Symptomen trockener Mund, Parästhesie von Lippen, Zunge, Rachen oder Extremitäten. Typisch ist das Gefühl, daß sich die Zähne lockern, in Verbindung mit Zahnschmerz und paradoxem Temperaturempfinden.

b) Labortechnische und/oder epidemiologische Kriterien:
- Nachweis von Ciguatoxin in der Fischprobe oder
- Untersuchung, ob verzehrter Fisch als Ciguatoxinträger in Frage kommt.

Differentialdiagnose:

Differentialdiagnostisch sind auszuschließen (Johnson et al., 1983):
- Saxitoxinvergiftung, da sie ebenfalls mit Dysesthesie, Übelkeit, Erbrechen und Durchfall einhergeht. Allerdings findet man die Dinoflagellaten, die für Saxitoxin verantwortlich sind, in Gewässern von Gegenden oberhalb des 30. Breitengrad nördlich und unterhalb des 30. Breitengrad südlich.
- Botulismus Typ E, der sich zunächst auch durch gastrointestinale, gefolgt von neurologischen Symptomen äußern kann. Botulismus steht aber v.a. mit dem Verzehr von geräucherten Fisch in Zusammenhang. Er ist häufig in Alaska und den Great Lakes zu finden.
- Kugelfischvergiftung durch Tetrodotoxin, die häufig mit gastrointestinalen und neurologischen Symptomen einhergeht, aber fast ausschließlich in Japan zu beobachten ist.

Therapie:

Die einzige spezifische Therapie besteht in der sofortigen Giftentfernung (Erbrechen, Magenspülung) bzw. Giftbindung (10 g Medizinalkohle).
Bei andauerndem Erbrechen und Durchfall ist Triflupromazin angezeigt. Bei Bradykardie und Hypotension kann die Gabe von Plasmaexpandern und Atropin indiziert sein. Wichtig ist, daß in der Rekonvaleszenz weder Alkohol getrunken noch Fisch verzehrt werden, da diese zu erneuten Symptomen führen können.
Magnesium- oder Kalziumsalze und Atropin werden von Hashimoto (1979) empfohlen.
Bei cholinergischen Symptomen wird Atropin empfohlen, allerdings kann es nachteilig sein, weil es die Sekretion einschränkt. Auch Kalziumglukonat, Pralidoximchlorid und Pyridoxinhydrochlorid (Vitamin B 6) wurden versucht (Johnson et al., 1983).
Obidoxim soll die cholinesteraseinhibitorischen Effekte von Ciguatoxin beheben (Pearce et al., 1983).
Indomethacin therapiert die Myalgie (Pearce et al., 1983).
Diazepam wurde zur Behandlung von Angst und neurologischen Effekten verabreicht (Holt et al., 1984).

Nach LANGE (1987) kommen bei der Therapie zum Einsatz: Atropin, Calciumgluconat, Obidoximchlorid, Pyridoxinhydrochlorid und Glucocorticoide; die Wirksamkeit ist nicht bestätigt. Amitriptylin kann zu einer deutlichen Besserung des Pruritus und der Dysesthesie führen. Eine Dosierung von 25 mg zweimal täglich wird vorgeschlagen.
Nach DUFVA et al. (1976) kam es nach Einsatz von PAM (Pyridiniumaldoxime methiodide) fast zu einem Todesfall.
Eingeborene in New Caledonia benützen die Blätter von Duboisia myoporoides als Antidot gegen Ciguateravergiftung. Analysen ergaben die Bestandteile Nikotin, Nornikotin, Atropin und Scopolamin (DUFVA et al., 1976).
Eventuell ist eine Intensivtherapie mit künstlicher Beatmung und Schocktherapie erforderlich.

Prophylaxe:

Da keine äußerlichen Merkmale eines Fisches einen eventuellen Ciguatoxinträger erkennbar machen, sollen bestimmte Verhaltensweisen eingehalten werden (Touristen).
Als prophylaktische Maßnahmen empfiehlt HALSTEAD (1978):
- Keine Eingeweide und keinen Rogen von tropischen Meeresfischen essen.
- Ungewöhnlich große Raubfische sollten nicht als Nahrungsmittel hergenommen werden, v. a. während der Laichzeit.
- Kochmaßnahmen, wie backen, grillen, kochen etc., haben keine Wirkung auf die Toxizität.
- Bei wasserlöslichen Toxinkomponenten kann ein mehrmaliges Wechseln des Kochwassers den Toxingehalt verringern; ist keine Kochmöglichkeit vorhanden, soll der in Streifen geschnittene Fisch in ein mehrmals gewechseltes Salzwasser eingeweicht und anschließend gut ausgedrückt werden;
  beide Maßnahmen sollten nur im Notfall angewendet werden, da sie keinerlei Sicherheit vor einer Intoxikation gewähren.
- Tropische Muränen sollten niemals gegessen werden, da einige Spezies hochtoxisch sind und schwere Krämpfe verursachen und zum Tode führen.
- Wenn möglich, sollte der Fang von Fischen nahe von Riffen und Laguneneingängen vermieden werden; sicherer sind solche Fische aus dem offenen Meer.

Nach LANGE (1987) sollen Fische, die schwerer als 1,35–2,25 kg sind, nicht gegessen werden.

Fische, ichthyoo-toxisch

Vorkommen:

Sowohl im Meer als auch im Süßwasser. Praktisch ubiquitär. Sehr häufig handelt es sich hier um begehrte Speisefische.

Toxine:

Ichthyocrinotoxin (Schleimdrüsensekret); Ichthyootoxin (Gonaden und Rogen) – wahrscheinlich Lipoprotein; Ichthyohämotoxin – evtl. Geschlechtshormon oder hämolytisch wirksames Protein; Clupeotoxin; Umweltgifte, die im Fisch abgelagert werden.

Vergiftungsweg:

Peroral.

Giftwirkung:

Neurotoxisch; hämatotoxisch; myotoxisch.

Symptome:

Die Symptome unterscheiden sich je nach aufgenommenem Gift, gehen jedoch meist mit Übelkeit, Erbrechen, Magen-Darm-Beschwerden und Diarrhoe einher. Häufig sind Lähmungserscheinungen. Tödliche Fälle sind bekannt.

Nachweis:

DC; GC; Identifizierung des Tieres.

Therapie:

Je nach Krankheitsbild Magenspülung, Gabe von Adsorbentien, wie z. B. Kohle-Pulvis-Köhler®; Schockbekämpfung; Elektrolytersatz; evtl. Beatmung.

Besonders zu beachten:

Sorgfältige Zubereitung. Roher Fisch soll nicht verzehrt werden. Verzicht auf die erwähnten Arten zu bestimmten Jahreszeiten.

Tab. 1: Die wichtigsten Giftvertreter der ichthyoo-toxischen Fische

Name	Vorkommen	Toxin	Giftort	Symptome	Behandlung	Prophylaxe
Heringe (Clupeidae)	ubiquitär, besonders häufig in tropischen Regionen	Clupeotoxin	Geschlechtsorgane	schnelles Absinken der Körpertemperatur, Muskelkrämpfe besonders der unteren Gliedmaßen, Dauererbrechen und Kopfschmerz, Zwerchfellähmung, Tod durch Atemlähmung	je nach Symptom, Möglichkeit der künstlichen Beatmung muß gegeben sein	gründliches Ausweiden, Waschen in starker Salzlösung
Süßwasserbarsche (Percidae) Zackenbarsche (Serranidae) Seeskorpione (Cattidae) Knurrhähne (Triglidae) Seeteufel (Lophiidae) Krötenfische (Antenariidae)	ubiquitär	Crinotoxin	Schleimdrüsen an der Außenhaut des Tieres	Übelkeit, Erbrechen, Darmbeschwerden, Atembeschwerden	je nach Symptom, meist jedoch nicht nötig, da die Giftwirkung sehr kurz ist	gründliche Reinigung der Haut, Braten oder Kochen der Fische; auf keinen Fall roh verzehren
Aale (Anguilla anguilla) Meeraal (Conger-conger) Muräne (Muraena helena)	ubiquitär	Ichthyoo-Hämotoxin	im Blut, in den Gonaden, der Leber und in geringen Mengen im Fleisch; je näher der Laichtermin, desto giftiger ist das Tier	blutige Diarrhoe, Hautausschläge, Muskellähmung, Arrhythmie, Atemnot, Zyanose	kein spezifisches Gegenmittel bekannt	Verzicht auf den Genuß der Tiere im Frühjahr. Bei Zubereitung Entfernung von Leber und Gonaden.
Hecht, Brachse, Barbe, Karpfen, Barsch, Wels, Schleie, Lachs, Stör	Süßwasser	Ichthyoo-Toxin	Gonaden, Rogen, Milch; geringe Mengen in Muskelfleisch	Leibschmerzen, Kopfschmerzen, bitterer Geschmack auf der Zunge, Fieber, Krämpfe, Zyanose	Magenspülung, Adsorbentien, Schockprophylaxe	Verzicht auf den Genuß während der Fortpflanzungszeit von März bis Juni

Fische, scombro-toxisch

Toxin:

Beschaffenheit:

Scombrotoxin ist eine toxische Substanz, die in unsachgemäß haltbar gemachten Seefischen, insbesondere in Fischen der Familie der Scomberesocidae und Scombridae (Makrelen- und Thunfischartige) mit dunklem Fleisch gefunden wird. Die genaue chemische Zusammensetzung des Scombrotoxins ist unbekannt, es wird aber angenommen, daß es ein Komplex ist, der sich aus verschiedenen Substanzen u. a. Histamin, Saurin, zusammensetzt (Halstead, 1978).
Die früher angenommene Meinung, daß Histamin die alleinige Ursache ist, wird von mehreren Autoren bezweifelt. Nach Hobbs (1983) kann die große Variation der klinischen Symptome als Beweis dafür gelten, daß mehr als ein Toxin beteiligt ist. Auch zieht er in Betracht, daß das „Toxin" ein Aminooxidaseinhibitor sein könnte, welcher den normalen Metabolismus von Histamin im Darm verhindert und somit Histamin im Verdauungstrakt angereichert und resorbiert wird. Ebenso könnte es sich (Hobbs, 1983) um eine unbekannte Verbindung handeln, die in den Kreislauf gelangt und dadurch die Ausschüttung von Histamin im Körper bewirkt. Eine andere Theorie von Hobbs zeigt die Möglichkeit auf, daß die unmittelbaren Symptome im Kopfbereich (Gesichtsausschlag, Anschwellen des Gesichtes, brennendes Gefühl im Mund) auf die Resorption von Histamin in der Mundschleimhaut, die gastrointestinalen Symptome aber auf eine andere Verbindung zurückzuführen sind.
Fest steht, daß Fälle von Scombrotoxismus bekannt wurden, bei denen in dem verdächtigten Fisch keinerlei Histamin nachgewiesen wurde (Hobbs, 1983, und Sinell, 1980).
Durch Versuche hat man herausgefunden, daß die orale Verabreichung von großen Histaminmengen, wie sie z. B. in verdorbenen Fisch vorkommen, für die meisten Säugetiere, einschließlich des Menschen, keine Vergiftungserscheinungen zeigt. Dies läßt den Schluß zu, daß es sich bei Scombrotoxin nicht um Histamin allein, sondern um einen Komplex von Substanzen handelt, der Histamin, Saurin und möglicherweise noch nicht identifizierte toxische Produkte enthält, die durch bakterielle Aktivität im dunklen Fischfleisch entstehen (Halstead, 1978).
Wenn Histamin nicht als alleinige toxische Substanz betrachtet wird, so sind sich die meisten Autoren jedoch einig, daß der Hauptfaktor das Histamin darstellt, so daß manche Autoren auch von einer Histaminvergiftung sprechen (Askar et al.).
Das in der Fischmuskulatur vorkommende Histidin kann durch bestimmte Bakterien in Histamin umgewandelt werden. Die Aufnahme des toxischen Materials bewirkt eine allergieähnliche Reaktion (Halstead, 1978).
Diese Erkrankung ist die einzig bekannte Form einer Vergiftung durch Fischfleisch, welche durch bakterielle Verderbnis entsteht (Gilbert, 1983).

Vorkommen:

Japanische Wissenschaftler haben als erste die Histaminvergiftung als solche erkannt. Die Histaminvergiftung stellt ein weltweites Problem dar, v. a. in Ländern, in denen bestimmte Arten von Fisch recht häufig gegessen werden.
So wurden in Japan zwischen den Jahren 1951 und 1954 mindestens 14 Fälle beobachtet. Es waren 1215 Personen betroffen. Todesfälle wurden nicht verzeichnet (Halstead, 1978).
The Center for Disease Control (1979) registrierte 1978 30 Fälle.
Zwischen 1976 und 1980 kam es in England zu 79 Fällen mit 276 erkrankten Personen, wobei 66% der Ausbrüche durch geräucherte Makrelen verursacht wurden (Gilbert, 1983).
In den Jahren 1981–82 konnten in England und Wales 51 Vorfälle von Scombrotoxismus verzeichnet werden.

Bildung von Histamin:

Fische sind leicht verderbliche Nahrungsmittel. Werden sie nach dem Fang längere Zeit höheren Außentemperaturen ausgesetzt, so kommt es zu einer Zersetzung des Fleisches. Es handelt sich überwiegend um eine Eiweißzersetzung, die durch Enzyme des Fischfleisches selbst und in erster Linie durch Bakterien erfolgt (Askar et al.). Der schnelle Befall des Fischfleisches mit Mikroorganismen bzw. die schnelle Zersetzung hat seinen Grund in dem großen Wasserreichtum des Fischfleisches, der das Eindringen und das Wachstum der Keime erleichtert. Die Haut des Fisches ist an der Luft nicht nur wenig widerstandsfähig gegen Erreger, sondern häufig ein guter Nährboden.
In sich zersetzendem Fisch findet sich ein steigender Gehalt an verschiedenen biogenen Aminen. Dies sind in erster Linie: Histamin, Trimethylamin, Methyl- und Dimethylamin, Cadaverin, Putrescin, Spermin, Tyramin, Phenylethylamin (Askar et al.).
Die Bildung von Histamin und auch anderen Aminen ist an das Vorhandensein von freiem Histidin und an eine bakterielle Decarboxilierung v. a. von L-(+)-Histidin gebunden. Autolytische oder bakterielle Proteolyse spielen wahrscheinlich bei der Freisetzung von Histidin aus Gewebsprotein eine Rolle (Taylor, 1986).
Die Decarboxylasen sind in Fischfleisch und in den Mikroorganismen vorhanden. V.a. bei Bakterien zeigen die Decarboxylasen eine erhebliche Aktivität (Askar, 1984).
Zu den aktiven Histaminbildnern gehören: Proteus morganii, Aerobacter aerogenes, Proteus mirabilis, Proteus retgeri und Klebsiella pneumoniae (Behling, 1982). Nach Kimata (1983) gehören sie zur normalen Oberflächenmikroflora der Fische und der Anteil dieser Bakterien macht beim frischen Fisch nur 0,1–1% der gesamten Mikroflora aus.
Nach Taylor (1986) sind histaminproduzierende Bakterien zwar aus den Haut, Kiemen, Darm und Muskeln von verdorbenen Fischen isoliert worden, gehören aber nicht zur normalen Mikroflora von frisch gefangenem Fisch, sondern sind durch Kontamination nach dem Fangen zu finden. Die Mikroflora von Fischen entspricht normalerweise der Mikroflora ihres marinen Lebensraumes. Dazu gehören unter anderem Pseudomonas, Achromobacter, Flavobacterium, Vibrio, Micrococcus, Bacilus und coryneforme Keime. Enterobacteriaceae werden selten, Cl.perfringens werden gelegentlich gefunden (Taylor, 1986).
P. morganii, K. pneumoniae und Hafnia alvei sind die einzigen histaminbildenden Bakterien, die tatsächlich aus Fischproben, die an Vergiftungsfällen beteiligt waren, isoliert wurden (Taylor, 1986). Bei Proteus morganii scheinen alle Arten eine Histidindecarboxylase zu besitzen, während dies z.B. bei Klebsiella pneumoniae und Lactobacillus buchneri nur bei einigen Arten der Fall ist (Taylor, 1986).
Nach Askar (1984) können an der Histaminbildung außerdem beteiligt sein: Escherichia freudii, E. coli; von getesteten Salmonella-Stämmen besitzen 50% eine aktive Histidin-Decarboxylase.
Am meisten sind nach Russell et al. (1986) beteiligt: Proteus sp., Clostridium sp., Escherichia sp., Salmonella sp. und Shigella sp.

Einflußgrößen auf die Histaminbildung:

Die Menge der sich bildenden Aminmengen ist größtenteils abhängig von der Lagerungszeit und der Lagerungstemperatur.
Der Einfluß dieser zwei Faktoren auf den Histamingehalt von Meerestieren wurde von Edmunds (1975) untersucht: Der Histamingehalt ist in ppm angegeben.

Tab. 1: Histamingehalt in ppm in Fischen in Abhängigkeit von Lagerungszeit und -temperatur (Edmunds, 1975)

Fischart	Lagerungszeit in Tagen					
	bei 4 °C			bei 24 °C		
	0	7	14	0	1	2
Spanish makerel	0,32	0,65	0,60	0,73	17,77	237,97
Speckled trout	0,08	0,19	0,90	0,17	2,13	1,67
Common mullet	0,19	0,26	0,67	0,23	24,70	27,13
White shrimp	0,22	0,52	0,96	0,40	0,63	0,37
Channel catfish	0,15	0,46	1,74	0,10	3,23	1,80

Nach TAYLOR (1986) sind meist solche Fische in eine Histaminvergiftung verwickelt, deren Lebensraum sich in wärmeren Gewässern befindet. Oft verbleiben die Fische nach dem Fang noch längere Zeit in dem warmen Gewässer, bis sie dann an Bord gebracht werden. Auch hier kann die Kühlmöglichkeit auf primitiv ausgerüsteten Schiffen, wie sie in manchen Ländern noch vorkommen, ungenügend sein. Diese Voraussetzungen sind ideal für die Vermehrung der Bakterien, da die meisten der histaminbildenden Bakterien mesophil sind. Es wurden aber auch psychrophile Histaminbilder isoliert.
Untersuchungen über Wachstumsverhalten von histaminbildenden Bakterien bei unterschiedlichen Temperaturen haben bei verschiedenen Autoren zu uneinheitlichen Ergebnissen geführt. Eine Erklärung dafür findet TAYLOR (1986) darin, daß der im Ausgangsmaterial befindliche Bakterientyp und Bakteriengehalt unterschiedlich waren. Histaminproduzierende Bakterien können in zwei Kategorien eingeteilt werden:

- Bakterien, die große Mengen an Histamin produzieren, wie Proteus morganii, K. pneumoniae und E. aerogenes und
- Bakterien, die geringe Mengen an Histamin produzieren, wie Hafnia alvei, Citrobacter freundii und Escherichia coli

Tab. 2: Der Gehalt von Histamin, Cadaverin und Tyramin in Fischen in ppm (PECHANEK et al., 1980)

		Histamin	Cadaverin	Tyramin
Heringe	Vollkonserve	2,24	6,21	1,85
Heringe	mariniert	3,04	5,80	2,18
Makrele	Vollkonserve	6,11	4,00	1,85
Makrele	tiefgefroren	0,10	< 0,05	< 0,10
Makrele	geräuchert	576,00	141,00	24,86
Thunfisch	Vollkonserve	79,00	94,00	2,30
Sardellen	Vollkonserve	176,00	52,50	58,70

Untersuchungen haben ergeben, daß Fischarten mit dunklem Fleisch (Makrele) immer Histamin enthalten, zumindest in kleineren Mengen von etwa 20–30 ppm (ASKAR, 1984, und WURZIGER et al., 1978). In Fischen mit hellem Fleisch liegt der Histamingehalt unter 1 ppm. In Fischprodukten kommen relativ höhere Werte vor, insbesondere in Marinaden (ASKAR, 1984).

Biogene Amine als Frischekriterium von Fischen:

Biogene Amine sind oft als Zeichen einer Qualitätsverminderung bzw. Genußuntauglichkeit anzusehen (ASKAR, 1984; HALSTEAD, 1978). Insbesondere Histamin, Tyramin und Cadaverin können zur Beurteilung herangezogen werden, wobei stark erhöhte Histaminwerte auch in solchem Fleisch nachgewiesen werden können, bei dem weder geruchliche noch geschmackliche Veränderungen wahrnehmbar sind (ASKAR, 1984).
Nach HALSTEAD (1978) kann scombrotoxinhaltiges Fischfleisch häufig sofort an einem scharfen oder „pfeffrigen“ Geschmack festgestellt werden.
KARMAS (1981) bestimmt den Frischegrad durch den sogenannten „Biogenic Amine Index (BAI)“.
BAI = (Histamin + Putrescin + Cadaverin): (1 + Spermin + Spermidin)
Werte von mehr als 10 bedeuten eine Qualitätsverminderung.
Während des Fischverderbs nimmt der Gehalt an Histamin, Putrescin und Cadaverin zu, während der Gehalt an Spermin und Spermidin abnimmt (KARMAS, 1981).
Auch Trimethylamin ist ein Indikator für den Frischegrad. Es ist für den unangenehmen Geruch von verdorbenen Fisch verantwortlich. Im fangfrischen Fisch liegt der Gehalt an Trimethylamin unter 1–2 mg/100 g Fisch. Er steigt langsam an und erreicht dann schnell höhere Werte. Die empfohlenen Grenzwerte liegen zwischen 5 und 15 mg/100 g Fisch (ASKAR et al.).

Wirkungscharakter:

Aufgaben von Histamin:

Endogenes Histamin spielt eine wichtige Rolle in einer Reihe von physiologischen und pathologischen Vorgängen, z.B. bei Vasodilatation, Anaphylaxie, Magensäureproduktion etc. (TAYLOR, 1986).

In geringen physiologischen Dosen ist Histamin eine lebensnotwendige Substanz. Steigt die Menge über den physiologischen Bedarf, kommen seine toxischen Effekte zur Wirkung (Taylor, 1986).

Metabolismus:

Eine physiologische Inaktivierung des Histamins erfolgt
a) v. a. durch Desaminierung über die Diaminoxydase oder die Mono-aminoxydase, wobei Imidazolessigsäure entsteht,
b) oder durch N-Methylierung durch eine spezifische Histamin-N-Methyltransferase, wobei 1-Methylhistamin entsteht, welches weiter abgebaut wird, außerdem auch
c) durch N-Acetylierung
d) N-Mono-Methylierung
e) N-Dimethylierung (Askar, 1984)

Vom Organismus werden nur etwa 60% des aufgenommenen Histamins resorbiert. Beim Durchtritt durch die Darmschleimhaut erfolgt eine weitgehende Entgiftung v. a. durch Acetylierung, aber auch durch oxydative Desaminierung (Askar, 1984).

Eigenschaften und Wirkung des Histamins:

Histamin: $C_5H_9N_3$

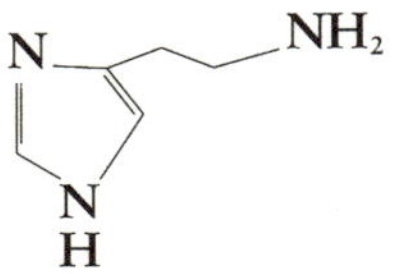

4-(2-aminoethyl) imidazol
Histamin ist hitzestabil, deshalb können auch Vergiftungen nach Genuß von wärmebehandelten Fischkonserven entstehen, wenn das Konservierungsgut bereits vorher mit Bakterien verunreinigt war (Askar, 1984).
Es entsteht durch Dekarboxilierung der freien Aminosäure Histidin. Histamin ist löslich in Wasser, Alkohol und heißem Chloroform, aber nur leicht löslich in Ether (Stecher, 1960).
Endogenes Histamin wird in Mastzellen und basophilen Granulozyten gebildet und gespeichert. Eine Speicherung findet wahrscheinlich auch in anderen Zellen statt (Taylor, 1986).
Nach Halstead (1978) ist Histamin ein normaler Bestandteil von Geweben. Der Gehalt ist allgemein hoch in der Lunge und in der Haut, aber niedrig in der Muskulatur der meisten Tiere.
Histamin reagiert sowohl mit H1 als auch mit H2-Rezeptoren.
Die Resorption toxischer Histamindosen im Verdauungstrakt kann an den verschiedenen Organsystemen im menschlichen Organismus eine Antwort bewirken (Taylor, 1986):
a) kardiovaskuläres System
- Dilatation periphere Blutgefäße und Kapillaren (H1 und H2 Rezeptoren)
- Dilatation von Arterien (v. a. H2-Rezeptoren)
  daraus resultieren die Symptome Blutdruckabfall, Erröten und Kopfweh
- Erhöhung der Permeabilität der Kapillaren (H1 und H2 Rezeptoren) mit Verlust von Plasma ins umliegende Gewebe
  daraus resultieren die Symptome Ödeme und Urtikaria, außerdem entsteht Hämokonzentration und Erhöhung der Blutviskosität
- Zunahme der Frequenz und der Kontaktilität am Herz (H2 Rezeptoren)
  daraus resultiert wahrscheinlich das Herzklopfen

b) glatte extravaskuläre Muskulatur
- Kontraktion der Darmmuskulatur (v. a. H1 Rezeptoren)
  daraus resultieren Bauchkrämpfe, Diarrhoe und Vomitus

c) Nervensystem
- Stimulierung von sensorischen und motorischen Neuronen (H1 Rezeptoren)
  daraus resultieren wahrscheinlich die Schmerzen und der Juckreiz, die als Begleiterscheinung bei Urtikaria auftreten

Toxizität:

Nach Stecher (1960) beträgt die LD_{50} für Histamin bei i. p. Injektion bei Mäusen 13 g/kg.
Simidu und Hibiki (1955 in Halstead, 1978) berichten, daß eine Vergiftung mit scombrotoxinhaltigen Fischen ab einer Histaminmenge von ca. 100 mg/100 g Fischmuskel beim Menschen zu erwarten ist.
Histaminwerte bis zur 100 mg freier Base/100 g Fisch werden häufig bei Vergiftungsfällen beobachtet (Russel et al., 1986).
Die gesamte Histaminaufnahme beträgt in Westeuropa pro Person bei einer Mahlzeit meist weniger als 4 mg (Askar, 1984).
Histaminmengen von
8– 40 mg führten zu leichter Vergiftung
70–1000 mg führten zu mittlerer Vergiftung
1500–4000 mg führten zu schwerer Vergiftung
Bei Magenkranken liegen die Werte erheblich niedriger. Bei gleichzeitiger Aufnahme von Histamin, Putrescin und Cadaverin wird die Toxizität von Histamin verstärkt (Askar, 1984).
Ob die Konzentration anderer biogener Amine in verdorbenem Fisch allerdings ausreicht, um die Toxizität von Histamin zu erhöhen, ist nach Taylor (1986) nicht erwiesen.
Eine theoretische Möglichkeit, die Toxizität von Histamin durch andere biogene Amine zu erhöhen, bestünde in
a) der Hemmung von histaminmetabolisierenden Enzymen
b) der Beeinflussung der Schutzfunktion von Mucin, welches Histamin bindet (Taylor, 1986).
Die Anwesenheit von Verstärkern könnte die Schwelle der toxischen Dosis von Histamin erniedrigen. Die Dosis wäre dann abhängig von der Art des Nahrungsmittels, vom Gehalt des Verstärkers und von der Art der Verstärker (Taylor, 1986). Die Art und die Menge an Verstärker wäre wiederum abhängig von verschiedenen Faktoren, wie z. B. Zusammensetzung der Mikroflora und deren metabolischen Fähigkeit, der natürlichen Zusammensetzung des Nahrungsmittels und dem Verderbnisgrad.
Geiger (1955) ist der Ansicht, wenn Histamin der alleinige Verursacher von Scobrotoxismus ist, dann muß entweder seine Entgiftung im Organismus gestört sein oder bestimmte Voraussetzungen im Magen-Darm-Trakt führen zu einer beschleunigten Resorption von Histamin, so daß der Entgiftungsprozeß nicht mit der raschen Aufnahme in den Blutkreislauf standhalten kann.
Normalerweise ist die Anwesenheit von Histamin in der Nahrung ohne große Bedeutung für den Organismus, da nur geringe Mengen im Verdauungstrakt resorbiert werden. Gelegentlich jedoch können Histamine aus Nahrungsmitteln die Darmbarriere durchbrechen und wenn genügend Histamin in die Blutbahn gelangt, kommt es zu einer Vergiftung (Taylor, 1986).
Die Toxizität von Histamin soll ebenfalls durch Histaminphosphat, auch als Saurin bezeichnet, verstärkt werden (Askar et al.). Taylor (1986) betrachtet Saurin als ein Artefact, welches bei der Bearbeitung des Untersuchungsmaterial entsteht.
Auch die zusätzliche Aufnahme von Alkohol oder bestimmter Medikamente steigert die Toxizität (Askar, 1984).
Der Grund für eine individuell verschiedene Empfindlichkeit ist der unterschiedliche Aminoxydasespiegel im Darm (Askar, 1984).

Nachweis:

Zur Bestimmung des Histamingehalts im Fisch werden vereinfachte und schnelle Methoden angewandt (Askar, 1984):
a) Extraktion und Dünnschichtchromatographie
b) Dünnschichtelektrophorese
c) Fluorimetrisch nach einer Reaktion mit o-Phthalaldehyden
Nach Taylor (1986) gibt es auch einige enzymatische Bestimmungsmethoden, die sich aber in der Praxis nicht durchgesetzt haben.

Diagnose:

Richtlinien und Leitsymptome (Center for Disease Control, 1979):
a) Klinik
- Inkubationszeit 1 min–3 h, gewöhnlich weniger als 1 h
- klinische Symptome ähneln einer Histaminvergiftung oft einschließlich Erröten, Kopfweh, Schwindel, Blutdruckanstieg, Brennen von Mund und Rachen, gastrointestinale Symptome, Urtikaria und generalisierter Pruritus

b) Labortechnische und/oder epidemiologische Kriterien
- Nachweis des erhöhten Histaminwertes im noch vorhandenen Nahrungsmittel
- Untersuchung, ob verzehrter Fisch aufgrund seiner Familienzugehörigkeit als Histaminträger in Frage kommen könnte.

Die Diagnose kann nur dann als gesichert gelten, wenn der Histaminnachweis geführt wurde (Askar, 1984 und Taylor, 1986). Wegen der individuellen Empfindlichkeit können daher bereits Histaminmengen ab 8 mg (Askar, 1984) zu leichten Vergiftungserscheinungen führen und somit der Nachweis dieser Mindestmenge beweisend sein.
Bei einem Gruppenausbruch ist die Erkrankungsrate meist 100%. Wird roher Fisch verzehrt, ist die Erkrankungsrate meist kleiner als 100%, da das Histamin in den Fischorganen unterschiedlich verteilt ist. Gewöhnlich ist der Histamingehalt in Geweben, die den Kiemen und dem Darm benachbart sind, höher (Taylor, 1986).

Differentialdiagnose:

Als Differentialdiagnose zur Histaminvergiftung kommt die Nahrungsmittelallergie in Betracht. Auf eine Histaminvergiftung kann geschlossen und diese nach Taylor (1986) leicht gegen die Nahrungsmittelallergie abgegrenzt werden, wenn
a) aus dem Vorbericht keine Allergie gegenüber dem entsprechenden Nahrungsmittel bekannt ist,
b) mehrere Personen von der Erkrankung betroffen sind
c) und ein hoher Gehalt an Histamin in dem verdächtigten Nahrungsmittel vorhanden ist.

Außerdem besteht die Möglichkeit, Allergien durch den fehlenden Nachweis von IgE auszuschließen (Taylor, 1986).
Differentialdiagnostisch ist auch die Ciguatera-Vergiftung zu beachten. Die Histaminvergiftung kann unterschieden werden durch die plötzlich auftretenden Symptome: Erröten, Schweißausbruch und brennendes Gefühl im Mund. Bei Ciguatera-Vergiftung ist die Gabe von Antihistaminika wirkungslos (Gillespie et al., 1986).
Nach Russell et al. (1986) ist eine Nahrungsmittelvergiftung durch Salmonellen in Betracht zu ziehen.

Symptome:

Die Inkubation ist in der Regel sehr kurz. Bereits wenige Minuten, aber auch erst einige Stunden nach Fischgenuß können die ersten Symptome auftreten (Taylor, 1986).
Aufgrund einer individuellen Empfindlichkeit können bei Personen, die die gleiche Menge an Fisch bzw. Histamin aufgenommen haben, die Symptome unterschiedlich stark ablaufen. Gewöhnlich werden milde Verlaufsformen mit einem großen Spektrum an Symptomen beobachtet. Die Symptomatik kann nach Taylor (1986) unterteilt werden in
a) Hautsymptome mit Ausschlag, Urticaria, Ödemen, lokalisierte Rötung,
b) gastrointestinale Symptome mit Nausea, Vomitus, Diarrhoe, Krämpfen,
c) hämodynamisches Symptom mit Blutdruckabfall,
d) neurologische Symptome mit Kopfweh, Herzklopfen, Erröten, Juckreiz, brennendes Gefühl, Prickeln.

Die Symptome können dabei einzeln, in verschiedenen Kombinationen und in seltenen Fällen auch zusammen mit zeitlicher Verschiebung oder gleichzeitig auftreten. In den meisten Fällen klingen die Symptome ohne Behandlung innerhalb der nächsten Stunden ab, seltener bleiben sie einige Tage bestehen (Taylor, 1986).
In schweren Fällen können sich Bronchospasmus, Erstickungsanfälle und Atemnot entwickeln. Die Gefahr eines Schocks ist gegeben. Außerdem können auftreten: Fieber, Schüttelfrost, Tremor, metalliger Geschmack, Zyanosis an Lippen, Gaumen und Zunge (Halstead, 1978). Nach Halstead (1978) können

auch Symptome einer Ciguatera- und Scombrotoxin-Vergiftung zusammen auftreten, wenn beide Toxine in dem verzehrten Fisch vorhanden waren.
Nach RUSSELL et al. (1986) ähneln sich in den meisten Fällen die klinischen Symptome. Sie bestehen aus: Änderung der Geschmacksempfindung (scharfer oder pfeffriger Geschmack), Gefühl der Beklemmung, Hyperämie (besonders im Gesicht und Nacken), Nausea, Pruritus, Kopfweh, Vomitus, Diarrhoe, Schwindel, Schwäche, Tachykardie und in einigen Fällen ernste respiratorische Beschwerden und Schock. Beobachtet wurde auch ein Zusammenhang zwischen der Schwere der Vergiftung und Alkoholgenuß.

Therapie:

Die Symptome verschwinden i.d. Regel ohne Behandlung innerhalb von 8–10 h von selbst (BLAKESLEY, 1983, HALSTEAD, 1978).
Erfolgt eine Behandlung mit Antihistaminika, sind die Symptome innerhalb von 2–3 h verschwunden (BLAKESLEY, 1983).
BLAKESLEY (1983) beschreibt die prompte Wirkung von Cimetidin, einen H2-Antagonisten, bei Vergiftungsfällen. Eine Infusion von 300 mg Cimetidine i.v. über einen Zeitraum von mehreren Minuten bis zu einer halben Stunde läßt die Symptome der Histamineinwirkung noch während der Infusion fast vollständig verschwinden. In der Regel wird eine Therapie nach der Infusion noch oral mit jeweils weiteren 300 mg Cimetidine im Abstand von mehreren Stunden weitergeführt. Ein erneutes Aufflammen der Symptome wird nicht beobachtet.
Nach TAYLOR (1986) ist die beste Therapie die mit Antihistaminika. H1-Antagonisten wie Diphenhydramine oder Chlorphenamine werden gewöhnlich bei der Behandlung einer Histaminvergiftung verabreicht. Auch H1-Antagonisten sind seiner Meinung nach wirkungsvoll.
GOODMAN et al. (1955) empfiehlt Epinephrin, welches die Symptome verhindert oder ihnen entgegenwirkt, wenn es frühzeitig verabreicht wird. Wenn bereits Scombrotoxin absorbiert wurde, muß Antihistamin gegeben werden.
Eine Kombination von Epinephrin, Cortison und i.v. Benadryl soll zu einer schnellen Besserung der Patienten führen. Bei Schockzustand sind entsprechende Antischockmaßnahmen erforderlich (HALSTEAD, 1978).
Nach RUSSELL et al. (1986) sprechen die meisten Patienten auf Antihistaminika an. Empfohlen werden hohe Dosen von H2-Antagonisten (Cimetidin).

Prophylaxe:

Maßnahmen, die Histaminbildung in Grenzen zu halten, sind (ASKAR et al.)
- sorgfältiges Entfernen des Blutes nach dem Fang
- einwandfreie Hygiene
- kühlen (< 7 °C), eineisen bzw. frosten.

Nach HALSTEAD (1978) sollten frisch gefangene Fische entweder sofort verzehrt oder gleich einer Kühlmaßnahme unterzogen werden. Vorsicht ist bei Fischen geboten, deren Kiemen bereits Fäulniserscheinungen zeigen. Diese Fische sollten nicht mehr als Nahrungsmittel verwendet werden.
Auch das Lagern, Frieren, Kochen, Eindosen oder Räuchern verringern kaum die Wahrscheinlichkeit einer Vergiftung (RUSSELL et al., 1986).

Gesetzliche Maßnahmen:

Prophylaktische Maßnahmen zur Verhinderung von Vergiftungen werden durch Festsetzen von Grenzwerten für Histamin getroffen.
Die empfohlenen und gesetzlichen Höchstwerte schwanken dabei zwischen 35 und 300 ppm Histamin (ASKAR et al.).
Nach WURZIGER et al. (1978) eignet sich Frischfleisch mit mehr als 80 ppm Histamin nicht mehr zum Verzehr.
Im Auftrag der FAO/WHO sammelte TAYLOR (1983) die Grenzwerte, die für Histamin in verschiedenen Ländern vorgeschlagen worden waren. Es waren 100 ppm (BRD, Kanada, Finnland, Schweiz) bzw. 200 ppm (ČR, Schweden, USA) (ASKAR et al.).
Der inoffizielle tolerierbare Wert im handelbaren Fisch in den USA beträgt 10 mg/100 g Fisch (RUSSELL et al., 1986).

Fische, tetrodo-toxisch

Vorkommen:

Indopazifik, Japan.

Wichtigste Giftvertreter:

Igelfische (Diodontidae); Sonnenfische (Molidae); Puffer- oder Kugelfische (Tetraodontidae).
Am bekanntesten ist der Fugu, eine Spezies der Gruppe Tetraodontidae, der in Japan als Delikatesse gilt.

Toxine:

Tetrodotoxin – Nicht-Alkaloid und Nicht-Protein-Gift.
Eines der stärksten Nicht-Protein-Gifte.

Vergiftungweg:

Giftaufnahme peroral. Das Gift findet sich besonders in Ovarien, Testes, Leber und Eingeweiden. Geringe Mengen sind in Muskeln und Haut vorhanden.

Giftwirkung:

Neurotoxisch; kardiotoxisch.

Toxizität:

LD_{50} Maus s.c. 8 µg/kg.

Symptome:

Einsetzen der Giftwirkung nach 5–30 Minuten mit Schwäche, Schwindelgefühl, Parästhesien an Lippen, Zunge und Rachen. Ausbreitung auf die Extremitäten. Danach folgt starke Übelkeit ohne Erbrechen. Daran schließt sich ein Blutdruck- und Temperaturabfall sowie Schweißausbrüche und Herzschmerzen an. Präfinal kommt es zu lichtstarren, weiten Pupillen, Atemnot und Zyanose. Der Tod erfolgt durch Atemlähmung in ca. 60% der Vergiftungsfälle.

Nachweis:

DC; GC; Identifizierung des Tieres.

Therapie:

Magenspülung, provoziertes Erbrechen, Medizinalkohle, evtl. Beatmung und Herzmassage.

Besonders zu beachten:

Die Giftigkeit des Tieres ist abhängig vom Fortpflanzungszyklus. Sie ist am höchsten kurz vor der Eiablage in der Zeit vom Mai bis Juli.
Der Fugu darf in Japan nur von speziell ausgebildeten lizenzierten Köchen zubereitet werden. Vom Besitzer eines Fugu-Restaurants muß zu jeder Zeit kurzfristig ein Arzt abberufen werden können. Dennoch gibt es jedes Jahr mehrere tödliche Unfälle.
Zur Zubereitung muß der Fisch im Wasser durchgeknetet werden. Es empfiehlt sich, auch für Hobbyköche, den Fisch nicht selbst zuzubereiten.

Flöhe(Siphonaptera)

Vorkommen:

Weltweit. Es sind ca. 1000 Arten bekannt. Die Larven ernähren sich von abgestorbenen pflanzlichen und tierischen Stoffen, die sie früher zwischen den Holzritzen in Fußböden fanden. In Zeiten von Kunststoff, Stein und versiegeltem Parkett haben sie keine Überlebenschance.

Tab. 1: Die wichtigsten Giftvertreter der Flöhe

Name	Vorkommen	Besonderheiten
Menschenfloh (Pulex irritans)	weltweit	In Nord- und Mitteleuropa sowie in Nordamerika nahezu ausgerottet.
Hundefloh (Ctenocephalides canis)	weltweit	Entgegen der landläufigen Meinung springen sie auch Menschen an. Prophylaxe durch regelmäßige Pflege der Tiere.
Katzenfloh (Ctenocephalides felis)		
Rattenfloh (Xenopsylla cheopsis)	weltweit	In Indien, Südostasien, Südamerika und Afrika als Pestüberträger gefürchtet.

Toxine:

Nicht bekannt.

Vergiftungsweg:

Die Giftübertragung erfolgt durch Biß. Wird das Tier gestört, beißt es direkt neben der ersten Bißstelle wieder zu; daraus erklären sich die in Reihen angeordneten Bißstellen, die meist nur von einem Tier stammen.

Giftwirkung:

Gering neurotoxisch. Übertragung der Pest durch den Rattenfloh.

Symptome:

Juckreiz, Rötung, mäßige Schwellung.

Nachweis:

Identifizierung des Tieres.

Therapie:

Lokale juckreizstillende Maßnahmen.

Besonders zu beachten:

In der Bekämpfung dieser Parasiten stehen hygienische Maßnahmen an erster Stelle.
Die sprichwörtliche Sprungkraft dieser nur ca. 0,2 cm großen Tiere muß erwähnt werden. Sie springen bis zu 30 cm hoch und bis zu 50 cm weit. Rechnet man dies auf einen Menschen von 180 cm Größe um, so müßte dieser 5400 cm hoch und 9000 cm weit springen können.

Giftnattern, Kobras (Elapidae)

Vorkommen:

Afrika, Amerika, Asien und Australien.

Toxine:

Proteine (Bungarotoxin mit 74 Aminosäure-Resten und Cobrotoxin mit 62 Aminosäure-Resten); Taipoxin; Notexin; Phospholipase A; Protease-Inhibitoren.

Vergiftungsweg:

Zwei Giftzähne im Oberkiefer, die keinen Giftkanal, sondern eine Giftrinne haben.

Giftwirkung:

Neurotoxisch; myotoxisch; kardiotoxisch; cytotoxisch.

Symptome:

Schmerz, blau-rote Hautverfärbung, Übelkeit und Erbrechen. Danach folgen Kopfschmerzen, Tenesmen, Schwäche, tachykarde Rhythmusstörungen und Blutdruckabfall; präfinal treten Atemnot und Lähmungserscheinungen auf. Eine Schocksymptomatik kann zu jedem Zeitpunkt auftreten.

Nachweis:

DC; GC; Identifizierung des Tieres.

Therapie:

Beruhigung des Patienten; Schockprophylaxe (die vom Biß betroffenen Gliedmaßen jedoch nicht hochlagern); Abbinden oberhalb der Bißstelle; schnellstmöglicher Transport in die nächste Klinik. Hier Durchführung von Wundreinigung, Schockbehandlung, evtl. Antibiotikaprophylaxe zur Verhinderung von Sekundärinfektionen; Tetanusprophylaxe; evtl. Antiserumgabe; wenn nötig Intubation und Beatmung.

Kasuistik:

1. Fall:*

Ein 55jähriger Tourist verspürte beim Filmen im Unterholz des Akagera-Nationalparks (Ruanda, Ostafrika, 23. Dez. 1991, 16 Uhr), ca. 30 m vom Ufer des Nil entfernt, plötzlich einen leichten Schlag am linken Oberschenkel. Beim Hinsehen erkannte er, daß er auf eine grüne Schlange getreten war, wobei der rechte Fuß noch auf dem hinteren Drittel des Körpers der Schlange stand. Es handelte sich offensichtlich, wie das sich anschließend entwickelnde Vergiftungsbild zeigte, um eine grüne Mamba (Dendroaspis jamesoni kaimosae), die schnell im Gebüsch verschwand, als der Fuß angehoben wurde. Ein solcher Bißunfall ist ein äußerst ungewöhnliches Ereignis, da die Mamba sehr scheu ist.
Der Biß war durch den recht dichten Stoff der Hose erfolgt. Nachdem diese ausgezogen worden war, wurde durch Mitglieder der Reisegruppe das Bein oberhalb der punktförmigen Bißwunde mit einem aus einem Autoschlauch gefertigten Gummistreifen abgebunden. Ein mitreisendes Arztehepaar führte mit einem sterilen Skalpell eine ca. 2 cm lange Inzision durch die Bißstelle aus. Die Wunde wurde durch Pressen zu vermehrtem Blutaustritt angeregt (Versuch, das Gift auf diese Weise auszuschwemmen).
Der Patient wurde in den Landrover getragen und in die nächstgelegene Lodge gefahren, die man nach 10 Minuten erreichte. Der Versuch, von dort Hilfe herbeizurufen, scheiterte, da die Funkanlage zerschossen

* Quelle: Mebs, D.: Giftschlangenbisse – Ein Risiko für Touristen? MMV 13, 6, 60–65 (1994)

war (in Ruanda herrschte Bürgerkrieg). Zu diesem Zeitpunkt klagte der Patient über Taubheit im Mundbereich, seine Zunge sei gefühllos. Nach weiteren 10 Minuten erreichte man eine zweite Lodge, von wo aus ein Hubschrauber geordert wurde. Zwischenzeitlich stellten sich bei dem Patienten Lähmungserscheinungen der Augenlider ein (Ptosis), außerdem traten Sprechschwierigkeiten auf. Der Patient erbrach mehrfach. Die Bißstelle war jedoch weiterhin unauffällig und schmerzfrei.
Der Hubschrauber traf nach ca. einer Stunde ein, der Transport ging über 25 Minuten zu dem ca. 125 km entfernten Krankenhaus der Hauptstadt Kigali, wo der Patient ca. 3 Stunden nach dem Biß eintraf. Der Puls war zu diesem Zeitpunkt verlangsamt, doch gut fühlbar. Der Patient erhielt Glukose-Infusionen und Kortison-Injektionen. Antiserum war im Hospital nicht vorhanden. Der Patient war unruhig, schlief die Nacht über nicht, klagte über Sprechschwierigkeiten und gegen Morgen, ca. 12 Stunden nach dem Biß, über Atembeschwerden, ein Durchatmen sei ihm nicht möglich. Er verspürte starken Harndrang, ein wiederholt auftretendes Druckgefühl im Brustbereich, es traten gehäuft Extrasystolen auf. Ferner wurde ein langanhaltendes Fibrillieren der Beinmuskulatur beobachtet.
Anderntags hatte sich der Allgemeinzustand weiterhin verschlechtert (häufige Zwerchfellkrämpfe, unkontrollierbare Harnabgabe, Schweißausbruch, Blässe). Durch einen belgischen Missionar konnten ca. 22 Stunden nach dem Biß 4 Ampullen (à 10 ml) polyvalentes Antiserum (Pasteur-Antiserum) und durch Vermittlung der deutschen Botschaft 6 Ampullen Behringwerke-Antiserum (polyvalent, Zentralafrika) beschafft werden. Die Antiseren wurden über einen schnell laufenden Tropf infundiert. Komplikationen wie allergische Reaktionen traten weder sofort noch später auf.
Innerhalb der nächsten Stunden besserte sich der Allgemeinzustand des Patienten zusehends. Das Taubheitsgefühl im Mundbereich ging kontinuierlich zurück, Atembeschwerden und Artikulationsschwierigkeiten verschwanden. Anderntags konnte der Patient die Augenlider wieder ohne Einschränkung bewegen. Das EKG zeigte jedoch noch weiterhin Extrasystolen und Arrhythmien (die allerdings auch vor dem Biß hin und wieder aufgetreten waren). Der Bereich um die Bißstelle war während des gesamten Zeitraumes der Vergiftung unauffällig, kaum geschwollen. Hingegen hatten sich Ödeme um die Augen entwickelt.
Nach der Antiserum-Infusion wurde weiterhin Kortison verabreicht. Der Patient fühlte sich drei Tage nach dem Biß noch etwas schwach, er wurde aber aufgrund seines sonst guten Allgemeinzustandes entlassen. Späte Serumreaktionen wie allergische Urtikaria, Juckreiz etc. traten nicht auf, die Inzisionswunde verheilte problemlos.

Besonders zu beachten:

Wie aus den Tabellen hervorgeht, warnen die meisten Tiere dieser Gruppe, bevor sie zustoßen. Grundsätzlich sollten schnelle Bewegungen als Fluchtreaktion vermieden werden. Die Tiere sind kurzfristig sehr schnell (Schwarze Mamba bis 15 km/h).
Wenn ein Biß erfolgt ist, muß, nach Ruhigstellung der Gliedmaßen, Abbindung, Einleitung der Schocktherapie und evtl. Anlegen einer Infusion, schnellstmöglich ein Arzt aufgesucht werden, da die rasche Antiserumgabe lebensrettend sein kann. Die Antiserumgabe durch Laien ist mit erhöhtem Risiko verbunden, kann jedoch manchmal Leben retten. Besonders zu beachten ist hierbei, daß vor Antiserumgabe eine Allergietestung durchgeführt werden muß. Das Antiserum soll immer in die Umgebung des Bisses injiziert werden und die gleiche Menge nochmals i. v. gegeben werden.
Das immer noch in einigen Lehrbüchern auftauchende Aussaugen, Ausbluten, Aufschneiden, die Injektion von Kaliumpermanganat und die gelegentlich empfohlene Fasciotomie sind sinnlos und gefährden den Patienten.
Die Schlangenbeschwörung der Fakire ist völlig harmlos, da diesen Tieren zuvor die Giftzähne ausgebrochen werden.
Vor der Terrarienhaltung giftiger Schlangen muß nachdrücklich gewarnt werden.

Tab. 1: Die wichtigsten Giftvertreter der Giftnattern und Kobras

Name	Vorkommen	Toxin	Giftwirkung	Ejizierte Giftmenge	Mortalität	Symptome	Antiserum	Körper-Länge	Besonderheiten
Westl. Korallenschlange (Micruroides euryxanthes)	Arizona, Texas, Neu-Mexiko, Nord-West-Mexiko	Protein	schwach neurotoxisch		0%	Schmerzen für ca. 6 Std., Parästhesien, Schwäche, Sehstörungen, Übelkeit. Die Beschwerden klingen innerhalb 24 Std. ab	nein	40–50 cm	beißen sehr gerne; greifen ohne Bedrohung an
Östl. Korallenschlange (Micrurus fulvius)	Arkansas, Nord-Carolina, Florida, Texas, Mexiko, Mittel- u. Südamerika bis nördl. Argentinien	Proteine	neurotoxisch; DL-Mensch (75 kg) 30 mg	45 mg	10–20%	Schwellung, Taubheit an der Bißstelle, Erbrechen, Sehstörungen, Reflexveränderung, Krampfneigung, Lähmungserscheinungen, Tod durch Atemlähmung	ja	60–90 cm	beißt sehr gerne, greift ohne Berührung an. Der Biß ist nicht schmerzhaft
M. corallinus M. frontalis M. lemniscatus	Südamerika	Proteine	neurotoxisch			Schmerzhafter Biß, Erbrechen, Sehstörungen, Krampfneigung, Lähmungserscheinungen		50–90 cm	beißen sehr gerne, greifen ohne Bedrohung an
Speikobra (Maja nigricollis)	Afrika, außer Nordafrika	α-Toxin, Naja-Toxin F 14, Naja-cardiotoxin, Proteine	neurotoxisch, kardiotoxisch, cytotoxisch			Schmerz, Nekrosen von Haut- und Unterhaut, Erbrechen, Tachyarrhythmie, Seh- und Sprachstörungen		bis 170 cm	lebt an festem Platz zwischen Felsen oder in Termitenbauten, Nachtjäger; beißt nicht gerne; das Gift wird bis zu 2 m weit gespuckt, zielt auf das Gesicht, kann zu Erblindung führen

Tab. 1: Fortsetzung

Name	Vorkommen	Toxin	Giftwirkung	Ejizierte Giftmenge	Mortalität	Symptome	Antiserum	Körper-Länge	Besonderheiten
Uräusschlange oder ägyptische Kobra (Naja haje)	Ägypten, Arabien, Nordafrika	Proteine, Najatoxin III	neurotoxisch			Erbrechen, Übelkeit, Seh- und Sprachstörungen, Bewußtlosigkeit, Muskellähmungen, evtl. Tod durch Atemlähmung		bis 150 cm	ägyptisches Wappentier zur Zeit der Pharaonen; keine Halszeichnung
Ringhalskobra (Haemachatus haemachatus)	Mittel- und Südafrika	Haemachatustoxin 9 B, 9BB, 11, 11 A und 12 A	cardiotoxisch, cytotoxisch gegen Zellmembran		50%	Schmerzen, Schwellung, Lähmungserscheinungen, Tod durch Herzstillstand tritt rasch ein		bis 150 cm	Lebens- und Verhaltensweise ähnlich der Speikobra
Schwarze Mamba (Dendroaspis polylepsis)	Zentral- und Südafrika	Proteine mit unterschiedl. vielen As-Resten wie D.p.Toxin FS 2, α, μ, δ, V_N2, C	neurotoxisch, z. T. Angusticeps (noch nicht pharmakologisch definiert), DL Mensch (75 kg) 120 mg	1000 mg	100%	Schmerzen, Krampfneigung, Tod durch Atemlähmung in kürzester Zeit	ja; nur wirksam, wenn es sofort nach dem Biß injiziert wird	bis 400 cm	Farbe braun; wenn sie erschreckt wird, richtet sie sich auf und versucht, den Gegner zu vertreiben; das Innere des Rachens ist schwarz (Name); lebt überwiegend auf Bäumen; Biß geht in der Regel in das Gesicht oder den Oberkörper; Nachtjäger; kurzfristig bis 15 km/h schnell

Tab. 1: Fortsetzung

Name	Vorkommen	Toxin	Giftwirkung	Ejizierte Giftmenge	Mortalität	Symptome	Antiserum	Körper-Länge	Besonderheiten
Kobra (Naja maja)	Indien	Proteine mit unterschiedl. langen AS-Resten, z. B. Cobrotoxin, N.n.-toxin 3,4,A,B,C, N.n.-cardiotoxin, N.n.-cytotoxin	neurotoxisch, curareähnlich, kardiotoxisch, cytotoxisch, DL Mensch (75 kg) 15 mg	210 mg	32%	mäßiger Schmerz an der Bißstelle, Schwellung, Erbrechen, Kopfschmerz, Benommenheit, Muskellähmung, die bis zu 4 Tagen dauert; Mund kann kaum geöffnet werden, Schlucken nahezu unmöglich; Schweißausbrüche; Tachyarrhythmie, Tod durch Atemlähmung	ja	bis 150 cm	durch seitliche Halsrippen kann ein Drohschild aufgebaut werden; Oberkörper wird bis zu 1 m aufgerichtet; Stoßrichtung immer von oben nach unten; charakteristische Brillenzeichnung auf dem Schutzschild; die Kobra ist nahezu taub, bei der Schlangenbeschwörung folgt sie den Flötenbewegungen, nicht dem Ton; seit Antiserum auf dem Markt ist, ist ein Rückgang der Todesfälle von 10000 auf 2500 pro Jahr zu verzeichnen
Hinterindische Kobra (Naja kaonthia)	Hinterindien, Indochina	Proteine	neurotoxisch			ähnlich Naja naja, jedoch keine kardiotoxische und cytotoxische Wirkung	ja	bis 150 cm	Unterscheidung zur Naja naja: Sie hat keine Brille, sondern nur ein Monokel auf dem Schutzschild
Königskobra (Ophiophagus hannah) auch Naja bungarus	Indien, Indochina, Indonesien, China	Proteine wie O. h., toxin a,b, DE 1	neurotoxisch, Angusticeps, DL Mensch (75 kg) 12 mg	100 mg		nicht sehr stark ausgeprägt, Schmerz, Schwellung, Benommenheit, Lähmungserscheinungen		bis 500 cm	längste Giftschlange der Welt; in Drohhaltung Knurren wie ein kleiner Hund; baut für das Gelege ein Nest und darüber eine Plattform, auf der Männchen und Weibchen abwechselnd wachen; ernährt sich nur von anderen Schlangen (auch Kobras)

Tab. 1: Fortsetzung

Name	Vorkommen	Toxin	Giftwirkung	Ejizierte Giftmenge	Mortalität	Symptome	Antiserum	Körper-Länge	Besonderheiten
Gebänderte Krait (Bungarus fasciatus)	Ostindien, China, Malaysia	Proteine, Enzyme	neurotoxisch, DL Mensch (75 kg) 3 mg	5 mg	70%	fast keine lokalen Symptome, Tenesmen, Erbrechen, Lähmung, rascher Tod durch Atemlähmung	ja	bis 150 cm	Nachtjäger, daher wenig Unfälle; tags so träge, daß man sie anfassen kann
Indischer Krait (Bungarus caeruleus und Bungarus multicinctus)	Trockengebiete Indiens, Thailand	Bungarotoxin, Phospholipase A, Proteinaseinhibitor	neurotoxisch, DL Mensch (75 kg) 6 mg	10 mg	um 90%	lokaler Schmerz, Kopf- und Bauchschmerzen, Schwäche, Schock; Tod durch Atemlähmung	ja	bis 150 cm	Unfälle sehr selten, dann aber meist tödlich; ernährt sich von anderen Schlangen
Tigerschlange (Notechis sentatus)	Australien	Notexin, Phospholipase A	neurotoxisch		100%	Schmerz an der Bißstelle; Erbrechen, Sprachstörungen, Schluckbeschwerden, myocarditis-ähnliche Symptome; Tod durch Atemlähmung	ja	bis 160 cm	Unterdrückt die Freisetzung von Neurotransmittern an der Atemmuskulatur; häufig in Vororten größerer Städte; Nachtjäger; gefährlichste australische Giftschlange
Todesotter (Acantophis antarcticus)	Australien, Neuguinea	Protein	neurotoxisch, cardiotoxisch		100%	Benommenheit, Schwitzen, Erbrechen, Kreislaufversagen, Atemnot	ja	bis 100 cm	Die Giftzähne sind bis 8 mm lang; sie können durch ein Gelenk aufgerichtet werden

Tab. 1: Fortsetzung

Name	Vorkommen	Toxin	Giftwirkung	Ejizierte Giftmenge	Mortalität	Symptome	Antiserum	Körper-Länge	Besonderheiten
Taipan (Oxyuranus sentelatus)	Australien, Neuguinea	Taipoxin (Glycoprotein mit 3 Untereinheiten mit 120–135 Aminosäure-Resten; die erste Untereinheit entspricht Notexin)	neurotoxisch, kardiotoxisch, DL Mensch (75 kg) 7 mg	120 mg	90%	geringer Schmerz an der Bißstelle; Kopfschmerzen, Übelkeit, Erbrechen, Schock, Tachyarrhythmie, Atemdepression; Tod durch Atemlähmung	ja	bis 300 cm	Fangzähne bis 13 mm lang, beißt sehr selten, dann aber immer mehrmals

Giftzüngler-Schnecke (Toxoglossa)

- Conidae
- Turridae
- Terebridae

Unfälle mit Menschen sind nur durch Conidae bekannt.

Vorkommen:

Tropische und subtropische Meere (Polynesien, Australien, Fidschii, Hawaii, Ostafrika, Seychellen, Rotes Meer).

Tab. 1: Die wichtigsten Giftvertreter der Giftzüngler

Name	Vorkommen	
Conus geographus	Rotes Meer, Ostafrika, Polynesien, Australien	mindestens 5 Todesfälle bekannt
Conus textile	Ostafrika, Hawaii, Polynesien, Australien	
Conus marmoreus	Ostafrika, Polynesien, Hawaii, Ryukyu-Inseln, Australien	
Conus mediterraneus	Mittelmeer, Algarve, Kanarische Inseln, Westafrika	absolut ungefährlich

Toxine:

Hitzelabiles Myotoxin mit einem MG von 10000. Gift bis heute noch nicht eingehend untersucht.

Vergiftungsweg:

Giftapparat mit harpunenartigem Pfeil, der zum Beutefang 5 bis 8 cm weit aus dem Rüssel geschossen wird. Vergiftungen bei Menschen durch noch aktive Muscheln beim Sammeln, Ausnehmen oder durch Barfußlaufen im Sand.

Giftwirkung:

Myotoxisch.

Symptome:

Punktförmige, stark schmerzhafte Stichwunde. Schwellneigung von der Stichstelle ausgehend zum Kopf. Kopfschmerz; Ödeme; Bewegungs- und Gleichgewichtsstörungen; Herzschädigung; Koma; Atemlähmung; Tod.

Nachweis:

Typischer Stich, Identifizierung des Tieres.

Therapie:

Schockprophylaxe, Schmerzbekämpfung, Plasmaexpander, Cortison, evtl. Beatmung.

Besonders zu beachten:

Bei letalen Fällen tritt der Tod innerhalb von 5 Stunden ein. Bei weniger starken Vergiftungen beginnt die Erholungszeit nach ca. 6 Stunden. Nach 24 Stunden lösen sich die Lähmungserscheinungen. Die Schmerzen bleiben noch über Tage bestehen.

Spaziergänge an gefährdeten Stränden sollten nur mit Badeschuhen durchgeführt werden. Beim Aufsammeln und vor allem beim Ausnehmen müssen Lederhandschuhe getragen werden.

Gliederfüßler (Arthropoda)

Vorkommen:

Die Gattung der Gliederfüßler ist die weltweit am häufigsten vorkommende Tierart. Sie umfaßt insgesamt ca. 850 000 verschiedene Arten; hiervon gehören ungefähr 800 000 zu den Insekten.
Ein Teil der Gliederfüßler besitzt Toxine, die zu einem geringen Teil auch für den Menschen gefährlich werden können.
Aufgrund der Artenvielfalt kann hier nur ein grober Überblick gegeben werden.

- Spinnentiere (Arachnidae)
  Zu den Spinnentieren gehören Milben, Zecken, Weberknechte, Skorpione und Spinnen. Giftige und zum Teil für den Menschen gefährliche Vertreter dieser Spezies sind:
  1. Zecken (Metastigmata) → *siehe dort*
  2. Skorpione (Scorpiones) → *siehe dort*
  3. Spinnen (Araneae) → *siehe dort*

- Hundertfüßler (Chilopoda) → *siehe dort*
- Tausendfüßler (Pogoneata oder Diplopoda) → *siehe dort*
- Insekten (Hexapoda) → *siehe dort*

Vergiftungsweg:

So vielfältig wie die Tierarten sind auch die Vergiftungswege. Grundsätzlich muß zwischen aktiv giftigen und passiv giftigen Tieren unterschieden werden, d. h. Tiere, die Menschen angreifen, und Tiere, die Giftstoffe in ihrem Körper haben, die bei Verzehr durch den Menschen zu Vergiftungserscheinungen führen.
Als Besonderheit in dieser Gruppe sind Tiere zu betrachten, die sogenannte Wehrsekrete absondern. Dies sind stark riechende Sekrete, die mögliche Gegner abschrecken sollen. Ein Teil dieser Sekrete ruft auf der menschlichen Haut toxisch-allergische Reaktionen hervor.
Eine weitere Besonderheit bieten die sogenannten sekundär giftigen Tiere. Sie nehmen Giftstoffe aus Pflanzen auf, speichern diese und setzen sie, wenn sie gefressen werden, im Körper des Gegners frei.

Toxine:

Die bekanntesten Toxine in dieser Gruppe sind die Ameisensäure, Cantharidin, Nereistoxin; Proteine mit unterschiedlich langen AS-Resten; Kinine.
Alkaloide wie Coccinellin, Glomerin, Pederin, Polyzonimin und Solenopsin. Gelbbrandkäfersteroide (Pregnen, Pregnadien, Testosteron, Östradiol, Marginalin). Biogene Amine, wie Acetylcholin, Serotonin.
Peptide wie Apamin, Melittin, Polistes-Kinin;
Chinone, Iridodinal.
Aufgrund der geringen Giftmengen und des zum Teil seltenen Vorkommens wurden viele Gifte noch nicht exakt bestimmt.

Giftwirkung, Symptome und Therapie:

Auf die Giftwirkung, die einzelnen Symptome sowie auf eventuelle Behandlungsmöglichkeiten wird bei der Beschreibung der einzelnen Tiere eingegangen. Eine allgemein gültige Aussage ist wegen der Vielfalt der Toxine nicht möglich.

Nachweis:

DC; GC; wenn möglich Identifizierung durch Zoologen. Man sollte jedoch keinesfalls zu lange mit der Jagd nach dem Verursacher warten.

Besonders zu beachten:

Wie schon bei den Schlangen beschrieben, ist der beste Schutz, unbekannte Tiere in Ruhe zu lassen. Vor Reisen in exotische Länder sollte man sich über dort lebende giftige Tiere sowie über evtl. Schutz- und mögliche Selbsthilfemaßnahmen informieren.

Grubenottern, Klapperschlangen (Crotalidae)

Vorkommen:

Ost- und Mitteleuropa, Asien, Japan, Australien, Nord- und Südamerika.

Toxine:

Crotoxin (Ketten mit 140, 40, 34 und 14 Aminosäure-Resten), Proteine, Peptide (Teprotide – ACE-Hemmer), Crotalus myotoxin A, Enzyme.

Vergiftungsweg:

Zwei Fangzähne mit Giftkanal, der mit einer Giftdrüse verbunden ist, im Oberkiefer. Die Zähne werden bis zu 3,5 cm lang. Sie werden bei Öffnung des Maules aufgerichtet.

Giftwirkung:

Neurotoxisch, myotoxisch, kardiotoxisch, hämolytisch, proteolytisch.

Symptome:

Allgemein auftretende Symptome sind Schmerzen an der Bißstelle, Hautverfärbungen, Schwellungen, Gefühllosigkeit in der betroffenen Extremität sowie Nekrosenbildung. Fast immer kommt es zum Schock. Besonders gefürchtet bei dieser Gruppe sind die aufgrund der hämolytischen Aktivität bestehende Blutungsgefahr im Hirn, Lunge und Peritoneum.
Besonderheiten werden bei den einzelnen Arten in Tabelle 1 beschrieben.

Nachweis:

DC; GC; Identifizierung des Tieres.

Therapie:

Schockbekämpfung; Schmerzbekämpfung mit Analgetika; bei Atemnot O_2-Gaben bis 4 Liter; evtl. maschinelle Beatmung und Tracheostoma; Antiserumgabe je nach Gattung der Schlange und Schwere der Vergiftung 10 bis 100 ml in einer Kochsalzinfusion nach konjunktivaler Testung; Antibiotikagabe zur Vermeidung von Sekundär-Infekten; wie bei allen Schlangenbissen unbedingt Tetanusprophylaxe.
Die chirurgische Wundheilung sollte am 3. bis 10. Tag erfolgen; Bißstellen, die zu dieser Zeit keine Nekrosezeichen zeigen, heilen von selbst ab. Von der Fasziotomie sollte Abstand genommen werden.

Kasuistik:

1. Fall:*

Auf einer Wandertour durch ein Regenwaldgebiet in Thailand wurde eine 50jährige Touristin von einer ca. 20 cm langen, braun-grünen Schlange in die Außenseite des rechten Fußes gebissen (21. Okt. 1991, ca. 13 Uhr). Es hatte zuvor stark geregnet und sie trug leichte Sandalen. Der Biß war schmerzhaft, ähnlich etwa einem Bienenstich. Wahrscheinlich handelte es sich um eine Bambusotter (Trimeresurus-Art), die in asiatischen Regenwäldern recht häufig ist und besonders nach Regenfällen vermehrt auftritt.
Die Patientin suchte anschließend einen Arzt in der nächsten Ansiedlung auf, der ihr Schmerz- und Antibiotikatabletten gab. Ein Antiserum wurde nicht verabreicht. Entgegen der Empfehlung, sich im örtlichen Krankenhaus für 24 Stunden aufnehmen zu lassen, begab sich die Patientin jedoch in das Hotel zurück. Der Fuß war stark angeschwollen, druckschmerzhaft. Allgemeinsymptome entwickelten sich nicht. Sie nahm 5 Schmerz- (Paracetamol?) und 6 Antibiotikatabletten. Sie schlief die Nacht über gut. Die Schmerzen

* Quelle: Mebs, D.: Giftschlangenbisse – Ein Risiko für Touristen" MMV 136, 5; 60–65 (1994)

Tab. 1: Die wichtigsten Giftvertreter der Grubenottern und Klapperschlangen

Name	Vorkommen	Toxin	Giftwirkung	Ejizierte Giftmenge	Mortalität	Symptome	Antiserum	Körperlänge	Besonderheiten
Diamantklapperschlange (Trotalus adamanteus)	Nord-Carolina bis Florida	Protein	neurotoxisch, hämatotoxisch, DL Mensch (75 kg): 120 mg	200 mg	2%	Schmerz, Hautverfärbung, Schock, Atemnot, Zahnfleischbluten, Nekrose	ja	bis 200 cm	Vorwarnung durch Klappern mit den verhornten, ineinanderhängenden Häutungsresten. Die Rassel kann bis zu 85 x pro Sekunde bewegt werden. Das Geräusch ist bis 50 m hörbar. Die Schlange hat kein Gehör, sie reagiert auf Bodenerschütterungen. Sie rollt sich bei Gefahr zusammen, hebt den Oberkörper und biegt ihn S-förmig; dadurch schnellt der Kopf beim Zubeißen weit vor.
Texas-Klap perschlange (Crotalus atrox)	Texas	Protein	neurotoxisch, LD_{50} Maus i. v. 4,2 mg/kg			Schmerz, Nekrose, Schock, Atembeschwerden	ja	bis 200 cm	
Prärie-Klapperschlange (Crotalus viridis viridis)	Nordamerika	Crotalus-myotoxin A	myotoxisch, hämatotoxisch, LD_{50} Maus i. v. 1,61 mg/kg			Schwäche, Muskelzuckungen, Ekchymosen, Lähmungserscheinungen, Atemnot	ja	bis 100 cm	
Südpazifik-Klapperschlange (Crotalus viridis helleri)	Kalifornien, Neu-Mexiko	Protein, Peptid C	Wirkung auf Na^+-Kanäle LD_{50} Maus i. v. 1,29 mg/kg			Schock, Tachyarrhythmie, fraglich Hämolyse	ja	bis 150 cm	Trotz der relativ großen Artenzahl und einer Zahl von 8000 Unfällen pro Jahr enden nur 10–20 tödlich. Außer den genannten gibt es in Nordamerika ca. 20 weitere Crotalis-Arten. Unfälle mit diesen sind jedoch sehr selten.
Nojave-Klapperschlange (Crotalus scutulatus)	Kalifornien, Arizona, nördl. Mexiko	Protein	neurotoxisch LD_{50} Maus i. v. 0,21 mg/kg			Schmerzen, Schock, Atemnot, Nekrosen	ja	bis 100 cm	

Tab. 1: Fortsetzung

Name	Vorkommen	Toxin	Giftwirkung	Ejizierte Giftmenge	Mortalität	Symptome	Antiserum	Körperlänge	Besonderheiten
Kupferkopf (Agkistrodon contortrix) Mokassinschlange, Baumwollmaul (Agkistrodon piscivoris)	Südosten Nordamerikas, Sonora-Wüste nördl. Mexiko	Protein, Enzyme	hämatotoxisch, neurotoxisch, nephrotoxisch, LD_{50} Maus i. v. 10,92 mg/kg			geringer Schmerz an der Bißstelle, Kribbeln, Taubheit, geringe Atembeschwerden, Ekchymosen, Proteinurie, Glucosurie		bis 120 cm	Unfälle mit Menschen sind sehr selten, da die Tiere äußerst scheu sind.
Crotalus durissus terrificus	Mittelamerika, Brasilien, Bolivien, nördl. Argentinien	Crotamin, Enzyme	hämatotoxisch, neurotoxisch, kytotoxisch		10%	Schwellung, Hautverfärbung, Blasenbildung, Schock, Ekchymosen, Verlängerung der Gerinnungszeit, Atembeschwerden, innere Blutungen	ja	bis 150 cm	Verursacht ca. 10% aller Unfälle mit Giftschlangen in Südamerika; lebt im Überschneidungsgebiet von Klapperschlangen und Grubenottern.
Buschmeister (Lachesis muta)	Costa Rica, Panama, Kolumbien, Venezuela, Guayana, Nord- u. Mittelbrasilien	Protein, noch nicht ausreichend untersucht	hämatotoxisch		0,2%	Gerinnungsstörung, Nekrose	ja	bis 375 cm	Lebt versteckt im Unterholz dichter Wälder. Unfälle mit Menschen sehr selten. Nachtaktiv.
Lanzenschlangen, Brasilianische Jararacra (Bothrops atrox oder Bothrops jararaca)	Mittel- und Südamerika, außer Chile und südl. Argentinien	Protein, Peptid (Teprotide)	neurotoxisch, hämatotoxisch, kardiotoxisch		0,3%	Schmerz, Schwellung, Schock, starker Blutdruckabfall, Blutungsneigung, Schwarzfärbung der Haut durch Hämolyse	ja	bis 250 cm	Hält sich oft in Bananen-, Kaffee- und Kakaoplantagen auf. Verursacht 52% der Unfälle mit Schlangen in Südamerika. Lieferte den Grundstoff für die ACE-Forschung.

Tab. 1: Fortsetzung

Name	Vorkommen	Toxin	Giftwirkung	Ejizierte Giftmenge	Mortalität	Symptome	Antiserum	Körperlänge	Besonderheiten
Bothrops jararacussu	südliches Brasilien, Paraguay, Uruguay	Protein	neurotoxisch, hämatotoxisch		7,2%	starker Schmerz, Schwellung, Blasenbildung, Schock, Schwindel, Ekchymosen, Blutungen aus Lunge und Rachen	ja	bis 150 cm	Sehr gefürchtet. Greift ohne Gefahr an. Verursacht 10% aller Unfälle trotz eines relativen kleinen Verbreitungsgebietes.
Urutu (Bothrops neuviedii)	Brasilien	Protein	proteolytisch, hämatotoxisch, DL Mensch (75 kg) 200 mg	200 mg	7%	Schmerz, Schock, Blutung	ja	bis 160 cm	Verursacht 4% aller Unfälle in Südamerika.
Malayische Grubenotter (Agkistrodon rhodostoma)	Südostasien	Proteine, Enzyme	hämatotoxisch, fibrinolytisch		20%	Schwellung, Blasenbildung, starkes Durstgefühl, Schock, Afibrogenämie, Hämatoptoe schon kurz nach dem Biß, Blutungen; Tod durch Hirnblutung	ja	bis 150 cm	Enthält das Enzym Anorod, das in Reinform als Arwin® (Knoll AG) als Thrombolytikum auf dem Markt ist.
Mamushi (Agkistrodon halys blomhoffi)	GSU, Tibet, China, Korea, Tibet, Japan	Proteine, Enzyme	fibrinolytisch			Schwellung, Ekchymosen, Blutung aus Mund, Lunge und Magen	ja	bis 130 cm	Die Wirkung setzt sehr langsam ein, daher ist die Behandlungsmöglichkeit sehr gut. Nur wenige Todesfälle.
Asiatische Lanzenotter (Trimeresurus); Thailändische Lanzenotter (Trimeresurus gramineus)	Südostasien	Proteine	neurotoxisch, DL Mensch (75 kg) 100 mg	14 mg	<1%	Schmerz, Schwellung, Schock		bis 120 cm	Lebt überwiegend auf Bäumen. Giftwirkung sehr gering, Todesfälle nicht bekannt.

Tab. 1: Fortsetzung

Name	Vorkommen	Toxin	Giftwirkung	Ejizierte Giftmenge	Mortalität	Symptome	Antiserum	Körperlänge	Besonderheiten
Habu (Trimeresurus flavoviridis)	Indonesien, Australien, Okinawa	Proteine	neurotoxisch, DL Mensch (75 kg) 100 mg	14 mg	< 1%	Schmerz, Schwellung, Blutdruckabfall, Ekchymosen		bis 120 cm	Allein auf Okinawa mehr als 300 Unfälle pro Jahr, Wirkung jedoch sehr gering.

hatten anderntags nachgelassen, und sie flog zurück nach Deutschland, wo sie nach ihrer Ankunft in Frankfurt das Universitäts-Klinikum aufsuchte. Bei ihrer Aufnahme war der rechte Fuß noch deutlich geschwollen, jedoch nicht mehr druckschmerzhaft. An der Außenseite war eine Bißmarke, in Form zweier punktförmiger Unterblutungen im Abstand von 1 cm, zu erkennen. Die Laborparameter waren unauffällig, die Gerinnungswerte lagen im Normbereich. Die Patientin wurde nach wenigen Stunden wieder entlassen.

*2. Fall**)

Ein 21jähriger Patient, der in einer Reptilienfarm arbeitet, zog sich beim Hantieren mit einer mexikanischen Mokassin-Otter aus der Familie der Crotolidae eine Bißverletzung am Ringfinger der linken Hand zu. Der Verletzte saugte die Wunde aus und führte keine weiteren Maßnahmen durch.

Klinischer Befund:
Bei der Aufnahme gegen 22.00 Uhr, eine Stunde nach Bißverletzung, gibt der Patient im Bereich des linken Armes starke Schmerzen an. Der Lokalbefund zeigt am IV. Finger links in Höhe der ulnaren Mittelphalanx zwei ca. 2 cm auseinanderliegende Bißstellen. Der Finger ist wie die gesamte linke Hand livide verfärbt und deutlich geschwollen. Motorik und Sensibilität der linken Hand sind voll erhalten. Die periphere Durchblutung ist nicht beeinträchtigt.

Laborparameter:
Bei Aufnahme zunächst unauffällige Laborparameter. Im Laufe der ersten 3 Tage findet sich eine Leukozytose von 12,3 G/l sowie eine Thrombozytopenie von 102 G/l. Der Quick-Wert beträgt 65% der Norm; Fibrinogen ist auf 1,2 G/l und Antithrombin III auf 71% NHP erniedrigt. Weitere laborchemische Veränderungen liegen nicht vor. Hinweise auf eine Hämolyse finden sich laborchemisch weder im Blut noch im Urin.

Therapie und Verlauf:
Initial werden eine systemische Anaphylaxie-Prophylaxe mit 1000 mg Urbason i. v. und 4 mg Fenistil i. v. sowie eine Tetanussimultanimpfung durchgeführt. Wegen fehlender Allgemeinsymptomatik wird nach Rücksprache mit dem Toxikologiezentrum München auf die nicht ungefährliche Gabe eines Immunserums (Wyeth, Antiveneno Ofidico Polivalente) verzichtet. Die Therapie beschränkt sich damit zunächst auf lokale antiphlogistische Maßnahmen, wie Ruhigstellung, Hochlagerung und Rivanol-Umschläge der linken oberen Extremität.
Im Laufe der Nacht kommt es zu einer zunehmenden Schwellung im Bereich des linken Unter- und Oberarmes; axilläre Lymphknoten werden nun deutlich tastbar. Am nächsten Morgen findet sich das Vollbild einer Lymphangitis des linken Armes. Nun wird eine Inzision und laterale Hautspaltung zwischen den Bißstellen der inzwischen aufgetretenen hämorrhagischen Nekrose an diesem Finger vorgenommen. Der Fingerbereich wird weiter mit Rivanol-Umschlägen, der linke Arm mit Heparin- und Alkoholumschlägen behandelt. Trotz dieser Therapie persistiert in den ersten Tagen die ausgeprägte Lymphadenitis und Lymphangitis im linken Arm. Es kommt jedoch zu keiner Allgemeinsymptomatik. Trotz fehlender laborchemischer Hinweise auf eine systemische Hämolyse wird für drei Tage eine forcierte Diurese durchgeführt.
Es folgen in ausreichendem zeitlichem Abstand lokal Nekrosenabtragung und temporäre Deckung mit Epigard®. Der Strecksehnenapparat wird trotz dieser Maßnahmen ulnarseits zunehmend nekrotisch.
Nachdem es zu einer endgültigen Demarkierung der Nekrosen gekommen ist, wird der entstandene Defekt, nach erneuter Nekrosenabtragung und Auffrischung der Kortikalis der Mittelphalanx bis zum Auftreten von punktförmigen Blutungen, mittels abdomino-kaudal gestieltem Bauchhautlappen gedeckt. Der Hebedefekt wird primär verschlossen.
Ab dem 14. postoperativen Tag wird mit dem Abtrainieren des Lappens durch intermittierendes Abklemmen mit weichen Darmklemmen begonnen. Am 18. postoperativen Tag kann der abdomino-kaudale Lappen abgetrennt werden. Vor Entlassung nach 43 stationären Tagen erfolgt die nochmalige Entfettung des Lappens distal.
Bei Entlassung des Patienten bestehen reizlose Wundverhältnisse bei vollständig eingeheiltem Lappen und befriedigendem Bewegungsumfang D IV links.

*) Quelle: Gebhard, F., Breinlinger, U., Steinmann, R., Radomsky, J., Hartel, W.: Therapie der nekrotischen Schlangenbißverletzung. Münch. med. Wschr. 132, Nr. 31/32 (1990):

In dem dargestellten Fall erfolgte die Schlangenbißverletzung durch eine mexikanische Mokassin-Otter. Die dominierende Giftfolge ist hier die lokale nekrotisierende Wirkung. Da durch den Patienten initial keine Abbindung erfolgte, kam es durch den lymphatischen Gifttransport zur ausgeprägten Lymphangitis des linken Armes mit Schwellung der axillären Lymphknoten. Eine systemische Wirkung trat jedoch nicht auf, wenn man von der Leukozytose und der geringfügigen Änderung der Gerinnungsparameter absieht. Während Bißlokalisationen im Gesicht oder am Stamm – aufgrund der fehlenden Möglichkeit, durch Abbinden den lymphatischen Abtransport zu verlangsamen – problematisch sind, besteht die Problematik der Fingerbißverletzungen im Fehlen des subkutanen Fettgewebes. Trotz Abbinden wird das Gift schon durch den Biß selbst bis in tiefe Strukturen gebracht. Speziell bei der Bißverletzung im geschilderten Fall – an der ulnaren Seite der Mittelphalanx D IV – wurde das Gift durch den tangentialen Biß initial durch die seitlichen Strecksehnenzügel hindurch bis an das Periost gebracht. Somit waren von Anfang an wichtige Strukturen durch die lokale Nekrose erfaßt.
Die Inzisionstiefe und -richtung folgte den anatomischen Gegebenheiten der Hand, um nicht zusätzliche Verletzungen zu schaffen. Die Nekroseabtragung nach vier bis fünf Tagen mußte so umfassend wie nötig, jedoch gleichzeitig sparsam wie möglich erfolgen, um unersetzliche Strukturen des Fingers nicht zu zerstören. Erst nachdem ein Fortschreiten der Nekrosezone nicht mehr zu erkennen war, bestand die Möglichkeit zur plastischen Deckung. Hier verbot sich ein freies Transplantat, zum einen wegen des nach wie vor relativ schlecht durchbluteten Wundgrundes, zum anderen wegen der nicht auszuschließenden fortschreitenden lokalen Nekrose. Durch Abfräsen der nekrotischen Kortikalis konnte ein gutes Transplantatlager für den abdomino-kaudalen Lappen gebildet werden.
Durch dieses Vorgehen konnte ein Minimum an Funktionsverlust erreicht und der Ringfinger bei diesem jungen Patienten erhalten werden. Allerdings mußte der teilweise Funktionsverlust durch die verlorengegangene Strecksehne in Kauf genommen werden. Zur Behebung dieser Einschränkung sind gegebenenfalls zu einem späteren Zeitpunkt handchirurgische Korrektureingriffe erforderlich.

Besonders zu beachten:

Außer den in Tabelle 1 angeführten sind in Südamerika 8 weitere Bothrops-Arten bekannt; die Zahl der Unfälle und die Giftwirkung sind jedoch sehr gering. Alle Gruben- und Lanzenottern sind Nachttiere. Hinter den Nasenlöchern sitzt in zwei kleinen Gruben ein Sinnesorgan, mit dem die Tiere Wärmestrahlungen wahrnehmen können. Dies erlaubt die Ortung und Verfolgung von Opfern selbst bei völliger Dunkelheit.
Zahlreiche weitere Trimeresurus-Arten sind in Afghanistan, Pakistan, Indien, Ceylon, China, Korea, Japan, Indochina, den Philippinen und Malaysia bekannt. Unfälle mit diesen Arten sind jedoch selten und führen nur zu sehr geringen lokalen Symptomen.
Ca. 60% der Schlangenbisse in Amerika werden durch Klapperschlangen hervorgerufen. Dank der sehr guten Antisera sind Todesfälle jedoch selten. Die Tiere sind sehr genügsam; ein Hase, eine Ratte oder eine Maus reichen, je nach Größe der Schlange, als Nahrung für 2 bis 3 Wochen.
Gewarnt werden muß vor sogenannten „Rattler-Parties“. Hierbei handelt es sich um eine neue Art der Mutprobe in Amerika. Gefangene Klapperschlangen werden möglichst lange gereizt; der Partygast muß dann dem zustoßenden Schlangenkopf ausweichen.

Hohltiere(Coelenterata)

Vorkommen:

Fast ausnahmslos im Salzwasser, zwischen 45° nördlicher Breite bis ca. 30° südlicher Breite. Dies entspricht einer Zone vom nördlichen England bis zum südlichen Afrika. In dieser Zone liegen ebenfalls die beliebten südostasiatischen Reiseländer sowie weite Teile Südamerikas und Australien.

Toxine:

Längerkettige Polypeptide mit einem Molekular-Gewicht zwischen 19 000 und 300 000, Glykoproteine, Histamin, Serotonin, Prostaglandin E und F, chinin-artig wirkende Peptide.

Vergiftungsweg:

Die Vergiftung erfolgt durch Berührung. An den Fangarmen, die allen Tieren dieser Spezies zu eigen sind, sind Spezialzellen an der Außenhaut, die bei Berührung aufplatzen und ein fadenförmiges Gebilde mit Widerhaken freisetzen. Über diese Fäden wird der Giftstoff in die Haut eingebracht.

Giftwirkung:

kardiotoxisch; neurotoxisch; myotoxisch; dermatotoxisch.

Symptome:

Hautjucken bis zum intensiven Brennen (Nesselausschlag); lokale Schmerzen; nekrotisierende Ausschläge; allergischer Schock; Muskelkrämpfe; Atemlähmung; Lungenödem; Herzstillstand.

Nachweis:

DC; GC; Identifizierung des Tieres.

Therapie:

Die Behandlung besteht in einer Veränderung des pH der Haut. Dies kann sowohl durch Anwendung verdünnten Salmiakgeistes als auch durch Essigumschläge geschehen. In den USA, deren südliche Küsten besonders quallenreich sind, werden auch Umschläge mit Küchenmitteln, die Fleisch weich machen (z. B. Papain-Lösungen), angepriesen. Des weiteren können Natriumbikarbonat, Borsäure, Zitronensaft und Alkohol lokal zur Linderung aufgetragen werden.

Am Strand kann empfohlen werden, zunächst Seewasser (kein Frischwasser!) über die genesselte Hautpartie zu gießen, dann die Tentakel (Nesselfäden) mit einer Pinzette oder durch vorsichtiges Schaben mit einem Messer oder mittels einer behandschuhten Hand zu entfernen. Dann kann Alkohol, Mehl oder Backpulver auf die irritierte Haut aufgetragen werden. Dieser Belag wird dann wieder mit einem stumpfen Gerät abgeschabt (kein Rasiermesser!), erneut mit Salzwasser abgewaschen und die befallenen Areale mit einem Kortikosteroid möglichst frühzeitig behandelt.

Bei ernsteren Komplikationen kann Sauerstoff oder künstliche Beatmung erforderlich sein. Schmerzhafte Muskelkrämpfe können durch i. v. 10 ml Kalzium-Glukonat beseitigt werden. In den seltenen Fällen, in denen sich ein Schock entwickelt, ist Adrenalin und i. v. Flüssigkeitsersatz einzusetzen. In medizinischen Einrichtungen an den Badeküsten von Australien werden Antitoxine gegen einige besonders toxische Zölenteraten bereitgehalten (Brede, 1987).

Besonders zu beachten:

Hautkontakt möglichst vermeiden. In besonders gefährdeten Gebieten sollte nur mit Taucheranzügen geschwommen werden. Quallen treten am häufigsten in der warmen Jahreszeit auf. An der Meeresoberfläche sind sie vorwiegend morgens und am Nachmittag. In der Nacht und um die Mittagszeit versinken sie meist.

Tab. 1: Die wichtigsten Giftvertreter der Hohltiere

Name	Vorkommen	Gift	Symptome
Seeanemonen, Korallen (Anthozoa) Rosa Anemone (Sagartia elegans)	Atlantik, Mittelmeer, Schwarzes Meer	Glykoproteine	Brennen, lokale Schwellung, Fieber, Kopfschmerzen, Durstgefühl, evtl. Hautnekrosen
Seeanemone (Anemonia sulcata)	Mittelmeer, Atlantik, Schwarzes Meer	Glykoproteine	Brennen, Schwellung, Leibschmerz, Kopfschmerzen; kardiotoxische Wirkung bei Mäusen nachgewiesen. *Besonderheit:* Tödliche Unfälle bei rohem Verzehr durch Kinder in einigen Pazifikgegenden beschrieben. Der Tod trat nach 8 bis 36 Stunden im Schock mit Lungenödem ein.
Hydropolyp, Staatsquallen (Hydrozoa) Blumenpolyp oder Seefeder (Aglaophenia oder Pennaria)	tropische Gewässer (in ca. 30 Meter Tiefe)	Polypeptide	Hautrötung, Kribbeln, Brennen
Feuerkoralle (Milleporia alcicornis)	tropische Gewässer bis ca. 30 Meter Tiefe	Polypeptide	Hautrötung, Kribbeln, Brennen
Portugiesische Galeere (Physalia physalis)	Atlantik, Mittelmeer	Tentakel mit Glykoprotein (MG 250 000); Enzyme; Kinine	Lokaler Brennschmerz; Schmerzausbreitung entlang der Lymphbahnen; Muskelschmerz; Kopfschmerz; Übelkeit; Muskelkrämpfe; Fieber *Besonderheit:* Tentakel bis 30 Meter lang; Tödliche Verläufe bekannt; Tod durch Atemlähmung.
Schirmquallen (Scyphozoen) Feuerqualle (Cyanea capillata)	Nordatlantik, Nordsee, Ostsee, Japan, China, Alaska	Polypeptid (MG 70 000); LD_{50} Maus s.c. 0,7 mg/kg	Brennschmerz der Haut; Schocksymptomatik; Nekrosebildung; cardiotoxische Wirkung
Kompaßqualle (Chrysaora hyoscella)	Nördlicher Atlantik	Protein mit mindestens 8 Untereinheiten (MG 150 000)	Brennschmerz, Nekrose; Störung der Blutgerinnung

Tab. 1: Fortsetzung

Name	Vorkommen	Gift	Symptome
Nesselqualle (Chrysaora quinquecirrha)	Nördlicher Atlantik, Indischer und Pazifischer Ozean	Proteine; Enzyme; kininartige Peptide	Brennschmerz; Blasenbildung; bei Abheilung der Blasen Narbenbildung; kardiotoxische Wirkung
Seewespe (Chironex fleckeri)	Nordaustralien, Indischer Ozean, Philippinen	Peptide (MG 10 000–30 000) Histamin, Kinine	starker Schmerz; Schocksymptomatik; Hautreizungen mit Nekrosebildung; hypertone Krisen; Lungenödem; Atemnot; Herzversagen *Besonderheit:* Stich sehr gefährlich. Tod durch Herzversagen innerhalb von 2 bis 3 Stunden, oft jedoch innerhalb der ersten 15 Minuten. Antiserum vorhanden

Hundertfüßler(Chilopoda)

Vorkommen:

Insgesamt sind 3000 Arten bekannt. Genauer untersucht wurden wenige, größere Arten. Man unterscheidet 4 Hauptfamilien:

– Lithobiomorpha	15 Beinpaare
– cutigeromorpha	15 Beinpaare
– morpha	21– 23 Beinpaare
– Geophilomorpha	33–177 Beinpaare

Für den Menschen können nur Vertreter der Familie Scolopendromorpha gefährlich werden. Nur auf diese Art wird hier eingegangen.

Die giftigsten Arten dieser terrestrisch lebenden Art kommen in Südamerika vor, man findet sie jedoch auch auf den Philippinen, in Indien und, mit kleineren Unterarten, im Mittelmeerraum. Die tropischen Tiere erreichen eine Länge von 25–30 cm und einen Durchmesser bis zu 2 cm, die europäischen Arten werden bis 10 cm lang und 1 cm stark.

Tab. 1: Die wichtigsten Giftvertreter der Hundertfüßler

Name	Vorkommen	LD_{50} Maus/20 g	Länge cm	Färbung
Scolopendromorpha gigantea	Jamaika, Trinidad, Südamerika		25–27	dunkeloliv-braun, Gelenke gelb
Scolopendromorpha heros	Mittel- und Nordamerika		bis 21	dunkelbraun, Kopf und Schwanz schwarz
Scolopendromorpha morsitans	tropisch, subtropische und gemäßigte Zonen		8–12	gelbgrün oder braun je nach Lebensraum
Scolopendromorpha subspinipes	Tropen und Subtropen	1,2 mg i. m. 0,05 mg i. v.	20–23	braun bis dunkelgrün
Scolopendromorpha valida	Nord-, Ost- und Westafrika, Atlantik-Inseln, Europa, Westasien		bis 16	olivgrün bis hellbraun
Scolopendromorpha viridicornis	Südamerika	0,25 mg i. m. 0,03 mg i. v.	15–22	gelbbraun, dunkelgrün, grau

Toxine:

Wahrscheinlich Proteine. Zusätzlich Wehrsekrete, wie Mandelsäurenitrit und Benzoglycanid. Sie dienen der Abwehr von Ameisen oder Käfern und werden in Drüsen an Bauch und Rücken produziert.

Vergiftungsweg:

Die Vergiftung erfolgt durch Biß. Der Giftapparat besteht aus dem ersten Beinpaar, das zu Giftklauen umgewandelt ist. Die Giftdrüsen liegen mit ihren Ausführungsgängen vor dem zweiten Beinpaar. Die Klauen erreichen, bei den großen Arten, eine Länge von 5–8 mm. Für den Menschen sind nur kopfnahe Bisse gefährlich.

Giftwirkung:

Neurotoxisch.

Symptome:

Rote Punkte an der Bißstelle, die sich rasch vergrößern und einen schwarzen Herd in der Mitte bilden. Von der Bißstelle ausstrahlende Schmerzen. Übelkeit, Erbrechen, Tachyarrhythmie, Hyperventilation, Schwindelgefühl, Schweißausbrüche und Angstgefühle. Sekundärinfekte durch Verunreinigung der Wunden sind häufig.
Tödliche Verläufe bei Menschen sind nicht bekannt. Die von der Scolopendromorpha gejagten kleinen Wirbeltiere sterben unter Krämpfen an Atemlähmung.

Nachweis:

DC; GC; Identifizierung des Tieres.

Therapie:

Schmerzbekämpfung durch Analgetika, evtl. Infiltration der Bißstelle mit Lidocain. Schocktherapie; bei kreislaufschwachen Personen herzstützende, rhythmisierende Substanzen; bei Hyperventilation CO_2-Rückatmung über Plastiktüte. Antibiotika- und Tetanusprophylaxe sind obligatorisch.

Besonders zu beachten:

Die Tiere sind sehr scheu, sie beißen nur, wenn sie in Bedrängnis gebracht werden. Der Biß ist im Sommer, wenn die Tiere aktiv sind, gefährlicher als im Winter. Die Bisse der europäischen Arten werden oft gar nicht erkannt.
Entgegen vielen Meldungen ist nur ein Todesfall belegt; es handelte sich um ein siebenjähriges Kind. Der Unfall ereignete sich 1923 auf den Philippinen.

Insekten (Hexapoda)

Insekten sind die wohl artenreichste Tierart der Erde. Über 800 000 Arten sind beschrieben, wobei es nach Schätzungen von Zoologen doppelt so viele geben dürfte. Aufgrund der Artenvielfalt ist eine übersichtliche Systematik schwierig. Die erste Unterteilung kann in aktiv und passiv giftige Tiere erfolgen.

Aktiv giftige Tiere stechen und übertragen so Toxine und/oder Krankheitskeime.
Zu dieser Gruppe der Insekten zählen
- Stechimmen (Aculeata) → *siehe dort*
  Bienen, Hummeln, Wespen, Hornissen
- Ameisen (Formicoideae) → *siehe dort*

Passiv giftige Tiere haben Wehrsekrete an ihrer Oberfläche oder Stacheln und Haare, die Vergiftungssymptome bei Menschen hervorrufen können.
Dazu gehören
- Insekten mit Wehrsekreten → *siehe dort*
  Ohrwürmer (Dermaptera), Heuschrecken (Pyryomorphidae Spp.), Schaben (Blattodea), Käfer (Coleoptera), Kurzflügler (Staphylimidae), Wanzen (Rhynchota)
- Schmetterlinge (Ledioptera) → *siehe dort*

Eine dritte Gruppe bilden die sogenannten *sekundär giftigen Insekten.*
Diese Tiere nehmen Giftstoffe mit ihrer Nahrung auf, metabolisieren diese nicht, sondern speichern sie überwiegend im Darm, Leber und speziellen Drüsen. Wenn sie gefressen werden, setzen sie im Körper ihres Gegners die Giftstoffe frei und führen so zu Symptomen bei ihren Jägern.
Sekundär giftige Vertreter finden sich unter den Wanzen, den Käfern und den Schmetterlingen.
Ihre hauptsächlichen Wirtspflanzen sind Oleander, verschiedene Gummibaumarten (Asclepiadaceae), Johanniskraut (Hypericum), Luzernenarten (Aristolochiaceae), Amaryllis (Amaryllidaceae) und verschiedene Senecio-Arten.
Die hierbei aufgenommenen Toxine sind Cardeonolide, Aristolochiasäuren, Senföl, Pyrrolizidin-Alkaloide, Hypericin und Amaryllis-Alkaloide.
Da der Mensch normalerweise Raupen, Käfer oder Wanzen nicht ißt, auch keine Vergiftungsfälle bekannt sind, wird nicht näher auf diese Tierart eingegangen.
Erwähnt werden muß jedoch, daß, überwiegend in Südamerika, Rinder nach dem Genuß sekundär giftiger Insekten gestorben sind.
Der Insektenkörper wird untergliedert in Kopf, Brust und Hinterleib.
Am Kopf sitzen Fühler, Facettenaugen und Mundwerkzeuge. Der Brustbereich besteht aus drei Segmenten mit zwei Flügelpaaren und drei Laufbeinpaaren. Der Hinterleib wird in 11 Segmente unterteilt.
Die Entwicklung der Insekten aus dem Ei zum Vollinsekt kann, je nach Tierart, auf zwei Wegen erfolgen:

- Pterygota: Ei – Larve – mehrere Häutungen – Vollinsekt
- Holometabola: Ei – Larve – Ruhepause (Verpuppung) – Vollinsekt.

Zur Gruppe Pterygota gehören z. B. Libellen und Heuschrecken, zur Gruppe Holometabola Schmetterlinge, Käfer, Fliegen und Bienen.

Insekten mit Wehrsekreten

Sie besitzen eine Duftdrüse, meist im Hinterleib, aus der sie übelriechendes Sekret absondern. Manche speichern Giftstoffe in Darm und/oder Leber; diese machen sie für den Verzehr, manchmal auch nur zu bestimmten Jahreszeiten, ungenießbar.
Zu den Tieren mit Wehrsekreten zählen Wanzen (Rhynchota → *siehe dort*), Ohrwürmer (Dermaptera), Heuschrecken (Pyryomorphidae Spp.), Schaben (Blattodea), Käfer (Coleoptera) und die Kurzflügler (Staphylimidae).

Vorkommen:

Weltweit.

Toxine:

Aldehyde, Alkohole, Alkane, gesättigte und ungesättigte Ester, Carbonsäuren, Dicarbonylverbindungen, Steroidhormone, Terpene, Alkaloide, Chinone und Säuren.

Vergiftungswege:

Freisetzen von Wehrdrüsensekret aus der Drüse am Hinterleib oder Reflexbluten, darunter versteht man das Herauspressen von Hämolymphe durch Kontraktion entlang der Beingelenke.
Durch den Genuß von Heuschrecken und, in früheren Jahrhunderten, von Cantharidae sind Vergiftungsfälle und Todesfälle bei Menschen aufgetreten.

Giftwirkung:

Neurotoxisch, cytotoxisch, nephrotoxisch.

Symptome:

Wehrdrüsensekrete rufen auf der menschlichen Haut einen Brennschmerz hervor. Diesem folgt eine leichte Rötung und, bei besonders Sensiblen, Blasenbildung und urticaria-ähnliche Erscheinungen.
Die Vergiftung durch den Genuß von Cantharidin äußert sich in katarrhalischen Entzündungserscheinungen aller Schleimhäute, Verdauungsstörungen, brennendem Schmerz in den Harnorganen, Oligurie und Anurie. Der Tod erfolgt durch prärenales Nierenversagen.

Nachweis:

DC; GC; Identifizierung des Tieres.

Therapie:

Normalerweise reicht das Abwaschen mit klarem Wasser. Sollten die Beschwerden fortbestehen, können zur Linderung des Brennschmerzes und des Juckreizes lokal Corticoide verabreicht werden.
Bei den relativ häufigen Säureverletzungen durch Ameisensäuren in unterschiedlicher Konzentration am Auge muß eine Giftneutralisierung durchgeführt werden. Augenreiben mit infizierten Fingern muß unbedingt vermieden werden.

Besonders zu beachten:

Der beste und wirksamste Schutz ist Vermeidung direkten Kontaktes mit den Tieren.

Tab. 1: Die wichtigsten Giftvertreter der Insekten mit Wehrsekret

Name	Vorkommen	Arten	Größe	Toxin	Wehrdrüsen	Besonderheiten
Familie Ohrwürmer (Dermaptera) Ohrwurm (Forficulidae)	weltweit, jedoch kaum in den USA	900	0,5–4 cm	Toluchinon, Ethylchinon	ja Abdominaldrüsen, die bis 20 mg Sekret abgeben	Einige Arten haben Flügel. Sie ernähren sich meist von verrottetem Pflanzenmaterial, manchmal auch von Eiern oder Larven anderer Insekten.
Familie Schaben (Blatta oder Periplaneta) Schabe (Blattidae)	weltweit	>100	bis 5 cm	nicht bekannt	ja	Stinkendes, für Menschen ungefährliches Sekret.
Familie Heuschrecken (Pyryomorphidae) Afrikanische Heuschrecken (Phymateus Spp.)	weltweit, Afrika		4–6 cm	ernährt sich von Wolfsmilchgewächsen. Nahrungsstoffe werden zu Gift umgebaut	nein Abgabe von übelriechendem Schaum im Thoraxbereich	Wird in Afrika gegessen. Dabei kann es zu Vergiftungssymptomen mit Übelkeit, Erbrechen, leichtem Temperaturanstieg und Schwäche kommen.
Familie Käfer (Coleoptera)	weltweit	>200 Familien >250 000 Arten	0,5–5 cm		ja	Ernsthafte Symptome traten nur bei Verzehr von Cantharis-Arten auf.
Laufkäfer (Carabidae)	weltweit	24 000, davon ca. 1000 in Mitteleuropa	bis 1 cm	Hydrochinon H_2O_2	Sekret wird aus Pygidialblase mehrere cm weit geschossen	Lebt in Kalkgebieten; Menschen kommen mit ihnen praktisch nicht in Berührung.
Bombadierkäfer (Brachynus crepitans)	Europa					
Anthia spp. A. sexpunctata	Afrika		2–5 cm	Ameisensäure bis 70%ig, Capronsäure Tiglinsäure, Salicylaldehyd, Chinone, Kresole	Säure kann bis 30 cm weit gespritzt werden	Verursachen mit starken Kiefern schmerzhafte Bisse. Die Säure führt auf der Haut zu Brennschmerz und Rötung. Gelangen die Säuren direkt in die Augen, kann Erblindung eintreten.
Schwarzkäfer (Tenebrionidae)	Eurasien, Amerika		bis 2 cm	Toluchinon, Etylchinon, p-Benzochinon	Pygidialdrüse	Die Unterart Mehlkäfer hat keine Wehrdrüse.

Tab. 1: Fortsetzung

Name	Vorkommen	Arten	Größe	Toxin	Wehrdrüsen	Besonderheiten
Familie Cerambycidae Eukalyptuskäfer (Phoracantha semipunctata)	warme Länder Australien	>100	bis 1 cm	Nach Gegend verschieden: O-Kresol, Toluol, Monoterpene, Phoracanthol, Phoracanthal, Salicylaldehyde	Mandibulardrüsen	Die Art des Giftstoffes scheint von den aufgenommenen Nahrungsbestandteilen abhängig zu sein. Für Menschen nicht gefährlich.
Familie Marienkäfer (Coccinellidae)	Europa, Asien, Amerika, Afrika		0,5 bis 1 cm	Alkaloide, Coccinellin, Convergin, Myrrhin, Adalin	Reflexbluten	Dringen die Alkaloide in offene Wunden ein, kommt es zu Brennschmerz und Juckreiz.
Familie Ölkäfer (Meloidae)				Cantharidin	Reflexbluten	Gelblich, übelriechende Flüssigkeit an den Gelenken. Sie enthält Cantharidin, ein cytotoxisches Toxin, das schon in Mengen von 0,1 mg auf der menschlichen Haut zu einer schmerzhaften Blasenbildung führt. In Mengen ab 5 mg per os kommt es zu Übelkeit, Erbrechen, Diarrhoe, Blasentenesmen, Oligurie, Anurie und Tod durch Nierenversagen. Dem Gift wurde aphrodisiakische Wirkung nachgesagt; auch als Abortivum wurde es verwendet.
Maiwurm (Meloe proscara baeus)	Deutschland, Eurasien, Afrika;		bis 4 cm			
Blasenkäfer (Mycabris spp.)	Südeuropa, Asien, Afrika;		bis 4 cm			
Spanische Fliege (Lytta vesicatoria)	Südeuropa bis Südrußland		2 bis 3 cm			
Familie Schwimmkäfer (Dytiscidae) Gelbbrandkäfer (Dytiscus marginalis)	Europa, Asien, Amerika	>100	bis 2 cm	Testosteron und 14 weitere Steroidhormone, Cortexon (0,4 mg), Hydroxybenzolsäuremethylester, Benzoesäure	Pygidialblase und Wehrdrüsen im Brustsegment	Hautausschläge durch die Säuren der Hinterleibsdrüsen. Die Hormone sind für Warmblüter ungefährlich. Bei Kaltblütern wirken die Hormone neurotoxisch. Störung des Na^+- und K^+-Haushaltes. Der Tod tritt innerhalb 20–30 Minuten ein.

Tab. 1: Fortsetzung

Name	Vorkommen	Arten	Größe	Toxin	Wehrdrüsen	Besonderheiten
Familie Kurzflügler (Staphylinidae) Paederus spp.	Europa, Afrika		bis 1,5 cm	Alkaloide, Pederin, Terpene, Actinidin	ja	Nachtaktiv; werden vom Licht angelockt. Durch Wischbewegungen wird die Chitinhülle zerdrückt, verursacht Risse in der Haut, durch die das Drüsensekret eindringen kann. Blasenbildung mit narbiger Abheilung. Kommt Sekret in die Augen, entsteht die gefährliche Entzündung „Nairobi eye". Therapie: Desinfektion, Vermeiden von Wischbewegungen am Auge, evtl. Spülung.

Japanische Wellhorn-Schnecke (Babylonia japonica)

Vorkommen:

Japan und Chinesisches Meer; Vergiftungssymptome traten nur bei Tieren aus der Surugabay auf.

Toxine:

Surugatoxin (ähnlich Saxitoxin).

Vergiftungsweg:

Das Gift stammt wahrscheinlich aus der Nahrungskette der Schnecke. Die Giftaufnahme bei Menschen erfolgt peroral.

Giftwirkung:

Neurotoxisch.

Symptome:

Sehstörungen, Taubheitsgefühl der Lippen, Sprachstörungen, starker Durst, Obstipation, Atemstörungen.

Nachweis:

DC; GC; Identifizierung des Tieres.

Therapie:

Entfernung des Giftes durch Magenausheberung und Adsorbentien (Medizinalkohle); evtl. Beatmung; absolutes Alkoholverbot, da durch Alkohol die Giftwirkung verstärkt wird.

Besonders zu beachten:

Tödliche Fälle bisher nicht bekannt.

Läuse (Phtiraptera)

Vorkommen:

Weltweit.

Wichtigste Giftvertreter:
Kopflaus; Kleiderlaus; Filzlaus.

Toxine:

Nicht isoliert.

Vergiftungsweg:

Die Eier werden mit einem wasserunlöslichen Kitt entlang der menschlichen Haare abgelegt. Erwachsene Tiere saugen alle 2 bis 3 Stunden. Während des Saugvorgangs treten mit dem in die Wunde gelangten Speichel möglicherweise vorhandene Krankheitserreger über. Gefürchtet war früher die Übertragung des Fleckfiebers.

Giftwirkung:

Wahrscheinlich schwach neurotoxisch und hämatotoxisch.

Symptome:

Starker Juckreiz im Bereich des behaarten Körpers. Besonders betroffen ist die Genitalregion, seltener der Kopfbereich. Leichte Rötung im Bißbereich. Ausweitung und mögliche Sekundärinfektion durch Kratzen.

Nachweis:

Mikroskopische Untersuchung der Nissen und ausgewachsenen Tiere. Sie haben einen abgeflachten Körper mit 6 Beinen, die mit Klauen enden. Mit diesen Klauen hält sich das Tier an den Haaren fest. (Die Filzlaus hat nur 4 Klauen.)

Therapie:

Am ungefährlichsten ist die mechanische Entfernung mit dem Läusekamm. Früher wurden viele neurotoxische Gifte eingesetzt wie:
Cuprex®-Mixtur; Jacutin®-Gel und Emulsion (Puderspray nur zur Anwendung an Bekleidung); Organoderm®-Lösung und -Kamm; Quellada®-Lotion und -Schampoo.
Zusätzlich können zur Bekämpfung des Juckreizes Antihistaminika oder Puder (z.B. Ingelan®) eingesetzt werden.
Bei starkem Befall müssen die betroffenen Stellen rasiert werden.
Während der Therapie muß die Leib- und Bettwäsche täglich gewechselt werden.

Besonders zu beachten:

Im und nach dem 2. Weltkrieg waren durch schlechte hygienische Bedingungen die Läuse stark verbreitet. (Es sei hier an die Bilder der Entlausungsaktionen in den ersten Tagen nach Kriegsende erinnert.)
In den Nachkriegsjahren gingen die Erkrankungen durch Läuse stark zurück. In den letzten Jahren ist wieder ein deutlicher Anstieg zu vermelden, was durch staatliche Stellen auch auf die Veränderung der Haar- und Bartmode zurückgeführt wird.
Bei der Therapie muß darauf geachtet werden, daß die applizierten Medikamente nicht mit Schleimhäuten in Berührung kommen bzw. eingeatmet werden. Kinder unter 3 Jahren sollten stationär aufgenommen werden.

Mücken und Fliegen (Diptera)

Vorkommen:

Weltweit.
Die Vergiftungserscheinungen für den Menschen sind sehr gering. Die zu der Ordnung Zweiflügler (Diptera) zählenden 85 000 Arten sind jedoch wichtige, häufige und gefürchtete Krankheitsüberträger. Dies gilt besonders für die tropischen und subtropischen Gebiete der Erde.

Toxine:

Nicht isoliert.

Vergiftungsweg:

Stich in ungeschützte, nicht oder nur schwach behaarte Hautpartien. Bei fast allen Arten stechen nur die Weibchen, während die Männchen harmlose Nektarsammler sind.

Giftwirkung:

Schwach neurotoxisch und anticoagulatorisch.

Symptome:

Lokaler Schmerz mit Rötung und Schwellung. Geringer Blutaustritt aus der Wunde, da im Speichel der Tiere Substanzen zu sein scheinen, die die Gerinnung kurzfristig hemmen. Evtl. Sekundärinfektion.

Nachweis:

Identifizierung des Tieres.

Therapie:

Lokale Maßnahmen mit Antihistaminika, wie z. B. Soventol®-Gel oder Tavegil®-Gel oder schmerzlindernde, antiinflammatorisch wirksame Mittel auf pflanzlich/alkoholischer Basis, wie z. B. Spolera® flüssig, sowie analgetische Kortikosteroid-Lotionen oder Eiswasserumschläge (Brede, 1987).

Besonders zu beachten:

Die beste Schutzmaßnahme ist die Prophylaxe. Angeblich soll Vitamin B 12, oral oder intramuskulär verabreicht, Insekten fernhalten. Dies ist jedoch nicht völlig gesichert.
Da Moskitonetze oder Duftstoffe, wie Autan®, nicht zuverlässig schützen, sollten vor Reisen in gefährdete Gebiete unbedingt die notwendigen Schutzimpfungen durchgeführt werden.
Der Versuch, die Insekten mit DDT und ähnlichen Stoffen zu vernichten, muß, aufgrund von Resistenzbildung, als gescheitert betrachtet werden.
Erfolgversprechend erscheinen biologische Maßnahmen, wie die Förderung natürlicher Feinde (Fische und Fadenwürmer, die die Larven dezimieren) oder die Freilassung speziell gezüchteter und sterilisierter Männchen, zu sein.
Insgesamt ist die Zahl der Todes- und der Erkrankungsfälle um ca. 60 bis 70% zurückgegangen. Die Zahl der Erkrankungen, z. B. an Malaria, liegt jedoch auch heute noch bei ca. 20 bis 100 Millionen, die Zahl der Todesfälle bei 800 000 bis 900 000.

Tab. 1: Die wichtigsten Giftvertreter der Mücken und Fliegen

Name	Vorkommen	Krankheitsüberträger	übertragbare Erreger	Symptome bei Biß	Größe	Besonderheiten
Familie Fliegen (Brachycera) Wadenstecher (Stomoxis calcitrans)	Europa, Asien	nein		nadelstichartiger Schmerz, leichte Rötung	bis 1 cm	sticht bevorzugt in die Wade
Tse-Tse-Fliege (Glossina Spp.)	Afrika	ja Schlafkrankheit bei Menschen, Nagana-Seuche bei Rindern	Trypanosoma gambiense, Trypanosoma rhodesiense	schwacher Schmerz, Juckreiz, Hautverletzung durch Kratzen	bis 1,2 cm	lebendgebährend; immer nur eine Larve, die sich sofort verpuppt; Weibchen haben 7–10 Junge im Verlauf des Lebens; ca. 30 Arten sind bekannt; jede Unterart braucht spezielle Umweltbedingungen, daher treten sie nur lokal begrenzt auf
Familie Bremsen (Tabanidae) Rinderbremse (Tabanus bovinus)	gemäßigte Klimazonen	nein		schmerzhafter Stich, leichte Nachblutung, Schwellung und Schmerz; evtl. Sekundärinfekt	bis 2 cm	nur die Weibchen stechen; sehr lauter aggressiver Ton beim Anflug; bevorzugt werden Pferd und Rind gestochen.
Regenbremse (Chrysosona pluvialis)	Mitteleuropa	nein		leicht schmerzhafter Stich, Schwellung, Rötung	bis 1,5 cm	fliegt praktisch lautlos an; der Stich wird häufig erst bemerkt, wenn das Tier schon wieder abgeflogen ist; Farbe grau.
Blindbremse (Chrysops)	Mitteleuropa	nein		schwacher Schmerz und Schwellung	bis 1,5 cm	die Augen schillern in allen Regenbogenfarben; lautloser An- und Abflug; Schmerz tritt mit Verzögerung ein
Verschiedene Bremsenarten	Tropen	ja	Typanosomen, Fadenwürmer und andere Krankheitserreger			Es werden immer wieder Krankheitsfälle gemeldet, die nach Bremsenstichen aufgetreten sein sollen, ohne daß die Tiere bisher identifiziert werden konnten.

Tab. 1: Fortsetzung

Name	Vorkommen	Krankheits-überträger	übertragbare Erreger	Symptome bei Biß	Größe	Besonderheiten
Familie Stech- und Fiebermücken Moskito (Nematocera) Anopheles spp.	weltweit	ja Malaria	Plasmodien	Stich, Rötung, leichte Schwellung	bis 1,2 cm	Durch intensive Bekämpfung von Mücke und Erreger ist die Krankheit in Nord- und Mitteleuropa, den USA und Teilen Südamerikas sowie in Indien praktisch ausgerottet. Deutsche Anopheles spp. übertrugen M. tertiana. Bei Reisen in gefährdete Gebiete Schutz durch Resochin und/oder Chloroquin-Prophylaxe.
Aedes spp., z. B. Aedes ägypti oder Stegomyia ägypti	Afrika, südliches Nordamerika	ja Gelbfieber	Virus	Stich schwach schmerzhaft, Rötung, Ödembildung	bis 1 cm	Stammt aus den heißen Gebieten Afrikas. Mit der Überträgermücke kam auch die Krankheit nach Amerika. Schutzimpfung durch Gesundheitsamt oder spezielle Institute. Impfschutz nur begrenzt haltbar.
Culex spp., z. B. C. quinquefasciatus	weltweit	ja	Viren, Trypanosomen, Fadenwürmer	Rötung, Schwellung, Sekundärinfektion	bis 1,2 cm	Die Art der übertragenen Erreger ist vom Lebensraum der Mücke abhängig. Sehr häufig werden jedoch mehrere Erreger gleichzeitig übertragen.
Stechmücken ohne nähere Bezeichnung	Süd- und Südostasien, Mittelamerika	ja Denguefieber	Virus			
	Tropen und Subtropen	Filariasis	Fadenwurm			
Kriebelmücke (Melusinidae)	weltweit	ja Elephantiasis	Fadenwürmer	schmerzhafter Stich, evtl. allergisches Ödem	bis 5 mm	Braucht Fließendwasser zur Entwicklung der Larve. Lebensgefährlich für Weidetiere bei Massenanfall (Ungarn, Donaugebiet).
Gnitzen (Ceratopogonidae)	weltweit	nein		schmerzhafter Stich, Rötung	2–5 mm	Braucht stehendes brackiges Wasser zur Entwicklung der Larve.

Muscheln (Lamellibranchiata)

Vorkommen:

Ubiquitär, außer in den Eismeeren und Alaska.

Tab. 1: Die wichtigsten Giftvertreter der Muscheln

Name	Vorkommen
Butter Clam (Saxidomus giganteus)	Westküste der USA; Kalifornien; Alaska
Herzmuschel (Saxidomus muttalli)	Kalifornien
Kalifornische Muschel (Mytilus californianus)	Nordpazifik bis Aleuten
Miesmuschel (Mytilus edulis)	Europa; Ost- und Westküste der USA
Auster (Ostrea edulis)	Europa

Toxine:

Saxitoxin; Gonyantoxin; Brevetoxin B.

Vergiftungsweg:

Die Muscheln nehmen in den Sommermonaten (Mai bis September) mit ihrer Nahrung Einzeller (Dinoflagellaten) auf und speichern diese in der Leber. Die Vergiftungserscheinungen werden durch die Toxine der Flagellaten hervorgerufen. Die Aufnahme der Giftstoffe erfolgt peroral.

Giftwirkung:

Neurotoxisch; dermatotoxisch; myotoxisch.

Symptome:

Nach einer Inkubationszeit von ca. 30 Minuten können zunächst neurotoxische Symptome mit Kribbelparästhesien in Gesicht und Zunge auftreten, von dort Ausbreitung über den ganzen Körper. Übergang der Parästhesien in Taubheit. Gleichgewichtsstörungen, Schwäche, Benommenheit und Sehstörungen bis zur Erblindung können folgen. Je nach aufgenommenem Gift kann sich daran, mit einer Inkubationszeit von 2 bis 3 Stunden, eine dermatotoxische Phase anschließen. Diese geht einher mit sich zentrifugal ausbreitenden Hautausschlägen, Schwellung, Juckreiz, Conjunktivitis, Schwellneigung der Zunge sowie dadurch bedingten Atembeschwerden. Diese Phase kann 2 bis 3 Tage dauern. Die häufigste Giftwirkung zeigt sich in gastrointestinalen Beschwerden, die mit einer Latenzzeit von 10 bis 12 Stunden auftreten. Es zeigen sich Übelkeit, Erbrechen, Diarrhoe sowie krampfartige Unterbauchbeschwerden. Diese Krankheitssymptome dauern nur kurz. Meist folgt danach Restitutio ad integrum.

Nachweis:

DC; GC; Identifizierung des Tieres.

Therapie:

Je nach Symptomatik muß eine spezielle Therapie durchgeführt werden. Allen Therapieformen muß jedoch zunächst eine Verdrängung des Giftes aus dem Körper zugrunde liegen. Hierzu eignen sich die Magenausheberung sowie die Einbringung von Adsorbentien, wie z. B. Med.Kohle-Pulvis-Köhler®.
Schockbekämpfung; Volumenzufuhr; evtl. Physostigmin bei anticholinergem Syndrom.

Besonders zu beachten:

Wenn in den besonders gefährlichen Monaten Muscheln zubereitet werden, muß darauf geachtet werden, daß sie ca. 30 Minuten lang gekocht werden. Dem Kochwasser muß ein Eßlöffel Natron zugesetzt werden.
Die neurotoxische Vergiftungsform wurde um die Jahrhundertwende erstmals als sogenannte „Paralytic shellfish poisoning" beschrieben. Der Tod tritt innerhalb 12 Stunden durch Atemlähmung ein. Verantwortlich hierfür ist das Saxitoxin, das eine LD_{100} Mensch von 1 mg/75 kg hat. Ca. 8% der Vergiftungen enden letal.
Absolutes Alkoholverbot, da durch Alkohol die Giftwirkung verstärkt wird.

Petermännchen oder Weberfische (Trachinidae)

Vorkommen:

Ostatlantik und Mittelmeer.

Tab. 1: Die wichtigsten Giftvertreter der Weberfische:

Name	Vorkommen	Vergiftungsweg
Kleiner Weberfisch (Trachinus vipera)	Mittelmeer, Südküste Englands, südliche Nordsee, Kanal	gräbt sich ein, Giftfreisetzung durch Tritt auf Stachel
Großer Weberfisch (Trachinus draco)	Mittelmeer, Schwarzmeer, Nordsee, europäische Atlantikküste	gefährdet sind hauptsächlich Krabbenfischer, zum Revierschutz gegen große Fische und Taucher greift der Fisch an; gilt als Delikatesse

Toxine:

Enzyme; Histaminmediatoren; 5-Hydroxytryptamin (Serotonin).

Vergiftungsweg:

Zwei Kiemen- und 5 bis 8 Rückenstacheln, die von einem schwammigen Drüsengewebe an der Stachelbasis umgeben sind. Beim Stich wird das Gewebe zerrissen und das Gift freigesetzt.
Verletzung hauptsächlich beim Entleeren von Fischernetzen oder durch unvorsichtiges Hantieren beim Angeln. Manche Petermännchen graben sich in den Sand ein, dies sorgt für eine erhöhte Verletzungsgefahr durch hervorstehende Stacheln bei Wattwanderungen ohne Schuhwerk.

Giftwirkung:

Neurotoxisch; myotoxisch; hämolytisch.

Symptome:

Schmerz wie bei Wespenstich; sofort Rötung und großflächige Schwellung; Ekchymosen; Kopfschmerz; Temperaturerhöhung; Schüttelfrost und Muskelkrämpfe; Schädigung des Myocards und der Coronarien wurden beschrieben.

Nachweis:

DC; GC; Identifizierung des Tieres.

Therapie:

Lokale Schmerzbehandlung mit Lidocain; bei Krampfneigung Diazepam i.v.; Antihistaminika; evtl. Wärmedenaturierung durch Heißwasserbad; Antiserum vorhanden.
In leichteren Fällen setzt nach 5 bis 7 Tagen die Genesung ein. Tödliche Fälle sind beschrieben.
Die früher propagierte Behandlung mit Kaliumpermanganat oder Schmierseife gilt heute als obsolet. Diese Behandlungsmethode führt zum Verlust der betroffenen Gliedmaßen.

Besonders zu beachten:

Vorsicht beim Umgang mit geangelten oder im Netz gefangenen Weberfischen. Bei Wattwanderungen Badeschuhe mit festen Sohlen tragen.

Schildkröten (Testudines)

Vorkommen:

Weltweit. Unfälle sind jedoch nur durch einige Meeresschildkröten verursacht worden.

Die wichtigsten Giftvertreter:
Unechte Karett-Schildkröte (Caretta-caretta); See- oder Suppenschildkröte (Chelonia mydas); echte Karett- oder Geierschildkröte (Eretmochelys imbricata); Lederschildkröte (Dermochelys coriacea).

Toxine:

Chelonitoxin.

Vergiftungsweg:

Passive Vergiftung durch perorale Aufnahme. Ähnlich wie die passiv giftigen Fische leben diese Schildkröten von Weichtieren, Krebsen und Algen. Sie speichern die Giftstoffe. Beim Verzehr durch den Menschen treten in seltenen Fällen hierdurch Vergiftungssymptome auf.

Giftwirkung:

Kardiotoxisch, neurotoxisch, dermatotoxisch.

Symptome:

Innerhalb weniger Stunden kommt es zu Diarrhoe, Kopf-, Bauch- und Gliederschmerzen. Schweißausbrüche und tachykarde Rhythmusstörungen können folgen. In den meisten Fällen nehmen die Vergiftungssymptome danach ab.
Bei stärkeren Vergiftungserscheinungen folgt ein Stadium mit Stomatitis aphtosa, heftigen Schmerzen und Brennen an Lippe, Zunge und Gaumen sowie eine Pustelbildung auf dem weiß belegten Zungengrund. Die Pusteln bleiben über Monate bestehen oder wandeln sich in Blasen um, die aufplatzen.
In ca. 28% der Fälle folgt diesem Stadium ein Finalstadium mit Lethargie, Koma und Tod durch Atemlähmung.

Nachweis:

DC; GC; Identifizierung des Tieres. Differentialdiagnostisch muß eine Salmonellose durch Stuhlkulturen ausgeschlossen werden.

Therapie:

Im Stadium der gastroenteritischen Manifestation evtl. Bindung an Medizinalkohle (Kohle-Pulvis-Köhler®). Im Stadium der Stomatitis Adstringentien und Pinselungen mit Präparaten auf Salbeibasis. Ein spezielles Antiserum ist nicht bekannt.

Besonders zu beachten:

Im Indopazifik, wo diese Tiere beheimatet sind, wird ein Stück des Fleisches an Hunde oder Katzen verfüttert. Zeigen diese nach 24 Stunden keine Symptome, essen die Menschen das restliche Fleisch.
Da bei uns Schildkröten nur als Konserve angeboten werden, ist die Vergiftungsgefahr sehr gering.
Bei Reisen auf indopazifische Inseln ist vor dem Genuß frisch gefangener Schildkröten unbedingt Rücksprache mit Einheimischen zu nehmen.

Schlangen

Vorkommen:

Schlangen gehören zu den geographisch am weitesten verbreiteten Tieren. Sie kommen, mit unterschiedlichen Familien, außer in den Eisgebieten praktisch überall auf der Erde vor.

Nur wenige Regionen bzw. Länder sind frei von Giftschlangen:
In Afrika: Madagaskar, die Kanarischen und Kapverdischen Inseln.
In Amerika: die Regionen nördlich von 55° N, die Westindischen Inseln (Ausnahme: Trinidad, Tobago, St. Lucia, Martinique), Chile, die Galapagos-Inseln.
In Asien: die Regionen nördlich von 60° N.
In Ozeanien: Neuseeland, Hawaii, die Loyalty-Inseln, Mikronesien, die Neu-Hebriden, Polynesien.
In Europa: die Regionen nördlich des Polarkreises, Irland, Island, die Balearen, Korsika, Kreta und Sardinien.
Die Karibik und der Atlantik sind frei von Seeschlangen (Mebs, 1994).

Unter den mehr als 2000 Schlangenarten sind ungefähr 400 giftige Vertreter bekannt. Sie sind aktiv giftig. Weltweit wird die Zahl der Unfälle pro Jahr mit Schlangen auf etwa 2 Millionen geschätzt; etwa 50 000 hiervon enden tödlich. Die Dunkelziffer dürfte jedoch, aufgrund des Hauptverteilungsgebietes der besonders giftigen Vertreter auf Zentral- und Südafrika, Mittel- und Südamerika sowie Indien und Südostasien, sehr hoch sein.

Die giftigen Schlangen werden in 4 Gruppen unterteilt:

– Giftnattern, Kobras	(Elapidae)	→ *siehe dort*
– Grubenottern, Klapperschlangen	(Crotalidae)	→ *siehe dort*
– Seeschlangen	(Hydrophiidae)	→ *siehe dort*
– Vipern	(Viperidae)	→ *siehe dort*

Die Gruppe der
– Trugnattern (Colubridae)
zählt eigentlich zu den ungiftigen Schlangenarten. Normalerweise treten nach einem Biß nur lokale Reaktionen auf, die unbehandelt wieder verschwinden.

Im Mitteleuropa sind Verletzungen durch die wenigen hier vorkommenden Giftschlangen relativ selten, da der Lebensraum dieser Tiere immer mehr eingeengt wird. Zu beachten ist allerdings, daß es in Deutschland eine große Zahl von Personen gibt, die Schlangenhalter sind. In einer Millionenstadt sollen sich etwa 30 bis 40 Schlangenhalter finden. Touristen in den warmen Ländern kommen mit giftigen Schlangen nur selten in Berührung; Abenteuerwanderer, Teilnehmer an wissenschaftlichen Exkursionen, Expeditionen oder alle Personen, die in den Tropen längere Zeit leben, sind schon eher exponiert (Werner).

Toxine:

Schlangengift ist ein Produkt der Ohrspeicheldrüse, es stellt ein komplexes Gemisch von Proteinen und Polypeptiden mit enzymatischen und toxischen Eigenschaften dar (Mebs, 1973). Die Giftzusammensetzung weist unter den Schlangenfamilien und unter den einzelnen Arten erhebliche Unterschiede auf. So enthalten Gifte der Seeschlangen, Kobras, Kraits, Mambas und Korallenschlangen meist hochwirksame, kleinmolekulare Toxine mit spezifischer Wirkung an der Nervenendplatte (Blockade der Erregungsübertragung, Lähmung der Muskulatur). Vipern und Klapperschlangen-Gifte sind hingegen besonders reich an Enzymen und greifen bevorzugt in die Blutgerinnung ein. Darüber hinaus bewirken sie häufig ausgedehnte Hämorrhagien und Nekrosen. Allgemein betrachtet stellen Schlangengifte ein einzigartiges Naturprodukt dar: Selten liegen Enzyme so konzentriert vor, selten findet man eine so wirkungsvoll abgestimmte Mischung von Toxinen und anderen, den Organismus schädigenden Faktoren.

Vergiftungsweg:

Die Giftzähne der Schlangen liegen grundsätzlich im Oberkiefer. Sie entwickeln sich aus Speichel- und Ohrspeicheldrüsen (Duvernoy-Drüse). Dies könnte eine Erklärung für den hohen Enzymgehalt der Gifte sein. Die pro Biß abgegebene Giftmenge reicht von weniger als 20 mg bis 1000 mg. Grundsätzlich gilt, daß Schlangen nur dann angreifen, wenn sie sich bedroht fühlen. Meist warnen sie durch Zischlaute, Rasseln (Klapperschlangen) oder Aufrichten des Kopfes (Kobra) vor.

Giftwirkung:

Schlangengifte sind ein Gemisch von Enzymen und Toxinen; die konzentriert vorliegenden Enzyme (Esterasen, Carbohydrasen, proteolytische Enzyme, Hyaluronidase u. a.) haben im wesentlichen die Funktion, das Beutetier zu verdauen; daneben tragen sie auch zum Tod des Beutetieres bei. Bei den aus Sekreten von Seeschlangen und Kobras isolierten Giften handelt es sich um hochaktive Substanzen, die als Neurotoxine bezeichnet werden und an der Nervenendplatte angreifen. Sie haben eine curareähnliche Wirkung, indem sie sich irreversibel an der postsynaptischen Membran anlagern und diese für Acetylcholin unzugänglich machen. Eine andere Gruppe von Giften wird als Kardiotoxine bezeichnet. Sie führen zu einer irreversiblen Depolarisierung an der Zellmembran und bewirken zum Beispiel eine Paralyse von Muskelzellen, systolischen Herzstillstand oder eine Lyse von Erythrozyten (Harrey, Lee). Die Zusammensetzung der Gifte variiert stark je nach Art der Schlange, so daß es zu einer sehr unterschiedlichen Vergiftungssymptomatik kommen kann. So lassen sich etwa fünf Symptomenkomplexe unterscheiden (Mebs, 1994).

1. *Neurotoxische Wirkung* (wie im 1. Fall; bei Kobras, Mambas, Kraits, Korallenschlangen, Seeschlangen); hierbei blockieren spezifische Neurotoxine die neuromuskuläre Erregungsübertragung an der Synapse; eine zentrale Wirkung gibt es allerdings nicht. Erste Symptome sind Ptosis, Lähmung der Gesichts- und fortschreitend der Atemmuskulatur (todesursächlich) (Mebs, 1994).
2. *Störung der Blutgerinnung*, für Viperngifte charakteristisch. Klinisch auffällig sind Schleimhautblutungen, verlängerte Gerinnungszeiten bis zur kompletten Verbrauchskoagulopathie; verursacht wird dies durch Aktivierung von Gerinnungsfaktoren (Faktor X, Prothrombin, direkte Spaltung von Fibrinogen) (Mebs, 1994).
3. *Hämorrhagien*; sie treten bei vielen Vipern- und Klapperschlangenbissen überwiegend um die Bißstelle auf. Blutungen in das Gewebe führen oft zu ausgedehnten Gewebsnekrosen, ausgedehnte *Ödeme* können einen hypovolämischen Schock zur Folge haben.
4. *Herz- und Kreislaufversagen*, meist unspezifische Reaktionen nach einem Schlangenbiß, aber auch Folge von Elektrolytverschiebungen, Hypovolämie bei massivem Ödem (Mebs, 1994).
5. *Schädigung der Skelettmuskulatur*, ein für Seeschlangen- und manche australische Schlangengifte charakteristisches Symptom, das sich in Muskelschmerzen und dunkelbraunem Urin (Myoglobinurie; keine Hämoglobinurie, die bei Schlangenbissen extrem selten ist) manifestiert (Mebs, 1994).

Diese Symptome treten bei Schlangenbissen selten isoliert auf. Sie sind außerdem meist überlagert von den Reaktionen des Betroffenen, die, ausgelöst von Angst und Panik (Kreislaufprobleme etc.), nichts mit einer Giftwirkung zu tun haben (Mebs, 1994).
Der Verlauf einer Vergiftung ist von verschiedenen Faktoren abhängig:
Beim Menschen ist er vom Alter, Gesundheitszustand sowie von der Lage und Tiefe des Bisses und der Einwirkdauer des Giftes abhängig. Panik und Schock verstärken die Giftwirkung. Entscheidend kann die Art und Weise der Ersten Hilfe sowie der Möglichkeit einer spezifischen Antiserumgabe sein.
Bei der Schlange ist er von der Dauer eines evtl. Hungerzustandes (je weniger das Tier beißt, desto größer ist die Giftmenge) sowie vom Vorhandensein weiterer Krankheitserreger im Schlangenmaul, die als Vektor für die Giftwirkung dienen, abhängig. Die ausgeschüttete Giftmenge ist abhängig vom Angstzustand des Tieres; die Giftausschüttung beim Verteidigungsbiß ist relativ gering, beim Angriffsbiß sehr hoch. Ob eine Schlange angreift, ist auch von der Tageszeit abhängig. Die nachtaktiven Tiere sind bei Tag aufgrund ihrer Trägheit praktisch ungefährlich.

Symptome:

Eine Einteilung der Giftschlangen in die durch ihren Biß verursachten klinischen Symptome ist nicht unproblematisch; allgemein gilt, daß Kobras, Mambas, Kraits und Korallenschlangen vorwiegend neuro-

* Quelle: Mebs, D.: Die gelben Hefte XXIII, 46–47 (1983)

toxische, Vipern und Klapperschlangen hauptsächlich vaskulotoxische Symptome wie Gerinnungsstörungen, Hämorrhagie und Nekrose, die Seeschlangen myotoxische Symptome hervorrufen. Letztere sind selten, sie betreffen meist Fischer, die beim Einholen der Netze mit den fast ausschließlich marin lebenden Schlangen in Kontakt kommen. Nach ihrem Biß treten nach wenigen Stunden starke Muskelschmerzen auf, der Urin hat eine dunkelbraune Färbung, was auf das reichlich ausgeschiedene Myoglobin zurückzuführen ist; neurotoxische Symptome wie Paralyse der Augenmuskeln, der Lider, der Zunge, des Nackens und der Atemmuskulatur sind häufige Begleitsymptome. Eine fortschreitende Myolyse führt nicht selten wegen massiver Myoglobinurie zum Nierenversagen, eine Hyperkalämie zum Herzversagen. Dies wird verursacht durch Phospholipasen A des Giftes, die spezifisch die quergestreifte Muskulatur angreifen.
Elapiden (Kobras, Mambas etc.), die vorwiegend in Afrika, Asien und Australien verbreitet sind, rufen mit ihrem Biß zunächst ein leichtes, mitunter schmerzhaftes Ödem um die Bißstelle hervor, dieses kann aber auch fehlen oder nur sehr leicht ausgeprägt sein. Erbrechen, Blässe, Schweißausbruch, Bewußtseinseintrübung und Bewußtlosigkeit können nach wenigen Minuten, aber auch erst im Verlauf von Stunden auftreten, charakteristischer sind jedoch Symptome, die auf eine beginnende Paralyse hindeuten und eindeutiges Zeichen einer schweren Vergiftung sind. Diese betrifft zuerst die Hirnnerven, wobei sich eine Ptosis und Störungen in der Augenbewegung am raschesten erkennen lassen. Schluckbeschwerden können einer Zyanose infolge Lähmung der Atemmuskulatur vorausgehen. Bewußtlosigkeit, Krämpfe und Tod sind die Folge.
Nicht selten kommt es zum Herzstillstand, wenn die Atemlähmung überwunden wurde. Der Vergiftungsverlauf bis zum Eintritt des Todes kann bei Kobras und Mambas mitunter weniger als eine Stunde betragen. Massive Schwellungen um die Bißstelle innerhalb weniger Minuten sind ein sicherer Hinweis, daß sich eine Vergiftung als Folge eines Vipern- oder Klapperschlangenbisses etabliert. Das sich rasch über das ganze betroffene Körperteil, Arm oder Bein ausbreitende Ödem ist meist auch mit hämorrhagischen Erscheinungen um die Bißstelle verbunden: Es entwickeln sich zunächst Hautblasen, die mit einer blutig-serösen Flüssigkeit gefüllt sind, größere Hautareale sind hämorrhagisch unterblutet, lösen sich ab, ausgedehnte Nekrosen, die auch tieferliegende Muskelschichten betreffen, machen nicht selten die Amputation einer ganzen Extremität notwendig. Zahnfleisch- und Nasenbluten, Sickerblutungen aus der Bißwunde sind deutliche Hinweise auf schwere Gerinnungsstörungen, wie sie nach dem Biß der indischen Russells-Viper (Vipera russelli), der afrikanischen Sandrasselotter (Echis carinatus) und der malaysischen Grubenotter (Calloselasma rhodostoma) auftreten. Aktivierung des Gerinnungssystems, etwa des Faktors X, des Prothrombins oder mittels direkter Spaltung des Fibrinogens in Fibrin durch Schlangengift-Faktoren führt rasch zur Ungerinnbarkeit des Blutes, zur Verbrauchskoagulopathie. Da diese in der Regel mit schweren Hämorrhagien verbunden ist, kommt es zu massiven Blutungen in das Gewebe und innere Organe. Die massiven Ödeme und die damit verbundenen Flüssigkeitsverschiebungen, die nach dem Biß der afrikanischen Puffotter (Bitis) auftreten – Gerinnungsstörungen gibt es hierbei nicht –, können zum tödlichen Kreislaufkollaps führen.
Die südamerikanische Klapperschlange (Crotalus durissus terrificus) ist wegen ihrer beim Biß auftretenden neurotoxischen Symptome, wie sie für die Kobragifte beschrieben wurden – Ophthalmoplegie, Ptosis, Atemlähmung – gewissermaßen eine Ausnahme unter den sonst vaskulotoxisch-hämorrhagisch wirkenden Klapperschlangengiften. Auch die bei schweren Bissen auftretende Hämolyse (roter, dunkelbrauner Urin), die nicht selten Anurie und Nierenversagen nach sich zieht, ist für diese Art charakteristisch.

Therapie:

*Antiserumgabe**:

Die Entscheidung des Arztes, Antiserum anzuwenden oder nicht, ist nicht immer leicht. Sind keine klinischen Vergiftungssymptome vorhanden, kann abgewartet werden, denn ein nicht geringer Anteil von Schlangenbissen ist „ungiftig", ist also ohne Giftinjektion abgelaufen. Zum anderen ist bei Vorliegen auch geringer, jedoch typischer Symptome, Ptosis bei Kobrabissen, Schwellungen und Blutungsneigungen bei Vipern- und Klapperschlangenbissen sofort mit der Antiserum-Behandlung zu beginnen. Diese hat ausschließlich intravenös zu erfolgen, am besten in Form einer rasch laufenden Tropfinfusion, subkutane (Umspritzen der Bißstelle) oder intramuskuläre Injektionen des Antiserums sind sinnlos.
Die Vortestung des Serums auf allergische Reaktionen (Haut- oder Konjunktival-Test) wird immer wieder empfohlen, hat sich jedoch als nicht sehr zuverlässig erwiesen, mit Sicherheit verzögert sie die Serumthe-

* Quelle: Mebs, D.: Giftschlangenbisse: Symptomatik und Therapie. Die gelben Hefte XIII, 48–50 (1983)

rapie. Es muß in jedem Fall, auch bei positiver Reaktion, Antiserum verabreicht werden, auch eine negative Reaktion schützt nicht vor einem plötzlich auftretenden anaphylaktischen Schock. Daher soll man mit der Infusion des Antiserums auf diese Komplikationen vorbereitet und entsprechend ausgerüstet sein.
Die Frage, wie hoch das Antiserum zu dosieren ist, hängt von der Schwere der Vergiftung und natürlich von der Spezifität und Qualität des Serums ab. Dieses wird durch Immunisierung von Pferden gleichzeitig mit einem oder mehreren Schlangengiften gewonnen, wodurch man monovalentes bzw. polyvalentes Antiserum erhält. Ein monovalentes Antiserum braucht einem polyvalenten nicht überlegen sein, letzteres ist praktikabler, will man eine Region mit verschiedenen Giftschlangen abdecken. Wichtig ist, daß man ein Antiserum verwendet, das mit Gift der betreffenden Schlangenart hergestellt wurde oder gegen dieses nachgewiesenermaßen Neutralisationswirkung zeigt. Dabei wird man sich auf die Angaben des Herstellers verlassen und eher mehr als zuwenig Antiserum anwenden. Regeln lassen sich hierbei nicht aufstellen. In leichten Fällen kann u. U. eine Ampulle eines spezifischen, monovalenten Antiserums ausreichen, in schweren Fällen wurden auch schon 20 bis 30 Ampullen (à 10 ml) verabreicht (Russell, 1980). Bei den trotz Serum-Applikation tödlich verlaufenen Fällen wurde das Antiserum entweder zu spät oder in zu geringer Menge appliziert – oder es war gegenüber der betreffenden Giftschlangen-Art unwirksam.

Tab. 1: Schlangengift-Immunseren (Behring-Werke) und ihre Wirksamkeit gegen spezifische Gifte

Antiserum	Wirksamkeit gegen
Europa	Europäische Vipern: Vipera ammodytes, V. aspis, V. berus, V. lebetina, V. xanthina
Nordafrika	Vipern: Cerastes cerastes, C. vipera, Vipera lebetina, Echis carinatus; Puffottern: Bitis arietans, B. gabonica; Kobras: Naja haje, N. melanoleuca, N. nigricollis
Zentralafrika	Puffottern: Bitis arietans, B. gabonica, B. nasicornis; Mambas: Dendroaspis viridis, D. polylepis; Kobras: Hemachatus haemachatus, Naja haje, N. melanoleuca, N. nigricollis
Vorderer und Mittlerer Orient	Vipern: Cerastes cerastes, Echis carinatus, V. ammodytes, V. lebetina, V. xanthina; Kobra: Naja haje

Nicht immer kann man erkennen, ob die Antiserum-Therapie beim Patienten anschlägt oder nicht. Die relativ rasche Rückkehr zu normalen Gerinnungswerten oder das Verschwinden präparalytischer Symptome sind positive Hinweise. Hämorrhagien und beginnende Nekrosen lassen sich zwar nicht rückgängig machen, doch ihr Ausmaß kann durch Antiserum-Gabe in Grenzen gehalten werden. Andererseits läßt sich z. B. bei einem Kobrabiß eine voll etablierte Lähmung der Atemmuskulatur auch bei massivem Einsatz von Antiserum kaum mehr revidieren, eine weitere Anwendung des Antiserums kann jedoch die Neutralisation noch zirkulierender Giftkomponenten bewirken.
Neben der Serumtherapie sind noch eine Reihe symptomatischer Behandlungsmethoden zu beachten. Sehr wichtig ist es, bei massiven Hämorrhagien und Ödemen durch sorgfältige Kontrolle des Blutvolumens und Infusion von Plasma oder Albumin einen hypovolämischen Schock zu vermeiden. Auch kann bei einem dramatischen Abfall der Erythrozytenzahlen (Hämolyse, Blutverlust) eine Bluttransfusion oder Infusion von Erythrozytenkonzentrat notwendig werden. Bei Gerinnungsstörungen wurden häufig Gerinnungsfaktoren und Thrombozytenkonzentrat infundiert, meist ohne sichtbaren Erfolg, eine Fibrinogen-Infusion ist in diesen Fällen kontraindiziert. Tracheotomie und künstliche Beatmung wird bei auftretender Lähmung der Atemmuskulatur notwendig, zahlreiche Patienten wurden auf diese Weise gerettet, wenn nicht als weitere Komplikation ein Herzversagen auftrat. Infolge von Hämoglobin- oder Myoglobinurie kann es zum Nierenversagen kommen, das nach Hämodialyse meist reversibel ist. Nekrosen im Anschluß an ausgedehnte Hämorrhagien ziehen oft umfangreiche chirurgische Eingriffe mit Amputationen und Hauttransplantationen nach sich.
Vor einigen Behandlungsmethoden, die oftmals anstelle der Serumtherapie angewandt werden, sei gewarnt: Kryotherapie (Stahnke, 1966) und Fasziotomie (Glass, 1976). Intensives Kühlen der Bißstelle führt in vielen Fällen zu massiven Gewebsverlusten infolge von Erfrierungen. Fasziotomie zur Verhinderung von Nekrosen hat sich als eher schädlich erwiesen, bei massivem Ödem erscheint sie mitunter notwendig, ist jedoch bei richtig angewandter Serum-Therapie überflüssig. Eine Kortikosteroid-Therapie ist inzwischen als unnütz erkannt, ebenso die Anwendung von Heparin bei Gerinnungsstörungen.

Es kann nicht genug betont werden, daß die Anwendung des Schlangengift-Antiserums nur durch einen Arzt erfolgen soll. Selbstmedikation schadet eher als daß sie nützt.
Bei Anfragen, welches Schlangengift-Serum man auf eine Reise mitnehmen soll, muß darauf hingewiesen werden, daß man zwar das Serum durchaus in der Reiseapotheke mitführen kann, aber nur, um es im Ernstfall dem behandelnden Arzt zu übergeben. So kann dem Abenteuer-Touristen etwa ein Set mit vier Ampullen eines Schlangengift-Serums zur Mitnahme empfohlen werden, wenn er Afrika, den Nahen- oder Mittleren Osten bereist (s. Tab. 1). Für andere Weltregionen ist die Besorgung eines spezifischen Antiserums meist nur dort möglich.

*Lokalmaßnahmen**:

Da Schlangenserum oft nicht unmittelbar verfügbar ist, haben Lokalmaßnahmen ihre Berechtigung:

a) Reinigung der Wunde mit desinfizierenden Lösungen, notfalls auch mit Wasser; oberflächliche Inzision (Rasierklinge, scharfes Messer, Nadel), damit Schlangengift entfernt wird. Cave tiefe Inzision, da hierdurch Blutgefäße eröffnet werden können!

b) Venöse Stauung oberhalb der Bißstelle; diese darf nicht länger als 2 Stunden liegen bleiben. Die Stauung soll zwischenzeitlich gelockert werden. Wesentlich ist auch eine Ruhigstellung der Extremität, da hierdurch die Blutzirkulation verlangsamt wird und sich das injizierte Gift nur langsam ausbreiten kann.

c) Eine lokale Unterkühlung wird von manchen Fachleuten abgelehnt. Sie kann bei schmerzlosem Biß versucht werden, da hierdurch die lokale Giftresorption verzögert wird; bei schmerzhaften Lokalerscheinungen, wo Nekrosen drohen, ist die Unterkühlung streng kontraindiziert.

d) Reichliche Flüssigkeitszufuhr, wie Wasser, Tee, Kaffee; Alkohol ist streng kontraindiziert, da er die Hautgefäße erweitert.

e) Antihistaminika intravenös (1 bis 2 Ampullen Tavegil®, Sympen®, Calcium-Sandosten® u. a.) und Corticosteroide intravenös (Urbason® solubile, Solu-Decortin®-H 50 bis 100 mg, in schweren Fällen unbedenklich 500 mg i. v.).

f) Schockprophylaxe durch intravenöse Infusion von Plasmaexpandern; falls dies nicht vorhanden, lieber Glucose- oder Elektrolytinfusion (lieber rechtzeitige Glucose- als verspätete Dextraninfusion!).

g) Wichtig ist eine analgetische Behandlung des Bisses (Novalgin®), oft ist auch Sedierung angezeigt (Valium®).

h) Der Verletzte sollte schnellstmöglich in klinische Behandlung gebracht werden, wo weitere Schockbekämpfung nach den Regeln der Intensivmedizin erfolgen kann.

i) Nicht vergessen werden sollte die Tetanusprophylaxe (Tetagam® s. c. oder i. m., evtl. später Tetanol®). Von manchen Autoren werden Antibiotika empfohlen, um den häufigen Sekundärinfektionen vorzubeugen.

Nach Erfahrungen lassen sich Wundinfektionen nach Schlangen- oder Tierbissen in den Tropen nur durch eine sorgfältige, chirurgische Wundversorgung vermeiden, keinesfalls durch Antibiotika (Werner, 1978).

*Mitführen von Antiserum auf Reisen**:

Was ist nun dem Touristen anzuraten? Soll er, wenn er als Abenteuertourist unterwegs ist, Antiserum mit sich führen?
Abgesehen von der Tatsache, daß die meisten Antiseren, die nicht in Europa hergestellt werden, nur schwer zu beschaffen sind, spricht eine Reihe von Argumenten dagegen. Nur wenige Antiseren liegen gefriergetrocknet vor. Die meisten sind flüssig (5 oder 10 ml) in Ampullen abgefüllt und bedürfen, sollen sie die volle Aktivität behalten, einer möglichst kontinuierlichen Kühlung bei 4 °C. Zwar überstehen die meisten Antiseren kurzfristig (einige Tage) auch eine Lagerung bei höheren Temperaturen, doch wie leicht wird Reisegepäck in der Sonne stehend auf 40 oder 50 °C erhitzt, Temperaturen, bei denen Eiweiß gemeinhin denaturiert.

* Quelle: Werner, G. T.: Behandlung von Giftschlangenbissen. Ther. d. Gegenw. 117, 1071–1078 (1978)
* Quelle: Mebs, D.: Giftschlangenbisse – Ein Risiko für Touristen? MMV 13, 6; 60–65 (1994)

Andererseits muß immer wieder der auch bei Ärzten vorherrschenden Vorstellung entgegengewirkt werden, man müsse sich im Bißfall am besten gleich eine Ampulle injizieren. Eine Antiserum-Injektion ist stets mit dem Risiko einer anaphylaktischen Reaktion verbunden und sollte daher nur unter klinischen Bedingungen erfolgen, wobei der behandelnde Arzt auf diese Komplikationen vorbereitet sein sollte (Adrenalin in der Spritze aufgezogen etc.).

*Antidotbeschaffung**:

„Gewöhnliche" Touristen brauchen sich also nicht mit Schlangenserum zu belasten. Eher wird das nötig sein für Abenteuerwanderer, für Teilnehmer an wissenschaftlichen Exkursionen und Expeditionen sowie für Personen, die längere Zeit in den Tropen wohnen werden. Sie werden irgendwann einmal von der einheimischen Bevölkerung um Hilfe angegangen werden. In Deutschland haben einige zoologische Gärten, die Giftschlangen halten, sowie Notfalldepots der Apothekenkammern Schlangenserum vorrätig. Wer sich für einen Aufenthalt in Übersee dort erhältliche Seren besorgen will, tut gut daran, dies lange vorher zu planen. Institute in den Entwicklungsländern arbeiten oft sehr langsam, was uns Europäer mit unserer Hektik und Eile zur Verzweiflung treiben kann. Nachfolgend noch ein Verzeichnis einiger Institute, die Schlangenserum herstellen und vertreiben:

Algerien: Institute Pasteur d'Algérie, rue Docteur Laveran, Algier.
Australien: Commonwealth Serum Laboratories, 45, Poplar Road, Parkville N. 2, Melbourne.
Brasilien: Instituto Butantan, Caixa Postal 65, São Paulo.
Deutschland: Behring-Werke, Marburg.
Indien: Haffkine Institute, Parel, Bombay 12; Central Research Institute, Kasauli, Simla Hills, Himachal Pradesh.
Indonesien: Pasteur Institute, Dj. Pasteur 9, Kotak Pos. 47, Bandung, Java.
Iran: Institut d'Etat des Sérums et Vaccins Razi, B. P. 656, Teheran.
Japan: Institute for Infectious Diseases, University of Tokyo, Shiba Shirokane-Daimachi, Minato-Ku, Tokyo.
Mexiko: Instituto Nacional de Higiene, Mexico D. F.
Philippinen: Bureau of Research and Laboratories, Dept. of Health, Manila.
Südafrika: Fritz Simons Snake Park Laboratory, Box 1413, Durban/Natal.
Thailand: Queen Saovabha Memorial Institute, Thai Red Cross Soc., Bangkok.
Venezuela: Laboratorio Behrens Avda. Princiap de Chapellin, Apartado 62, Caracas.

*Verhaltensmaßregeln und Erste Hilfe**:

Dem Touristen sind daher folgende Ratschläge mit auf den Weg zu geben:
- Sich umsichtig und vorsichtig in unübersichtlichem Gelände bewegen, darauf achten, wohin man greift oder worauf man sich setzt.
- Festes Schuhwerk (keine Sandalen) und lange Hosen tragen.
- Kein Antiserum mitnehmen. Bereist man entlegene Gebiete, Informationen über Rettungswege (den nächsten Arzt, das nächste Krankenhaus, wie komme ich dorthin) besorgen. Als Einzelgänger geht man stets ein höheres Risiko ein als in der Gruppe.

  Kommt es zu dem, dies muß immer wieder betont werden, seltenen Fall einer Bißverletzung, so sind folgende Regeln zu beachten:
- Ruhe bewahren, nicht in Angst und Hysterie verfallen; Giftschlangenbisse sind selbst unbehandelt mit einer Mortalitätsrate von lediglich 5 bis 20% belastet.
- Sich das Aussehen der Schlange einprägen (die Art kann u.U. für die Anwendung eines spezifischen Antiserums wichtig sein), jedoch nicht Jagd auf sie machen und sie zu fangen versuchen.
- Bißwunde nicht ein- oder gar ausschneiden, auch keine sog. Giftextraktoren verwenden; dies hat in der Regel keinerlei positiven Einfluß auf den Vergiftungsverlauf. Auch das Aussaugen der Bißwunde entfernt keine signifikanten Giftmengen. Nichts in die Wunde einreiben.

* Quelle: Werner, G. T.: Behandlung von Giftschlangenbissen. Ther. d. Gegenw. 117, 1071–1078 (1978)
* Quelle: Mebs, D.: Giftschlangenbisse – Ein Risiko für Touristen? MMV 13, 6; 60–65 (1994)

- Extremität nicht abbinden. Das Anlegen einer Ligatur hat meist schwerwiegende Folgen für das Gewebe und führt beim Lösen zu vermehrtem Einströmen von Giftkomponenten. Festes Bandagieren, das den Lymphfluß verlangsamt, jedoch die Durchblutung unbeeinträchtigt läßt, wird für Schlangenbisse, die nicht zu massiven Ödemen führen, wie bei den meisten australischen Giftschlangen, empfohlen und ist sicher auch bei Bissen von Mambas und Kobras anwendbar. Insgesamt ist das Ruhigstellen der betroffenen Extremität wichtig (Arm in Schlinge, Bein geschient), was allein schon die Giftausbreitung erheblich verlangsamt.
- Bißwunde nicht kühlen oder erhitzen, dies hat mit Sicherheit Sekundärschäden (Erfrierungen, Nekrosen) zur Folge.
- Unverzüglich ärztliche Hilfe aufsuchen; die Erfahrung zeigt, daß dies selbst unter schwierigen Umständen möglich ist.

Abschließend sei nochmals darauf hingewiesen, daß Touristen nur in äußerst seltenen Fällen von Giftschlangenbissen betroffen sind. Es ist dies übrigens keineswegs nur ein Problem tropischer Länder. Man kann durchaus auch bei Ferien an der Nordsee mit Kreuzottern konfrontiert werden, deren Biß zwar nicht tödliche Folgen, jedoch mitunter einen mehrtägigen Klinikaufenthalt nach sich zieht.

Kasuistik:

Mit einem Schlangenbiß begann der Leidensweg eines vierjährigen Jungen: jahrelang disseminierte Osteomyelitis durch Mycobacterium ulcerans.
Der afrikanische Junge wurde 1989 von einer Schlange ins Bein gebissen. Wegen Gangrän amputierte man 2 Monate später den rechten Fuß. 1990 wurde zusätzlich die distale Hälfte des rechten Unterschenkels entfernt. Der Junge entwickelte multiple ossäre Läsionen und Abszesse.
Im April 1991 kam das Kind in die Universitätsklinik Genf. Die Röntgenaufnahmen zeigten etliche Knochenläsionen vor allem an den Metaphysen von rechter Tibia und linkem Femur. Praktisch waren sämtliche Gliedmaßen befallen.
Der Tuberkulintest fiel positiv aus, in Abstrichen aus den Läsionen fand man säurefeste Stäbchen. Der Versuch, die gewonnenen Tuberkelbakterien anzuzüchten, mißlang. Von Proben aus 3 verschiedenen Läsionen wurde DNA extrahiert und die Nukleinsäure-Sequenz bestimmt. Der Vergleich mit DNA von Kontrollproben ergab als Erreger schließlich Mycobacterium ulcerans.
Die Behandlung war langwierig. Erst nachdem zuletzt neben Cotrimoxazol Clarithromycin eingesetzt wurde, besserte sich der Zustand.
Der Übertragunsweg für Mycobacterium ulcerans ist unbekannt; Infektion durch Stiche, Bisse oder über das Wasser wird vermutet. Unklar bleibt, warum der Junge trotz intakten Immunsystems eine so massive Dissemination erlitt.

Prophylaxe:

Für den europäischen Tourist ist das Risiko, von einer tropischen Giftschlange gebissen zu werden, sehr gering. Sie kommen meist nicht in solche Gebiete, wo es Giftschlangen gibt. Es ist zu bedenken, daß die meisten Schlangen sehr scheu sind und den Menschen meiden, wenn sie nur können. Sie beißen meist nur dann, wenn sie sich bedroht fühlen.
Zur Prophylaxe ist es wichtig, gutes Schuhwerk und lange Hosen zu tragen (75% aller Schlangenbisse erfolgen in die unteren Extremitäten), keineswegs in bewachsenem Gelände barfuß zu gehen und beim Gehen fest aufzutreten. Schlangen sind gegenüber Erschütterungen sehr empfindlich und machen sich davon, wenn ihr taktiles System gereizt wird. Unter keinen Umständen sollte man in unübersichtliches Gras oder in Büsche hineinfassen oder unter Steine langen. Kinder sind besonders aufzuklären und zu überwachen. Wer abends im Zelt schläft, tut gut daran, den Schlafsack auszuschütteln oder auch morgens Schuhe und Kleidungsstücke umzuwenden. Gelegentlich können sich dort Schlangen, Spinnen oder Skorpione verkriechen. Wer eine Schlange entdeckt, soll das Tier beobachten und keinesfalls in Panik zu einem Stock oder Stein greifen. Wenn man fest auf den Boden stampft, kann das Tier aufmerksam werden und macht sich fast immer so schnell wie möglich davon. Man sollte auch grundsätzlich nicht alleine in gefährdeten Gebieten abseits der Straßen und Wege unterwegs sein.

* Quelle: Hofer, M., et al.: N. Engl. J. Med. 328, 1007–1009 (1993)

Schmetterlinge (Ledioptera)

Vorkommen:

Weltweit.

Toxine:

Proteine, Peptide, vermutlich Enzyme.

Vergiftungsweg:

Kryptotoxisch: Larven, die Giftstoffe in ihren Innereien oder im Darm speichern, setzen diese Giftstoffe nach peroraler Aufnahme frei. Kommt praktisch nur bei südamerikanischen Rinderherden vor.

Phanerotoxisch: Brennhaare mit Giftdrüsen. Die Haare werden bei Berührung abgebrochen, dringen in die obersten Hautschichten ein und setzen hier ihre Giftstoffe frei. In besonderen Flugzeiten schweben Haare in der Luft, die eingeatmet oder durch Wischbewegungen in die Haut eingerieben werden.

Giftwirkung:

Neurotoxisch, hämatotoxisch, allergisierend.

Symptome:

Rötung, Schwellung, Brennschmerz, Urticaria, evtl. Blasenbildung. Nekrose, Neuralgie, Schleimhautreizung im Nasen-Rachen-Bereich, asthmoide Zustände, Conjunktivits, Augenverletzungen, Allergien.

Nachweis:

Identifizierung des Tieres, mikroskopischer Nachweis der Haare.

Therapie:

Entfernung der Haare durch Tauchbad; Desinfektion der Stichstellen; Antihistaminika; bei starker Ödembildung Steroide; bei Ulcus-Patienten Epinephrin 1:1000 s.c.

Besonders zu beachten:

Die kryptotoxischen Schmetterlingsarten gehören aufgrund ihres Vergiftungsmechanismus zu den sekundär giftigen Insekten und werden im Kapitel „Insekten, sekundär giftig“ beschrieben.
Die in Deutschland vorkommenden Raupen- und Schmetterlingsarten gelten als völlig ungefährlich. Allgemein gilt jedoch, daß auch die hübscheste Larve oder Raupe ihre Gefahren in sich bergen kann.

Tab. 1: Die wichtigsten Giftvertreter der Schmetterlinge

Name	Vorkommen	Haartyp	Haarlänge	Hauptvorkommen	Vergiftungsweg	Symptome	Behandlung
Raupen mit Gifthaaren (**Erukismus**) Goldafter (Euproctis chrysorrhoea) Schwammspinner (Lymantria dispar)	Europa, Japan, Australien, USA, Südafrika	Spiegelhaare und normale Haare mit kleinen Widerhaken	0,1–0,2 mm Raupenlänge 4–5 cm	Obst- und Laubholzkulturen; Gelege mit Haaren des Muttertieres bedeckt.	Beim Entfernen der Gelege Eindringen der Haare in die Haut. Gefahr besonders bei Verschleppung in die Augen	Rötung, Schmerz, starke Schwellung, evtl. Eiterung	Entfernung der Haare, am Auge unter dem Mikroskop. Desinfektion, evtl. Antihistaminika, Antibiotikaprophylaxe.
Kiefernprozessionsspinner (Thaumetopoea pinivora) Pinienprozessionsspinner (Cuethocampa pityocampa)	Europa, Asien, USA, Australien	Spiegel- und/ oder Bürstenhaare in Büscheln, normale Haare mit Widerhaken	Bürstenhaare ca. 4 mm, ca. 600 000 Haare pro Raupe Raupenlänge bis 7 cm	in Kiefer- oder Pinienwäldern	Haare werden abgerieben oder abgeschossen. Gefahr beim Entfernen der weiß versponnenen Gelege mit bis 100 Raupen. Bei starkem Befall fliegen Haare durch die Luft	Urticaria mit Blasenbildung; evtl. Nekrose; Schleimhautreizung Neuralgie, Conjunktivitis, allerg. Asthma	Haare entfernen, Schmerzbekämpfung Antihistaminika, Antibiotikaprophylaxe.
Familie Cholidiidae Sibine stimula spp.	USA, China, Korea Südstaaten der USA	Gifthaare mit Giftstacheln in Büscheln auf kleinen Warzen; leicht entfernbare Brennhaare	2–10 mm; Raupenlänge ca. 4 cm	auf und unter Blättern verschiedener Laubbäume	Kappen an den Stacheln brechen bei Berührung ab und setzen Gift frei. Zusätzlich Brennhaare	Taubheitsgefühl, starke Schwellung, Schmerzen, Kopfschmerzen, Krämpfe	Haare entfernen durch Tauchbad. Antihistaminika für 1–2 Wochen. Evtl. Hydrocortison-Na-succinat.
Familie Megalopygide Megalopyge opercularis Südamerikanischer Nachtfalter (Megalopyge lanata)	Mittel- und Südamerika, Südafrika	Lange Normalhaare, dazwischen viele Giftstacheln	2–10 mm Raupenlänge bis 7 cm	Blätter von Laubbäumen	Bei Berührung brechen die Gifthaare und setzen Gift frei	Wie Wespenstich. Schmerz, Schwellung, Rötung, lokales Ödem, Lymphknotenschwellung	Entfernung der Gifthaare durch Tauchbad, evtl. Antihistaminika.

Tab. 1: Fortsetzung

Name	Vorkommen	Haartyp	Haarlänge	Hauptvorkommen	Vergiftungsweg	Symptome	Behandlung
Familie Nachtfalter (Saturniidae) Nordamerikanischer Nachtfalter (Antomeris io)	Nordamerika	Giftstacheln in Bündeln auf kegelförmigen Warzen	2–10 mm Raupenlänge 4–6 cm		Bei Berührung brechen die Stacheln, das Gift wird freigesetzt	Schmerz, Schwellung, Rötung, leichtes Ödem	Entfernung der Gifthaare durch Tauchbad. Evtl. Antihistaminika.
Schmetterlinge mit Gifthaaren (Lepidopterismus) Seidenspinner (Bombycoidae spp.) Augenspinner (Saturnidae spp.) Hylesia spp.	Nördl. Südamerika, südl. Mittelamerika	mit Gift gefüllte Brennhaare in Büscheln am letzten Hinterleibssegment	0,10–0,15 mm Spannweite des Schmetterlings 2–4 cm		bei Berührung von Pflanzen, beim Werbungsflug und am Ende der Regenzeit werden Haare abgestoßen und fliegen durch die Luft	an ungeschützten Kontaktstellen starker Brennschmerz, Rötung, Schwellung und Blasenbildung; Übelkeit, Kopfschmerzen; Sinubronchiales Syndrom, evtl. asthmoide Zustände	Entfernung der Haare durch Tauchbad; Auftragen einer 50%igen Natriumhyposulfit-Lösung; Antihistaminika, Analgetika.

Schwertschwänze (Merostomata oder Xiphosura)

Diese wohl älteste Arthropodenart bewohnt die Erde seit mehr als 300 Mio. Jahren. Der wohl bekannteste Schwertschwanz ist der ungiftige Limulus polyphemus. Er lebt an der Atlantikküste Nordamerikas und wird dort als „horseshoe crab" oder „kingscrab" bezeichnet. Außer diesem haben noch drei weitere Arten die Zeit überlebt; sie sind passiv giftig.

Vorkommen:

Japan, China, Indonesien, Ostküste Vorderindiens.

Wichtigste Giftvertreter:
- Carcinoscorpius rotundicanda
- Tachypleus gigas
- Tachypleus tridentatus

Toxine:

Nicht isoliert.

Vergiftungsweg:

Zur Fortpflanzungszeit von April bis Juni halten sich die Tiere in Küstennähe auf. Durch Aufnahme von Nahrungsorganismen sind die Eingeweide hochtoxisch. Beim Verzehr werden die Giftstoffe freigesetzt und führen zu Vergiftungserscheinungen.

Giftwirkung:

Neurotoxisch, kardiotoxisch, myotoxisch.

Symptome:

Kopfschmerzen, Übelkeit, Diarrhoe, krampfartige Unterleibsbeschwerden und Bradykardie. Taubheitsgefühl an den Lippen. Schwäche und Lähmungserscheinungen, die sich, je nach aufgenommener Giftmenge, über den ganzen Körper ausbreiten. Bewußtlosigkeit; Tod durch Atemlähmung.

Nachweis:

Identifizierung der Speisenreste.

Therapie:

Bei den geringsten Vergiftungszeichen Gabe von Kohle-Pulvis Köhler®. Schocktherapie, Gabe von Plasmaexpandern, evtl. Beatmung. Ein spezifisch wirksames Antiserum ist nicht bekannt.

Besonders zu beachten:

Die Tiere haben einen massiven Vorderpanzer, ein bewegliches, dreieckiges Hinterteil mit kurzen, seitlichen Stacheln sowie einen langen Schwanzstachel. Mit diesem kann sich das Tier wahrscheinlich wehren. Sie besitzen 8 Beine und 2 Facettenaugen und erreichen eine Länge bis 25 cm.
Außer in der Paarungszeit sind sie ungiftig. Der beste Schutz ist demnach, auf den Genuß der Tiere in den gefährlichen Monaten zu verzichten. Vor dem Verzehr sollte unbedingt der Rat kundiger Einheimischer eingeholt werden.
Die exakte Mortalitätsrate ist nicht bekannt, wird jedoch sehr hoch eingeschätzt.

Seegurke, Seewalze(Holothuroidea)

Vorkommen:

In praktisch allen tropischen und subtropischen Meeren, meist in Küstennähe.

Toxine:

Holothurin (Glycosid mit modifiziertem Lanosterin-Gerüst). Dieses Steroidglycosid wurde sowohl in der Haut als auch in dem Cuvier'schen Organ isoliert. LD_{50} Maus i. v. 7,5 mg/kg.

Vergiftungsweg:

Aktive und passive Vergiftung möglich. Die aktive Vergiftung erfolgt durch in der Haut liegende kleine Papillen, die mit Giftdrüsen versehen sind. Diese können bei Gefahr aktiviert werden. Einige Seegurken-Arten haben sogenannte Cuvier'sche Drüsen, ein Blindschlauch, der durch den After ausgestoßen werden kann. Dieses drüsenreiche Gebilde ist die Hauptursache der passiven Vergiftung.

Giftwirkung:

Myotoxisch; dermatotoxisch.

Symptome:

Bei passiver Vergiftung in leichteren Fällen Verdauungsstörungen mit Übelkeit und Brechreiz, in schwereren Fällen Lähmungserscheinungen, paralytischer Ileus, evtl. Tod durch Atemlähmung.
Bei aktiven Vergiftungen lokaler Brennschmerz, Schwellung, Entzündung, Krämpfe und evtl. Lähmungserscheinungen.

Nachweis:

DC; GC; Identifizierung.

Therapie:

Lokale Behandlung evtl. mit Cortison lokal, krampflösende Mittel; bei paralytischem Ileus Intensivtherapie; wenn nötig Beatmung.

Besonders zu beachten:

Bei Zubereitung der speziellen Gerichte „Trepang“ oder „Bêche-de-mer“ ist auf die völlige Entfernung des Cuvier'schen Organs zu achten.

Seehase (Aplysia)

Vorkommen:

Mittelmeer, Atlantik.

Toxine:

Aplysiatoxin (stammt aus der Nahrungskette; Inhaltsstoff der Blaualge (Lyngbya sp.)).

Vergiftungsweg:

Giftiges Sekret, das jedoch nur Wirkung zeigt, wenn die Schnecke in die Hand genommen wird. Flüchtige Berührung beim Baden erzeugt keine Symptome.

Giftwirkung:

Dermatotoxisch; nesselartig.

Symptome:

Rötung, evtl. Blasenbildung, allergieähnliche Hautausschläge. Konjunktivitische Reizzustände bei Berührung der Augen mit der vergifteten Hand.

Nachweis:

DC; GC; Identifizierung des Tieres.

Therapie:

Antiallergika, Antipruriginosa.

Besonders zu beachten:

Seehasenrogen wird als Kaviarersatz verkauft.

Seeigel (Echinoidea)

Vorkommen:

An praktisch allen Küsten bis in große Tiefen. Besonders häufig an den Küsten Europas, Asiens, Mittelamerikas und Australiens und der atlantischen und pazifischen Inseln.
Verletzungen mit **Seeigel-Stacheln** – an felsigen Küsten häufig – sind nur bei wenigen Arten mit potenten Neurotoxinen lebensgefährlich. Schmerzen durch lokale Toxinwirkung und Sekundärinfektionen durch retinierte Stachelteile sind üblich.

Tab. 1: Die wichtigsten Giftvertreter der Seeigel

Name	Vorkommen	Giftorgan	Symptome
Diademseeigel (Centrostephanus longispinus)	Mittelmeer	lange, giftgefüllte Stacheln	Schmerz, Schwellung, Lähmung motorischer Nerven
Echinothrix (Diadema spezies)	Indopazifik von Hawaii über Japan, Australien, Ostafrika bis Rotes Meer	lange, giftgefüllte Stacheln	Schmerz, Schwellung, Lähmung motorischer Nerven; Todesfälle beschrieben
Asthenosoma	Indopazifik	kurze Stacheln mit Giftbehältern an der Spitze	Schmerz, Schwellung, Lähmung motorischer Nerven, Ausbreitung von Gefühllosigkeit und Lähmung; Todesfälle beschrieben
Violetter Seeigel (Sphaerechinus granularis)	Mittelmeer	Giftabgabe über Pedicillarien	starker, ausstrahlender Schmerz, Gefühllosigkeit, Kreislaufdysregulation
Lederseeigel (Toxopneustes pileolus)	Indopazifik	Pedicillarien	starker, ausstrahlender Schmerz, Gefühllosigkeit, Kreislaufdysregulation, Sprachstörungen, Lähmung der Atemmuskulatur; Todesfälle beschrieben

Toxine:

Steroidglycosid, ähnlich dem Dihydro-Marthosteron.

Vergiftungsweg:

Aktive und passive Vergiftung möglich.
Auf dem starren, spröden Kalkpanzer sind Stacheln angebracht. Diese dringen leicht in die Haut ein und haften mit zahlreichen Widerhaken. Manche Arten haben zusätzlich Giftbehälter an der Stachelspitze. Zwischen den Stacheln liegen häufig kleine, zangenähnliche Gebilde (Pedicillarien) mit Giftdrüsen, die bei Gefahr geschlossen werden und so die Hornhaut durchbohren können. Bei dem Versuch, das Tier zu entfernen, werden sie abgerissen und bleiben noch mehrere Stunden funktionstüchtig in der Haut stecken.
Die passive Vergiftung erfolgt durch Nahrungsaufnahme. Giftorgan sind die Gonaden, die in manchen Gegenden als Delikatesse gelten. Während der Fortpflanzungszeit enthalten sie noch unbekannte Toxine.

Giftwirkung:

Myotoxisch; neurotoxisch; kardiotoxisch.

Symptome:

Intensive Schmerzen mit Rotfärbung und Schwellung an der Einstichstelle. Lähmungserscheinungen motorischer Nerven im betroffenen Gebiet. Zerstörung der Blutkapillaren und Nekrosenbildung. Gastroenteritische Erscheinungen mit Übelkeit, Erbrechen und Diarrhoe. Herzrhythmusstörungen. Migräneartige Kopfschmerzen. Allergische Hautreaktionen. Atembeschwerden. Todesfälle durch Lähmung der Atemmuskulatur sind beschrieben. Häufig treten Superinfektionen durch die abgebrochenen Stacheln auf.

Nachweis:

DC; GC; Identifizierung des Tieres; noch haftende Stacheln.

Therapie:

Seeigelstacheln sollten schnellstens entfernt werden. Weinessig löst die oberflächlichen Stacheln auf, deshalb sollten die Wunden mehrfach mit Weinessig übergossen werden und danach mit einer Weinessigkompresse bedeckt werden. Gelegentlich kann der Stachel tiefer eindringen. Er ist dann an einer bläulichen Verfärbung zu erkennen und chirurgisch zu entfernen. Gelegentlich kann ein derartiger Stachel im Röntgenbild sichtbar sein. Eine analgetische Kortikosteroidsalbe kann nach Entfernung des oder der Stacheln aufgetragen werden. Vernachlässigte Stachelwunden können sich sekundär infizieren. Dabei ist auch an eine Auffrischimpfung gegen Tetanus zu denken, die bei jedem Patienten vorgenommen werden sollte, bei dem die letzte Tetanusimpfung über fünf Jahre zurückliegt. Eine einmalige Auffrischimpfung (ohne Wiederholung!) reicht in jedem Falle, bei dem eine Grundimmunisierung durchgeführt wurde (BREDE, 1987).
Schmerzbekämpfung, evtl. Schockprophylaxe, wenn nötig Beatmung.

Besonders zu beachten:

Seeigel verlassen meist nachts ihre schützenden Höhlen in den Riffen zur Nahrungssuche. Daher vermehrte Vorsicht bei nächtlichem Baden. Schutz durch Badeschuhe! Bei nicht vollständig entfernten Stacheln besteht die Gefahr einer Monarthritis durch Fremdkörpergranulome. Die Symptome können auch nach Jahren erstmals auftreten.
Vorsicht bei der Speisenzubereitung. Es sollten unbedingt vorher Informationen über die Genießbarkeit bei Ortsansässigen eingeholt werden. Verzicht auf den Genuß als Nahrungsmittel während Frühjahr und Sommer.

Seeschlangen (Hydrophiidae)

Vorkommen:

Tropische Küsten Nord-Ostafrikas, Asien und Mittelamerika.

Man unterscheidet zwei Unterfamilien:
- Laticandinae (13 Arten)
- Hydrophiinae (39 Arten)

Toxine:

Erabutoxin a, b, c; Laticotoxin a, b; Proteine, Enzyme, Hyaluronidase, Lecithinase, Anticoagulase.

Vergiftungsweg:

Zwei Giftzähne mit Giftkanal im Oberkiefer.

Giftwirkung:

Neurotoxisch, hämatotoxisch, myotoxisch.
DL Mensch (75 kg) 1–10 mg.

Symptome:

Praktisch keinerlei Schmerz an der Bißstelle. Nach 20 bis 60 Minuten plötzlich einsetzende motorische Störungen mit Bewegungseinschränkungen und Arreflexie. Aufsteigende muskuläre Schmerzen, die nach 3 bis 6 Stunden auch die Kau- und Gesichtsmuskulatur betreffen. Obwohl der Patient voll ansprechbar ist, können die Augen nicht mehr geöffnet werden. Danach steigt die CK im Serum an, und als Zeichen der myogenen Schädigung tritt eine Myoglobiurie auf. Die Blutgerinnung ist pathologisch verändert.
Der Tod tritt nach 8 bis 48 Stunden durch Atemlähmung auf. Werden die ersten 48 Stunden überstanden, sind die Überlebenschancen sehr gut.

Nachweis:

DC; GC; Identifizierung des Tieres, typische Bißmarke.

Therapie:

Rasche und ausreichende Injektion oder noch besser Infusion von Antiserum. Wenn nötig Analgetikagabe, Schocktherapie, Sauerstoffbeatmung.

Besonders zu beachten:

Die Tiere sind sehr scheu. Der Biß dient normalerweise nur dem Beutefang, die ausgeschiedene Giftmenge pro Biß liegt zwischen 15 und 40 mg. Sie ist davon abhängig, wann die Schlange zuletzt gebissen hat, da bei jedem Biß die gesamte vorhandene Giftmenge ausgeschieden wird. Verteidigungsbisse kommen nicht vor.
Die Tiere sind dem Leben im Wasser völlig angepaßt. Sie erreichen eine Länge von bis zu 150 cm.
Die Wahrscheinlichkeit, von einer Seeschlange gebissen zu werden, liegt im Verhältnis zur Wahrscheinlichkeit, mit einem Giftfisch in Berührung zu kommen, bei 1:10.

Seesterne (Asteroidea)

Vorkommen:

In allen Weltmeeren, besonders häufig jedoch im Indopazifik (Australien).

Tab. 1: Die wichtigsten Giftvertreter der Seesterne

Name	Vorkommen	Giftorgan	Symptome
Dornenkrone (Acanthaster planci)	Indopazifik bis Rotes Meer	6 bis 7 cm lange Stacheln	Hautverfärbungen, Nekrosenbildung, schmerzhafte Dermatitis, tachykarde Rhythmusstörungen
Eisstern (Marthasterias glacialis)	Mittelmeer	sehr kurze Stacheln	kurzfristig Dermatitis
Gemeiner Seestern (Asterias rubens)	Atlantik	kurze Stacheln	evtl. Dermatitis durch Schleim
Purpurstern (Echinaster sepositus)	Atlantikküste Europas und Nordafrikas, Mittelmeer	kurze Stacheln	evtl. Dermatitis durch Schleim

Toxine:

Steroidglycoside vom Typ der Asteriasglycoside.

Vergiftungsweg:

Schleimiges Sekret dringt in kleine Verletzungen ein; diese werden durch Hautstacheln hervorgerufen. Manche Seesterne besitzen auch Pedicillarien.

Giftwirkung:

Dermatotoxisch; hämolytisch; fraglich kardiotoxisch.

Symptome:

Schmerzhafter Stich. Erst Rotfärbung und Schwellung, dann Übergang in bläuliche Verfärbung und in Nekrosenbildung. Schmerzhafte Dermatitis. Kreislaufdysregulation mit fraglichen Tachykardien.

Nachweis:

DC; GC; Identifizierung des Tieres.

Therapie:

Wunddesinfektion, wenn nötig Inzision; Cortisonsalbe, Ruhigstellung; evtl. Volumenzufuhr und Tetanusprophylaxe, Schockprophylaxe.

Besonders zu beachten:

Die orale Applikation des Toxins führt bei einer Katze innerhalb von 2 Stunden unter Krämpfen zum Tod. Die Menge des Giftes ist jedoch nicht bekannt.
Diese Glycoside sind gegen salzwasserresistente Mikroorganismen bakterizid.

Skorpione (Scorpiones)

Vorkommen:

Man unterscheidet ca. 650 Skorpionarten mit einer Größe zwischen 2 und 25 cm. Es lassen sich 12 bis 15 giftige, für den Menschen gefährliche Unterfamilien unterscheiden. Zoologisch werden die Skorpione in zwei Familien – Buthoidae und Chactoidae – mit mehreren Unterfamilien unterteilt. Die giftigsten Vertreter gehören der Familie Buthoidae, und hier der Unterfamilie Buthidae an. Innerhalb der Buthidae wird zwischen Buthinae und Titynae unterschieden.
In der Familie Chactoidae sind nur wenige giftige Arten bekannt.
Um sich ganz grob zu orientieren, ob man eine für den Menschen gefährliche Art vor sich hat, genügt es, auf die Dicke der Giftblase zu achten. Tiere mit kleiner Giftblase sind im allgemeinen harmlos, vor allem, wenn sie auch noch dunkel gefärbt sind. Gefährlich sind dagegen die mittelgroßen, gelb gefärbten Arten mit großer Giftblase. Sie gehören zur Familie Buthidae, kenntlich am spitzdreieckigen Sternum, einer Chitinplatte zwischen den Hüftgliedern der Beine mit vorn konvergierenden Seiten, bei einigen Arten pentagonal, dann aber mit einem Tarsalfortsatz am Ende des ersten Tarsus des 3. und 4. Beines. Oftmals Dorn unter dem Stachel, 3 bis 5 Seitenaugen und verhältnismäßig schmale Scheren.
Die Familie Buthidae hat vier Unterfamilien und findet sich in Süditalien, Südfrankreich, Südspanien, Nordafrika, Ägypten, Somalia, Äthiopien, Palästina, Süd-, Mittel- und Nordamerika. Angehörige dieser Familie sind schon mehrmals nach Deutschland eingeschleppt worden.
In **Oberägypten** kommen jährlich etwa 36 000 Zwischenfälle mit Buthiden vor, wobei die Letalität je nach Lebensalter zwischen 2 und 26 Promille schwankt (mindestens 72 Todesfälle/Jahr).
Die gefährlichste Art **Nordwestafrikas** inklusive Libyens ist Androctonus australis. Sie verursacht 80 % aller Zwischenfälle und 95 % aller Todesfälle durch Skorpione. Die Letalität beträgt bis zu 1,27 % bei Erwachsenen, 3,66 % bei Schulkindern und 7,8 % bei Kleinkindern.
Bei Stichen des u. a. im **östlichen Mittelmeergebiet** vorkommenden Leiurus quinquestriatus beträgt die Mortalität von Kleinkindern sogar 50 %. Sein Gift stimuliert in stärkstem Maße das sympathische Nervensystem. Man beobachtet bei Gestochenen Hypertension, oft gefolgt von Schocksymptomen, Tachykardie, Rhytmusstörungen, Unruhe, Herzinsuffizienz mit EKG-Veränderungen, Lungenödem und Autopsiebefunden wie beim Phäochromozytom.
Außer diesen beiden Arten sind für Menschen in **Nordafrika** unter Umständen gefährlich: Androctonus hoggarensis, der im Gebiet der Sahara vorkommt, A. amoreuxi, dessen Verbreitung sich von Ägypten und dem Sudan bis nach Mauretanien erstreckt, und A. crassicauda, der nicht nur im Iran, am Persischen Golf und in der Türkei, sondern auch im Libanon, in Ägypten und im Sudan lebt.
In **Israel** müssen Touristen mit 9 verschiedenen Arten rechnen: Leiurus qinquestriatus, A. australis, A. (Prionurus) crassicauda, A. (Prionurus) bicolor, Buthus occitanus, Buthacus arenicola, Buthotus judaicus, Orthochirus innesi und Nebo hierichonticus. Buthotus-Arten kommen bis Marokko vor.
In **Indien** sind A. australis und – besonders in Ostindien – Buthus tamulus gefürchtet. Innerhalb von 36 Stunden nach dem Stich eines Buthus tamulus kann es zum Tode kommen. Bei der Autopsie findet man eine Kongestion der inneren Organe, Lungenödem und hämorrhagische Veränderungen an Hirn, Herz, Milz, Nieren, Nebennieren und Lungen.
Die gefährlichste Spezies **Koreas** und der **Mandschurei** ist Buthus martensis.
Die giftigsten Arten **Südafrikas** gehören zur Gattung Parabuthus und die **Australiens** zur Gattung Urodactus.
In **Südamerika** ist Tityus die gefürchtetste Gattung, kenntlich am Dorn unter dem Giftstachel. Sie ist von Mexiko über die Westindischen Inseln bis nach Südamerika verbreitet.
T. cambridgei kommt vornehmlich in Ecuador, T. serrulatus und T. bahiensis in Brasilien vor.
T. serrulatus ist nur 7 cm lang und gibt pro Stich maximal 2 mg Gift ab. Die Letalität beträgt bei Erwachsenen 0,8 bis 1,4 %, bei Schulkindern 3 bis 5 % und bei Kleinkindern 15 bis 20 %. Das Gift hat neurotoxische und muskulotrope Effekte sowie Kreislaufwirkungen. Aus dem Giftsekret lassen sich zwei verschiedene toxische Fraktionen abtrennen, die 18 Aminosäuren, Phospholipase A und Proteinasen enthalten.

Auf Trinidad entfallen etwa 90 % aller Skorpionarten auf die Spezies Tityus trinitatis. Sie verursacht nach einem Stich akute Pankreatitiden und Abdominalschmerzen und Erbrechen.
In **Nordamerika** gehen fast alle gefährlichen Zwischenfälle mit Skorpionen zu Lasten der Gattung Centruroides. Die Gattung ist mit ca. 30 Arten von den südlichen USA bis Mittelamerika verbreitet. Die toxische Komponente ihres Giftes ist ein Peptid mit niedrigem Molekulargewicht und geringerem Gehalt an aromatischen Aminosäuren. Die mittlere tödliche Dosis liegt bei 0,003 mg/kg Körpergewicht. Das Vergiftungsbild ist charakterisiert durch heftigen Schmerz, Hyperästhesie, Unruhe, Atemschwierigkeiten, Hypertension, Herzinsuffizienz und Tod durch Atemstillstand. Todesfälle sind in den USA selten, jedoch relativ häufig in Mexiko, vor allem in der Zeit von April bis Juli; 94 % entfallen auf Kinder unter 9 Jahren.

Nur Buthiden sind für den Menschen gefährlich!

Toxine:

Peptide mit bis zu 18 Aminosäuren; Polypeptide mit bis zu 60 Aminosäure-Resten; verschiedene Enzyme; biogene Amine, wie Serotonin, Tryptophan, Tryptamin, Phospholipase A, Acetylcholinesterase.

Vergiftungsweg:

Alle Skorpione haben ein blasig aufgetriebenes Schwanzglied, das zwei Giftblasen enthält. Die Giftblasen sind mit einem Stachel an der Schwanzspitze über je einen Ausführungsgang verbunden. Der Gang endet unmittelbar vor der Stachelspitze.
Bei Bedrohung, oder wenn sich das Beutetier, das mit den Scheren gehalten und normalerweise zerquetscht wird, wehrt, wird das Schwanzende über Kopf und Körper gebogen und der Stachel peitschenförmig in eine weiche Stelle des Opfers geschlagen. Durch den Schlag wird die Giftfreisetzung sofort eingeleitet.

Giftwirkung:

Neurotoxisch, kardiotoxisch, hämatotoxisch, evtl. cytotoxisch.

Tab. 1: Die wichtigsten Giftvertreter der Skorpione

Name	Vorkommen	Toxin	Giftwirkung	LD_{50} Maus s. c.	Symptome	Antiserum	Länge cm	Unfälle	Besonderheiten
Tityus serrulatus, Tityus bahiensis, Tityus trinitatis, Tityus dorsomaculats	Südl. Nordamerika, Mittelamerika, nördl. Südamerika	Polypeptide, Enzyme	neurotoxisch	1,45 mg/kg 9,35 mg/kg 5,00 mg/kg 2,95 mg/kg	Brennschmerz, Taubheit, Schlundverengung, Sprachstörungen, tonische Krämpfe, Atemnot, Tod durch Atemlähmung	ja	bis 12 cm	ca. 1300/ Jahr	Nachttiere, verstecken sich mit Vorliebe in Kleidern; leben gerne in alten Häusern, Kellern und Vorratsräumen; Mortalität dank Antiserum < 1 %
Centruroides (Centrurus)	Mexiko, Kapverd. Inseln, Gambia, Sierra Leone	kurzkettige Proteine, Enzyme, biogene Amine	neurotoxisch, kardiotoxisch	5,0 mg/kg	lokaler Schmerz ohne sichtbare Zeichen, Nervosität, Atembeschwerden, Seh- und Schluckstörungen, hypertone Krisen; Tod durch Kreislauf- oder Atemstillstand	ja	bis 15 cm		leben meist unter loser Rinde; Panzer fluoreszierend
Androctonus austrialis; Androctonus mauretanicus	Algerien, Nordafrika	Polypeptide	neurotoxisch, kardiotoxisch	6,0 mg/kg	Sympathicusblockade, Brady- u. Tachyarrhythmie, Blutdruckanstieg bis 260 syst., Fibrillation am Herzen, Mydriasis, Sprach- und Schluckstörungen, Lungenödem; Tod durch Herzversagen	ja	bis 12 cm	keine genaue Statistik vorhanden	lebt in Steinwüste oder auf Lehmböden; 80 % der Unfälle mit Skorpionen in diesem Gebiet und 95 % der Todesfälle gehen auf diese Spezies zurück
Buthus leptochelis	Indien, Algerien, Nordafrika	Proteine	kardiotoxisch	0,77 mg/kg	Schmerzhafte s Erythem, Tachyarrhythmie, Blutdruckkrise, Lungenödem; Fieber; Tod durch Herzversagen	ja		wenig	kommt häufig in Häuser, sehr scheu

Tab. 1: Fortsetzung

Name	Vorkommen	Toxin	Giftwirkung	LD_{50} Maus s. c.	Symptome	Antiserum	Länge cm	Unfälle	Besonderheiten
Tityus serrula									
Leiurus quinquestratus	Israel, Nordafrika	Proteine	kardiotoxisch	0,33 mg/kg	Schmerz, Erythem, Tachyarrhythmie, Blutdruckkrisen, Lungenödem, Fieber; Tod durch Herzversagen	ja	bis 10 cm		gelb gefärbt, geht gerne in Häuser und Kleider; nur geringe Giftmenge pro Biß
Buthus occitanus paris	Südfrankreich, Spanien, Nordafrika	Proteine	neurotoxisch	4,15 mg/kg	Schmerzen, Schwellung, lokale Reizung, evtl. Sekundärinfektionen	ja	bis 10 cm	zahlreich, jedoch keine Todesfälle	Gelbfärbung; wie alle europäischen Skorpione nur wenig giftig
Euscorpius italicus	Mittelmeergebiete Europas	nicht isoliert	Angusticeps		direkte Schwellung und Schmerz	nein	bis 10 cm		Giftwirkung und Schmerz wie Bienenstich; ungefährlich
Familie Chactoide, Unterart Pandinus Heterometrus Hebo	Östl. Mittelmeer, Arabien, Nordamerika, Indien	Enzyme, Proteine, biogene Amine	kardiotoxisch, neurotoxisch, hämatotoxisch		Brennschmerz, Parästhesien, lokale Ödeme, Tachyarrhythmie, evtl. Lungenödem; im allgemeinen nach 24 Stunden restitutio ad integrum	nein	bis 25 cm	sehr selten	größte Skorpionart; Toxizität eher gering, Gefahr durch die einmal ejizierbare Giftmenge
Heterometus scaber; Scorpio	Arabien, Indien	Enzyme, biogene Amine, Proteine	hämatotoxisch, neurotoxisch, kardiotoxisch		Schmerz, kardiogener Schock, Hämorrhagien, Ödembildung	nein	bis 15 cm	selten	Symptome treten nur auf, wenn das Gift direkt in die Blutbahn gelangt.

Symptome:

Sehr starker Schmerz und Schwellung an der Stichstelle; nach kurzer Zeit folgt ein Prickeln und dann Gefühllosigkeit. Danach kommt es zu Erregung und evtl. tonischen Krämpfen. Diesem Stadium folgen Arreflexie, Augentränen, Pupillenerweiterung, Speichelabsonderung, Tachyarrhythmie, Blutdruckschwankungen, Glukosurie und Proteinurie. Die Körpertemperatur ist instabil. Ein Temperaturabfall gilt als Zeichen der Verschlechterung. Präfinal kommt es zu Atemunregelmäßigkeiten, zentralem Erbrechen. Der Tod erfolgt durch Atemlähmung innerhalb der ersten 20 Stunden. Es sind jedoch auch Fälle bekannt, bei denen der Tod nach scheinbarer Besserung erst nach über 30 Stunden eintrat.

Nachweis:

DC; GC; Identifizierung des Tieres.

Therapie:

Ruhigstellen, Abbinden, Schmerztherapie mit Lidocain, evtl. α- oder β-Blocker, Beobachtung von Temperatur und Blutdruck. Spezifisches Antiserum in großen Mengen (ca. 5 Ampullen s.c. um die Einstichstelle, 5 Ampullen im Bolus i.v.).
Steht kein Antiserum zur Verfügung, kann durch Herstellung einer Hämolymphe ein Versuch zur Giftneutralisierung unternommen werden.
Inzision und Aussaugen sind nutzlos; das Verabreichen von Barbituraten, Opiaten und Alkohol ist kontraindiziert.
Wie bei Giftspinnenbissen muß auch hier die spezifische Serumtherapie an erster Stelle stehen. Man injiziert das Serum möglichst innerhalb der ersten zwei Stunden nach dem Stich, und zwar zur Hälfte i.v. und zur anderen Hälfte i.m. oder s.c. Bei i.m. Gabe wird zusätzlich Hyaluronidase injiziert, was die Diffusion des Serums beschleunigt. Die Serumdosis ist so zu bemessen, daß sie wenigstens 2 mg Trockengift – das ist die maximale Menge, die bei einem Stich in den Körper gelangt – neutralisieren kann. Dem entsprechen im allgemeinen 5 bis 10 Ampullen. Eine ungezielte Serumgabe ist abzulehnen, da z. B. das A.-australis-Serum des Pasteurinstituts in Algier nicht gegen Tityusgift schützt.
Weiterhin sind Analgetika und wegen der Infektionsgefahr mit Bakterien Antibiotika notwendig.
Grundsätzlich sollte man in Notfallsituationen abbinden, evtl. leichte Inzisionen setzen und versuchen, das Gift auszusaugen. Es ist oral völlig ungefährlich.
Zur Verdünnung des in den Kreislauf gelangten Giftes werden 200 bis 500 ml 0,9%ige NaCl-Lösung infundiert. Eine ausreichende Herz/Kreislaufbehandlung sowie die Ruhigstellung des Patienten mit Transquilizern, evtl. auch mit Chlorpromazin, ist oftmals erforderlich. In schweren Fällen von Atemlähmung kommt die künstliche Beatmung in Betracht. Bei schwerem Schock und hyperergischen Reaktionen einschließlich Mukosaschwellungen der oberen Atemwege müssen Glukokortikoide gegeben werden. Die Initialdosis kann am ersten Tag bis zu zweimal 250 mg Prednisolonäquivalent betragen; Fortsetzung der Behandlung mit absteigenden Dosen über 3 bis 5 Tage. Barbiturate sowie Morphin und seine Derivate sind strikt kontrainidiziert wegen ihrer lähmenden Wirkung auf das Atemzentrum.

Besonders zu beachten:

Skorpione sind Nachttiere. Auf ihre Nahrungssuche kommen sie auch in die Häuser. Sie verkriechen sich besonders gerne in abgelegte Bekleidung. Daher empfiehlt es sich, in gefährdeten Regionen die Bekleidung über Nacht entweder in einem verschlossenen Plastikbeutel abzulegen, oder sie am nächsten Morgen kräftig auszuschütteln.
Spaziergänge bei Nacht nur mit festem Schuhwerk durchführen. Dank der guten, spezifischen Antisera ist die Mortalität deutlich zurückgegangen.
Bei den Skorpionen gibt es, wie bei den Schlangen, chemische, geographische Rassen, d. h., an unterschiedlichen Orten sind unterschiedlich wirksame Gifte vorhanden. Die exakte Bezeichnung des Unfallortes ist deshalb vor Therapiebeginn wichtig.
Ein interessantes Beispiel liefert hier der in Australien giftige Androctonus australis, der in Südfrankreich in einer völlig ungiftigen Form vorkommt.

Skorpionfische oder Drachenköpfe (Scorpaena)

Vorkommen:

In praktisch allen Weltmeeren in einer Tiefe um 20 Meter.

Wichtigste Giftvertreter:
Meersau oder Großer Drachenkopf; Apistus, Sebastodes, Scorpaendoes.

Toxine:

Hitzelabile Proteine.

Vergiftungsweg:

Giftapparat besteht aus 12 Rückenstacheln, 3 Anal- und 2 Beckenstacheln, zusätzlich einige Kopfdornen. Die Stacheln sind kürzer und dicker als beim Zebrafisch. Die Bindegewebeschicht und die Giftdrüsen sind dicker. Der geringste Druck löst den Giftmechanismus aus. Die Giftwirkung ist auch noch nach dem Tod des Tieres vorhanden.

Giftwirkung:

Dermatotoxisch.

Symptome:

Intensive Schmerzen sowie Schwellung im gesamten Bereich der betroffenen Gliedmaßen. Kopfschmerz; Schüttelfrost; Schocksymptomatik bei Kreislauflabilen.

Nachweis:

DC; GC; Identifizierung des Tieres.

Therapie:

Proteindenaturierung durch Wärmebehandlung; Schmerzbekämpfung; Antiserum vorhanden.

Besonders zu beachten:

Verantwortlich für die meisten Unfälle bei Fischern und Fischverkäufern (ca. 80 % der Unfälle). Für Taucher besteht kaum Gefahr, da der Fisch flieht. Aquarienbesitzer sollten beim Kauf oder beim Umsetzen in andere Becken Schutzhandschuhe tragen.

Spinnen (Araneae)

Vorkommen:
Es gibt über 25 000 Spinnenarten. Sie kommen, außer in den Meeren, praktisch überall vor. Die meisten von ihnen sind giftig. Für den Menschen sind jedoch nur sehr wenige gefährlich; man unterscheidet etwa 10 Familien mit Unterfamilien, die bei Menschen Vergiftungssymptome hervorrufen können.

Die für Menschen gefährlichen Arten leben überwiegend in tropischen und subtropischen Regionen. Im Süden, Osten und Südwesten Afrikas, auf Madagaskar, im südlichen Teil Australiens, in Polynesien, im Süden Nordamerikas, in Mittelamerika, entlang der Westküste Südamerikas und vereinzelt an den Küstenregionen im Osten Südamerikas. In Europa sind die Hauptverbreitungsgebiete im Süden Spaniens, Italiens, Jugoslawiens und Griechenlands sowie im asiatischen Teil der Türkei, dem Libanon und Israel.

Tab. 1: Die wichtigsten Giftvertreter der Spinne

Name	Vorkommen	Toxin	Giftwirkung	Giftmenge	LD_{100} Maus	Symptome	Antiserum	Länge	Besonderheiten
Familie Orthognatha (senkrechte Bewegungsrichtung der Klauen) Trechona venosa	Südamerika	Peptide, Amine	neurotoxisch	1,70 mg max. 1,3 mg mittel	0,03 mg i.v. 0,07 mg s.c.	Unfälle mit Menschen nicht bekannt; kleine Tiere sterben innerhalb weniger Minuten durch Atemlähmung.	nein	3–4,5 cm Klauen 3–4 mm	sehr selten und sehr scheu; bei Störung hebt sie das erste Laufbeinpaar, spreizt die Klauen und stößt dann blitzschnell zu
Trichterspinne (Atrax robustus)	Australien, Neuseeland	Peptide	neurotoxisch			schmerzhafter Biß; Übelkeit, Erbrechen, Diarrhoe, Speichel- u. Tränenfluß, Blutdruckkrisen, Verwirrtheitszustände, Koma; Tod durch Atemlähmung oft erst nach mehr als 30 Std. trotz vorheriger scheinbarer Besserung; keine Nekrose an der Bißstelle	ja	2,5–3,5 cm Klauen 3–4 mm	Todesfälle nur durch Bisse männlicher Tiere; sehr aggressiv; der Patient muß 48 Std. nach Auftreten der Symptome in der Klinik bleiben; neun weitere Atrax-Arten sind bekannt; die Symptome sind hier nicht so ausgeprägt, Todesfälle nicht bekannt
Vogelspinne, Nordamerikanische Tarantel (Avicularia)	Nord- und Mittelamerika	Peptide, evtl. Histamin	neurotoxisch	6,5 mg max. 1,3 mg mittel		nadelstichartiger Schmerz, lokale Schmerzausbreitung, die einige Stunden anhält, klingt ohne Therapie wieder ab, Sekundärinfektion häufig	nein	5–9 cm Klauen 7–9 mm	reiben bei Aufregung den Leib auf dem Untergrund; dabei gehen Haare aus, die die menschliche Haut durchdringen und zu Eiterungen führen können; der Name entstand aufgrund der Ähnlichkeit mit der europäischen Tarantel, die aber zu einer andere Familie gehört

Tab. 1: Fortsetzung

Name	Vorkommen	Toxin	Giftwirkung	Giftmenge	LD_{100} Maus	Symptome	Antiserum	Länge	Besonderheiten
Lasiodora klugi	Brasilien	Histamin, Serotonin	neurotoxisch	3,6 mg max. 2,4 mg mittel	0,64 mg i.v. 1,2 mg s.c.	wespenstichartiger Schmerz mit Schwellung und Rötung; häufig Sekundärinfekte	nein	5–8 cm Klauen 8–9 mm	sehr aggressiv; Todesfälle nicht bekannt; werden über 20 Jahre alt
Theraphosa oder Grammostola	Venezuela, Guayana	Peptide, Histamin, Serotonin	neurotoxisch	5 mg max. 3,3 mg mittel	0,49 mg i.v. 1,15 mg s.c.	Schmerz wie bei Hornissenstich, relativ große Wunde; häufig nekrotisierend durch Sekundärinfekt	nein	bis 25 cm Körper 7–11 cm Klauen bis 2 cm	eine der größten Spinnen; wie alle Vogelspinnen nachtaktiv; beißt sehr selten; bewegt sich langsam und gibt Zirptöne durch Reiben der Beine ab
Acanthoscuria atrox	Südamerika	nicht isoliert	neurotoxisch	8,9 mg max. 2,4 mg mittel	0,3 mg i.v. 0,85 mg s.c.	Schmerz und Schwellung an der Bißstelle, Rötung, Lymphknotenschwellung, evtl. Sekundärinfektion		5–8 cm Klauen 6–7 mm	sehr aggressiv, aber nicht gefährlich; Todesfälle nicht bekannt
Pamphobeteus tetrachanthus	Südamerika	nicht isoliert	Angusticeps	2,7 mg max. 2,2 mg mittel	0,6 mg i.v. 1,4 mg s.c.	Schmerz, große tiefe Wunde, Nekrose		5–8 cm Klauen 2–3 mm	sehr aggressiv, Giftwirkung jedoch schwach; Todesfälle nicht bekannt
Falltürspinnen (Harpactirella lightfooti)	Südafrika (Kap Provinz und vorgelagerte Inseln)	Peptide	neurotoxisch			kaum Schmerz an der Bißstelle; nach kurzer Zeit große Müdigkeit; Tod im Koma durch Atemlähmung	ja	2–3 cm Klauen 2–3 mm	kommt häufig in Wohnungen; baut Netz unter Brettern, Gestrüpp und Steinen, das mit Seide ausgekleidet ist; greift bei Störungen sofort an; Todesfälle bei Kindern und geschwächten Erwachsenen bekannt

Tab. 1: Fortsetzung

Name	Vorkommen	Toxin	Giftwirkung	Giftmenge	LD_{100} Maus	Symptome	Antiserum	Länge	Besonderheiten
Labidognatha (horizontale Zangenbewegung – »echte Spinnen«) Einsiedlerspinnen (Spp. Loxosceles) *braune Einsiedlerspinne* (Loxosceles reclusa)	Südstaaten Nordamerikas	Peptide, biogene Amine	cytotoxisch, neurotoxisch, hämolytisch			schwach schmerzhafter Stich; nach 4–8 Std. Schmerz, Erythem- und Blasenbildung; die Blasen platzen auf und bilden tiefe Krater; in schweren Fällen Nierenversagen und Tod durch DIC-Syndrom; bei protrahierten Verläufen häufig Magen- u. Darmblutungen	ja (nicht immer erfolgreich)	7–20 mm Klauen 1–2 mm	Behandlung umstritten; zur Zeit bei Kindern Dexamethason 0,1 mg kg/Tag i.m., bei Erwachsenen Prednisolon 80 mg absteigend dosiert alle 2 Tage; Antibiotikaprophylaxe; in schweren Fällen Dialyse; Unfälle selten, da die Tiere sehr scheu sind; sie kriechen bei Nacht jedoch manchmal in abgelegte Bekleidung.
Violinspider (Loxosceles laeta)	Südkorea, Kalifornien, Mittel- und Südamerika	Peptide, biogene Amine	neurotoxisch, cytotoxisch, hämatotoxisch			Nekrosebildung, Ekchymosen, scharlachähnlicher Ausschlag, innere Blutungen	ja	7–20 mm Klauen 1–2 mm	sehr toxisch, noch scheuer als L. reclusa; ca. 200 Unfälle/Jahr in Amerika; Mortalität hier 4,8 %, weltweit 15,2 %
Loxosceles rufesceus	Mittelmeerländer, Nordafrika, Madagaskar, Südrußland, Burma, China, Japan, Mexiko, Brasilien, Osten der USA	Peptide	neurotoxisch, cytotoxisch, hämatotoxisch			Nekrose, schmerzhafte Schwellung, Sekundärinfektion		7–20 mm Klauen 1–2 mm	nicht aggressiv; für Menschen nicht gefährlich; nachtaktiv; kriecht gerne in die Betten

Tab. 1: Fortsetzung

Name	Vorkommen	Toxin	Giftwirkung	Giftmenge	LD_{100} Maus	Symptome	Antiserum	Länge	Besonderheiten
Spp. Latrodectus, *Schwarze Witwe* (Latrodectus mactans)	Nord-, Mittel- und Südamerika, Hawaii, Kanarische Inseln	Proteine mit 5–6 Untereinheiten	neuro toxisch, kardiotoxisch, cytotoxisch, psychotrop			Biß nicht schmerzhaft; nach kurzer Zeit Rötung, schmerzhafte Lymphknotenschwellung und Lymphadenitis; Musekelsteife, Fieber, Harnverhalt, Priapismus, Reflexsteigerung; Schwindel, Übelkeit, Erbrechen; Scarlatiformes Exanthem, starker Schmerz mit typischer »facies latrodectismica«; Blutdruckkrisen, Tachy- und Bradyarrhythmie, psychische Veränderung bis zu Psychosen; Tod durch Herzversagen, Nierenversagen oder Apoplexis	ja	8–15 mm Klauen 1–1,6 mm	häufig in Toiletten, die außerhalb des Wohnraumes liegen; hier hauptsächlich unter Toilettendeckeln, daher viele Bisse an Gesäß und Genitalien; Weibchen fressen junge männliche Tiere (Name); Schmerzbekämpfung mit Lidocain-Infiltration in die Bißstelle; Verstärkung der Antiserumgabe durch 10 %ige Calciumgluconat-Lösung; Bißstellen heilen ohne Therapie ab
Spp. Mastophora, *Bola-Spinne*	Südamerika	Protein, Histamin	neurotoxisch, cytotoxisch			Schmerz an der Bißstelle, Rötung und Blasenbildung; beim Aufplatzen der Blase sehr tiefe Nekrose, die nur langsam abheilt	nein	2–4 cm Klauen 1,5–2 mm	Unfälle mit Menschen selten; spinnt Faden mit Klebetropfen am Ende; lockt Falter mit Sexualduftstoffen an und wirft dann die Bola, an der der Falter kleben bleibt
Spp. Lycosida, *Wolfsspinne*	weltweit, besonders häufig in Mittel- und Südamerika	Peptide	cytotoxisch, hämolytisch			Biß nicht sehr schmerzhaft, Nekrosenbildung		2–4 cm Klauen 1,5–3,2 mm	keine Todesfälle bekannt

Tab. 1: Fortsetzung

Name	Vorkommen	Toxin	Giftwirkung	Giftmenge	LD_{100} Maus	Symptome	Antiserum	Länge	Besonderheiten
Tarantel (Lycosida tarantula oder Tarentula apuliae)	Italien, Sardinien, Spanien	Peptide	cytotoxisch, hämolytisch			kein Schmerz, Nekrosenbildung	nein	2,5–3 cm Klauen 2–2,5 mm	die Schreckensgeschichten, die alle der Realität entbehren, gehen bis auf die griechische Mythologie zurück; im 18. Jahrhundert wurde, um das Gift auszuschwitzen, ein spezieller Tanz, die »Tarantella« entwickelt
Lycosida erytrognatha, Lycosida raptoria	Südamerika, hauptsächlich Brasilien	Peptide	cytotoxisch	2,05 mg max. 1,0 mg mittel	0,08 mg i.v. 1,25 mg s.c.	Nekrosebildung	nein	um 2 cm Klauen 2–2,5 mm	keine Todesfälle bekannt
Spp. Cheiracanthium, *Dornfingerspinne* Ch. punctorium	Deutschland (Oberrheintal, Rheinland-Pfalz), Südamerika, Hawaii, Australien, Mittelmeerländer	Proteine	neurotoxisch			Stich ähnlich Biene, Brennschmerz, Rötung, Temperaturanstieg, manchmal Nekrose; Symptome klingen innerhalb 24 Stunden ab	nein	1,2–1,5 cm Klauen 1,5–2,2 mm	einzige einheimische Spinne, die die Haut durchdringen kann; vor lokalen Therapiemaßnahmen, wie Inzision oder Ausbrennen, muß gewarnt werden

Tab. 1: Fortsetzung

Name	Vorkommen	Toxin	Giftwirkung	Giftmenge	LD_{100} Maus	Symptome	Antiserum	Länge	Besonderheiten
Spp. Phoneutria *Kammspinne*, Bananenspinne (Phoneutria nigriventer)	Südamerika	Peptide, biogene Amine, neun noch nicht identifizierte Toxine	neurotoxisch, cardiotoxisch, cytotoxisch	8 mg max. 1,25 mg mittel	0,006 mg i.v. 0,0134 mg s.c.	Biß sehr schmerzhaft; kleine Bißmarken ca. 17 mm voneinander entfernt; Schmerzen halten über Stunden an; Tachyarrhythmie, hypertone Krise, Fieber, Schweißausbrüche, Übelkeit, Erbrechen, Muskelzuckungen, Sehstörungen, Atemnot; Tod durch Atemlähmung; der Tod tritt innerhalb 2–5 Stunden ein; wird dieser Zeitpunkt überlebt, ist die Prognose günstig	ja	2,5–5 cm Klauen 4–5 mm	sehr aggressiv, geht bei Annäherung sofort in Abwehrstellung; schon hier erste Gifttropfen an den Chelizeren; bei weiterer Annäherung springt sie den Gegner bis zu 50 cm entgegen; sie beißt schnell mehrmals zu; Eindringtiefe bis 4 mm; verursacht die meisten Todesfälle durch Spinnen in Südamerika; werden mit Bananenstauden nach Europa eingeschleppt; solange die Tiere in Kältetransportern sind, sind sie träge und ungefährlich; Unfälle ereignen sich in den warmen Nachreiferäumen; gefährdet sind Kinder, alte und cardial oder pulmonal vorgeschädigte Personen; Antiserumgabe erst bei Herz- oder Lungensymptomatik, Erfolg sehr gut; das Tier hat 8 Augen, wovon 2 besonders gut für die nächtliche Jagd geeignet sind

*Vogelspinnen**:
Unter dem Begriff »Vogelspinnen« werden hier lediglich die Vertreter der Familie Theraphosidae verstanden, nicht jedoch ihre zum Teil toxikologisch bedeutsamen Verwandten aus den Familien Barychelidae, Hexathelidae und Ctenizidae, die insbesondere auch im medizinischen Schrifttum bisweilen fälschlicherweise unter diesem Terminus subsumiert werden (Raven, 1985).
Vogelspinnen kommen in allen Erdteilen vor. In Europa sind sie lediglich durch drei Spezies, die in Spanien und Portugal leben, sowie eine Art, die auf Sizilien vorkommt, vertreten. Diese relativ kleinen Tiere (Körperlänge 15 bis 20 mm) sind toxikologisch unerforscht und mit ziemlicher Sicherheit auch ohne medizinische Bedeutung. Sie gehören alle zur Gattung Ischnocolus (Unterfamilie Ischnocolinae). Zwischenfälle mit ihnen sind nie berichtet worden.
Ähnlich liegen die Verhältnisse auf Zypern, das geographisch meist zu Asien gerechnet wird, wo drei Spezies vorkommen, eine Ischnocolusart und zwei Vertreter des Genus Chaetopelma. Letztere erreichen eine Körperlänge von 25 bis 30 mm.
Von den asiatischen Arten dürften einige der Gattungen Poecilotheria für den Menschen giftig sein (Smith, 1986, 1987). Mit Sicherheit gilt dies für Poecilotheria fasciatia, eine der schönsten Vogelspinnen überhaupt, die in Sri Lanka vorkommt und eine Körperlänge von 60 mm (gemessen vom Beginn des Carapax bis zum Ende des Abdomens, ohne Berücksichtigung der Chelizeren und Spinnwarzen) erreicht. Sie wird von den Eingeborenen gefürchtet, die mit ihr gelegentlich beim Pflücken der Kokosnüsse in Berührung kommen. Wie alle Arten der Gattung gehört sie zu den baumbewohnenden Spinnen und entspricht damit in ihrer Lebensweise der von amerikanischen Vogelspinnen der Unterfamilie Aviculariinae, obwohl sie systematisch zur Unterfamilie Selenocosmiinae zählt (Raven, 1985). Mit dieser Spezies traten in der Bundesrepublik und in der Schweiz in den vergangenen Jahren Zwischenfälle auf, die ersten mit einer asiatischen Vogelspinnenart.
In einem Fall kam es ein bis zwei Tage nach einem nicht sehr schmerzhaften Biß in Dig. IV zu starken Bewegungseinschränkungen an den Fingergelenken und nach weiteren zwei Tagen zu Tumeszenzen der Metakarpalregion oberseits, die acht Tage lang anhielten. Während dieser Zeit traten bei starker Beanspruchung der Hand in Dig. III und IV Krämpfe auf. In einem anderen Fall verspürte der Patient kurze Zeit nach einem Biß in den linken Oberarm etwa zwanzig Minuten anhaltendes heftiges Ziehen im Arm bis zu den axillären Lymphknoten. Poecilotheriabisse können also weitaus folgenschwerer als Zwischenfälle mit großen amerikanischen Vogelspinnen sein.
Von afrikanischen Theraphosidae gelten Tiere der weitverbreiteten Gattung Pterinochilus als für den Menschen potentiell gefährlich (Maretić, Lebez, 1979; Bachmann, 1982). In der Bundesrepublik ereignete sich 1986 ein Zwischenfall mit einem jungen Tier einer nicht näher bestimmten Art dieser Gattung bei einem Zoohändler, der in den Daumen gebissen worden war. Obgleich die Injektionsstellen sofort mit einem Giftentfernungsgerät abgesaugt wurde, verpürte der Patient etwa eine Stunde lang ein sehr starkes Brennen, war jedoch nach einigen Stunden beschwerdefrei.
Inzwischen weiß man also, daß Vogelspinnen – es gibt davon rund 800 Arten – keineswegs für den Menschen sonderlich gefährlich sind.
So werden beispielsweise in Butantan und in anderen Seruminstituten keine Immunseren gegen die Gifte dieser Tiere hergestellt. Der Biß der amerikanischen Spezies ist in seiner Schmerzintensität mit dem von einem bis drei Bienenstichen vergleichbar; der Schmerz hält meist nicht länger als zwei Stunden an. Allgemeinsymptome fehlen (Schmidt, 1986, 1987).
Da in letzter Zeit gerade asiatische und afrikanische Vogelspinnen immer häufiger importiert werden, wird es sicherlich nicht ausbleiben, daß wir in Zukunft des öfteren mit Zwischenfällen durch diese Tiere konfrontiert werden. Immerhin schreibt Southcott (1978) von der asiatisch-australischen Gattung Selenocosmia, die bei Terrarianern sehr beliebt ist: »Bites from this genus are also stated to cause severe reactions.«
Daß alle Vogelspinnen, verglichen mit echten Giftspinnen der Gattungen Phoneutria, Atrax, Latrodectus und Loxosceles für den Menschen relativ harmlos sind, bleibt jedoch trotz der hier geschilderten Zwischenfälle unbestritten. Es ist auch schwer zu sagen, ob im Falle von Pterinochilus der Einsatz eines Giftabsauggeräts (Jucker, 1987) wesentlich zu dem blanden Verlauf beigetragen hat. Leider erfährt man über die gefährlichsten Giftspinnen, wie Phoneutria fera, Ph. nigriventer, Atrax robustus, A. formidabilis, Loxosceles reclusa und L. laeta im Pschyrembel nichts. Auch einige dieser Spezies werden von Terrarianern häufig gehalten.

* Quelle: Schmidt, G.: Dt. Ärztebl. 85, Heft 28/29, 18. Juli 1988

Vergiftungsweg:

Die Vergiftung erfolgt durch Biß. Jede Spinne hat zwei Kiefer (Cheliceren). Die Giftdrüse befindet sich in dem dicken, kopfnahen Segment und ist mit den Kieferklauen über einen Giftkanal verbunden. Durch Druck auf den Giftapparat wird der Mechanismus ausgelöst. Der Biß der Weibchen, besonders zur Zeit der Eiablage, ist wesentlich gefährlicher.
Bei den meisten Spinnen reicht die Länge der Kieferklauen nicht aus, um die menschliche Haut zu durchdringen; dies gilt besonders für unsere heimischen Arten.

Toxine:

Peptide mit unterschiedlicher Kettenlänge (MG > 6000); biogene Amine, wie Histamin und Serotonin; zahlreiche, noch nicht identifizierte Substanzen.

Giftwirkung:

Neurotoxisch, kardiotoxisch, cytoxtoxisch, hämolytisch.
Fast alle echten Spinnen (Araneae) sind für ihre Beutetiere giftig. Aber in den meisten Fällen wirken die kleinen Mengen Toxin, die beim Biß in den Kreislauf eines Menschen gelangen, nur sehr schwach, wenn sie überhaupt die menschliche Blutbahn erreichen. Die Giftklauen (Chelizeren) der meisten Spinnen sind gar nicht in der Lage, das menschliche Integument zu durchdringen.
Doch gibt es einige Ausnahmen.
Spinnengift ist eine farblose, etwas ölige Flüssigkeit, das lyophilisierte Trockengift ein weißliches bis gelbliches amorphes Pulver. Eine Latrodectusart gibt pro Biß so viel Gift ab, daß damit etwa 50 bis 200 Mäuse zu je 20 g getötet werden können. Da der Mensch bisweilen eine zehnmal größere Empfindlichkeit als die Maus zeigt, können Kinder und Jugendliche bis 40 kg Körpergewicht gefährdet sein.
In Italien rechnet man mit 50 Zwischenfällen pro Jahr. In den USA gibt es jährlich neun bis zehn Todesfälle, die auf das Konto der »Black Widow« gehen. Das Toxin dieser Spinne zeichnet sich durch eine anfänglich stimulierende, später aber suppressorische Wirkung auf kortikale und medulläre Zentren des Gehirns aus. An der Bißstelle treten heftige Schmerzen auf, die sich allmählich ausbreiten. Hinzu kommen Spasmen der glatten Muskulatur, Brechreiz und Hypothermie. Schwere Fälle äußern sich in Paresen mit gleichzeitigen Konvulsionen und Respirationsversagen, das bis zum Atemstillstand führen kann.
Die DL_{50} des Toxins der Wolfsspinne Scaptocosa erythrognatha beträgt 0,0009 mg/g Maus. Diese Tarantel könnte mit einem Biß 114 Mäuse zu je 20 g Körpergewicht töten. Vogelspinnen (Theraphosiden) können pro Biß 8,9 mg Toxin (bezogen auf Trockengift) sezernieren.
Die DL_{50} des Giftes der gefährlichen Acanthoscurria musculosa liegt bei 0,005 mg/g Maus. Sie vermag also nur 60 Mäuse pro Biß zu töten. Das Vogelspinnengift zeigt eine ganz kurz stimulierende Wirkung, die von einer langen, hypnotischen, zentral bedingten suppressorischen Phase gefolgt ist. Anschließende Lähmung der Atemmuskulatur kann den Tod herbeiführen.
Über die chemische Zusammensetzung der Spinnentoxine besteht noch keine völlige Klarheit. Es handelt sich um komplizierte Lipoid-Protein-Gemische mit zahlreichen freien Aminosäuren und Enzymen wie proteolytischen Fermenten, L-Aminosäuredehydrasen und Hyaluronidase. Das Gift der Taranteln und Kammspinnen (Ctenidae) besteht im wesentlichen aus Proteinen, freien Aminosäuren und Histaminen (Bohn, 1957). Das Gift von Phoneutria weist 54 % Proteine und 26 % freie Aminosäuren auf. Besonders hoch ist der Anteil an Glutaminsäure in allen Spinnengiften. Der toxische Effekt geht auf Proteinfraktionen zurück. Die Toxine der Schwarzen Witwe enthalten sechs Proteinfraktionen, von denen nur eine für die Giftigkeit verantwortlich ist.

Symptome:

Der Biß ist entweder kaum spürbar oder – je nach Art – sehr schmerzhaft. Bei nahezu allen Arten kommt es zu Rötung und Schwellung sowie zu schmerzhaften Muskelverhärtungen im Bereich der betroffenen Gliedmaßen. Lokale Nekrosen und Sekundärinfektionen sind häufig. Je nach Art kann es zu Tachykardie, Schwindel, Blutdruckanstieg, Fieber und verstärkter Schweißneigung kommen. Sehr häufig ist eine Abdominalsymptomatik mit Erbrechen, Übelkeit und Tenesmen (es wurden schon einige Operationen unter der Diagnose »akutes Abdomen« nach Spinnenbissen durchgeführt). Auch zentrale Störungen mit Sehstörungen, Atemnot und Tod durch Atemlähmung sind beschrieben. Gefürchtet sind die durch einige Arten hervorgerufenen intravasalen Gerinnungsstörungen, die zum Tod im hämorrhagischen Schock oder zum DIC-Syndrom führen können.

Nachweis:

DC; GC; Identifizierung des Tieres.

Therapie:

1) Giftspinnenbisse erfordern eine Serumtherapie. Die wichtigsten Antisera werden in Deutschland vorrätig gehalten. Noch zwölf Stunden nach einem Biß ist mit einer ausreichenden Wirkung dieser Sera zu rechnen.
2) Alle lebensbedrohlichen Zwischenfälle sind durch Herz- und Kreislaufversagen provoziert. Es ist daher möglichst frühzeitig eine Plasma(-expander)-Substitution anzustreben.
3) Glukokorticoidgabe:
   80–200 mg Volon A Solubile i.v.
4) Bei Krämpfen Valium i.v., evtl. Kurarisierung.
5) Lokal Ruhigstellung, Alkoholumschläge, Tetanusprophylaxe.

Serumzusammensetzung:
Das trivalente Spinnengift-Immunserum besteht aus einer Mischung des gereinigten, monovalenten Spinnengift-Immunsera »Soro Anti-Ctenico« und »Soro Anti-Licosico« sowie einer Quote Skorpiongift-Immunserum, das gegen das Gift der Skorpione Tityus bahiensis und Tityus serrulatus wirksam ist.
Sämtliche Quoten werden durch Hyperimmunisierung von Pferden mit den Giften verschiedener Spinnen und Skorpione der obengenannten Gattungen gewonnen.

Indikation:
Behandlung von Spinnenbissen und Skorpionstichen.

Anwendung und Dosierung:
Vor der Injektion ist durch Befragung und Anwendung spezieller Teste (Intrakutan- bzw. Konjunktival-Methode) festzustellen, ob Anaphylaxe oder Allergie vorliegt.
Das Immunserum ist intramusuklär zu injizieren. Je früher man es verwendet, desto besser ist der therapeutische Erfolg.
Leichte Fälle: 5 ml i.m.
Schwere Fälle: 10 ml i.m.
Sind nach 6 Stunden noch toxische Symptome vorhanden, ist eine Wiederholungsdosis von 10 ml angezeigt.

Testmethoden:
0,1 ml Spinnengift-Immunserum wird mit 0,9 ml physiolog. NaCl-Lösung verdünnt.

a) Intrakutantest
   0,1 ml dieser 1 : 10 verdünnten Lösung wird an der Innenseite des Unterarms intrakutan appliziert. Bildet sich innerhalb der nächsten 15 Minuten eine starke Quaddel mit Erythem an der Injektionsstelle, so liegt Überempfindlichkeit gegen Pferdeeiweiß vor.
   Bei anamnestisch festgestellter Allergie sind aus Vorsichtsgründen 0,05 ml des 1 : 1000 verdünnten Spinnengift-Immunserums zu verwenden.
b) Konjunktivaltest
   1 Tropfen der 1 : 10 verdünnten Lösung Spinnengift-Immunserum wird in den Konjunktivalsack gegeben. Treten innerhalb der nächsten 15 Minuten Juckreiz, Tränenfluß, Lidödem und konjunktivale Rötung auf, so ist der Test positiv.
   Beide Ergebnisse sind in gleicher Technik und Dosis am anderen Arm oder Auge mit phys. NaCl-Lösung zu kontrollieren.

Allgemeine Regeln bei Injektionen von heterologen Immunsera:

1. Getrübte Immunsera oder solche mit überschrittener Laufzeit sind nicht zu verwenden.
2. Strenge Indikationsstellung für jede Immunserumapplikation, insbesondere beim Allergiker.
3. Jede Injektion hat langsam zu erfolgen.
4. Sterile Spritze und Kanüle sowie Adrenalin 1 : 1000 müssen griffbereit sein.
5. Intravenöse Injektionen beim Allergiker sind möglichst zu vermeiden (Ausnahme: Botulismus, Gasödem, Schlangenbiß).
6. Jede intravenöse Injektion ist erst 20–30 Minuten nach einer tolerierten intramuskulären Probeninjektion vorzunehmen. Das Rüstzeug der medikamentösen Schocktherapie hat bereitzuliegen.
7. Während der Injektion ist der Empfänger sorgfältig auf beginnende Schocksymptome zu beobachten und wenigstens 30 Minuten nach der Injektion unter ärztlicher Kontrolle zu halten.
8. Die Möglichkeit des Auftretens einer Serumkrankheit sollte im Interesse des Vertrauensverhältnisses Arzt/Patient erwähnt werden.

Nebenreaktionen:

a) Anaphylaktischer Schock
 Durch sorgfältige anamnestische Befragung und Anwendung der Testmethoden ist diese Komplikation weitgehend vermeidbar. Liegt Anaphylaxie vor, kann wie folgt desensibilisiert werden:
 1 ml des 1 : 10 verdünnten Immunserums (0,1 ml Immunserum + 0,9 ml physiol. NaCl-Lsg.) s.c., 30 Min. später 0,5 ml unverdünntes Immunserum i.m. Bei voller Verträglichkeit wird nach weiteren 30 Min. die vorgesehene volle Dosis appliziert.
 Tritt bereits nach der ersten, desensibilisierenden Dosis ein anaphylaktisches Syndrom auf, so ist der geplante Injektionsmodus auszusetzen. Neben parenteraler Antihistaminika-Behandlung ist der Blutdruck bis zur Normalisierung zu kontrollieren. Danach Wiederholung der ersten Dosis subkutan. Bei voller Tolerierung wird die Hauptdosis 30 Minuten später nachinjiziert. Ist die intravenöse Injektion aus vitaler Indikation unumgänglich, sind vorher Kortikosteroide intravenös sowie Antihistaminika intramuskulär zu geben und das Immunserum möglichst zu verdünnen (5 % Glukose-Lsg.).

b) Primäre Allergie
 Durch anamnestische Befragung des Erkrankten und Testung (s. o.) kann die primäre Allergie fast immer erkannt werden. Da hier eine Desensibilisierung nicht möglich ist, wird bei Vorliegen einer Allergie gegen Pferdeeiweiß im Hinblick auf die vorliegende vitale Indikation folgendes Vorgehen empfohlen:
 intramuskulär Antihistaminika und 1,0 ml Adrenalin 1 : 1000 sowie 40 mg Urbason solub i.v., anschließend die Gesamtdosis. Liegt keine unmittelbar drohende Lebensgefahr vor, wird medikamentös in gleicher Weise vorgegangen, das Immunserum jedoch in refrakter Dosis wie folgt gegeben: 0,2 ml 1 : 10 verdünnt s.c., 30 Min. später 0,2 ml unverdünnt s.c., nach weiteren 30 Min. bei voller Tolerierung der vorhergehenden Dosis die Hauptdosis s.c. oder i.m.

c) Serumskrankheit
 Serumskrankheit tritt nach etwa 6–10 Tagen auf, wenn noch kreisende Eiweißreste mit bereits gebildeten humoralen Antikörpern gegen Pferdeeiweiß in Reaktion treten; sie wird durch urtikarielles, mehr oder weniger generalisiertes Erythem mit Juckreiz, gelegentlich Fieber, Lymphdrüsenschwellung und in seltenen Fällen Gelenkbeschwerden gekennzeichnet.

d) Spätallergische Reaktion
 Sie kommt äußerst selten als sogenannte serogenetische Polyneuritis vor und hat in der Regel eine gute Prognose.

Therapie der Nebenreaktionen:

a) Schock (Anaphylaxe und Allergie)
 1,0 ml Adrenalin, 1 : 1000 subkutan (Kinder 0,5 ml). Bei Bedarf kann die Dosis wiederholt werden. Gleichzeitig sind 50–200 g Prednisolon (Urbason solubile 40–160 mg) i. v. und Antihistaminika i.m. zu verabreichen. In akut bedrohlicher Situation kann auch 0,1 ml Adrenalin 1 : 1000 (oder 1 ml einer 10fach mit physiolog. NaCl-Lösung verdünnten Stammlösung) intravenös appliziert werden.
 Bei anhaltendem Kreislaufversagen ist die Adrenalin-Gabe mit gleichzeitiger Volumensubstitution als Dauertropf indiziert, z. B. 5–10 ml Adrenalin 1 : 1000 in 500 ml physiolog. NaCl-Lösung. Einstellen der Tropfzahl in. unter Blutdruckkontrolle.

b) Serumkrankheit
Kalziumpräparate intravenös. Antihistaminika peroral. Quälendes Hautjucken wird durch 1,0 ml Adrenalin 1 : 1000 subkutan fast schlagartig, aber nur für gewisse Zeit beseitigt.

Zusätzliche Behandlung:
Eine lokale Behandlung von Bißverletzungen durch giftige Tiere ist stets angebracht. Die Bißregion wird mit Wasser und Seife gewaschen, mit Jodtinktur desinifiziert und anschließend mit Kompressen behandelt, die in Wasser oder Natriumbikarbonat getränkt werden. Sollten sich bläschenförmige Infiltrate bilden, werden sie mit einem desinfizierten Instrument geöffnet und mit Mercurochrom oder Sulfonamid behandelt. Führt man diese Maßnahmen möglichst frühzeitig durch, so lassen sich Abzesse und Ulzerationen verhindern. Zur Allgemeinbehandlung empfehlen sich Kardiaka und bei Schmerzen Analgetika. Bei umfangreichen petechialen Blutungen mit Schocksymptomen ist eine Volumensubstitution, evtl. auch eine Bluttransfusion durchzuführen.

Lagerung und Haltbarkeit:
Spinnengift-Immunserum ist im Kühlschrank bei +20 bis +10° aufzubewahren und bis zu dem auf der Packung angegebenen Datum verwendbar.

Handelsform:
Ampulle mit 5 ml
Hersteller:
Behringwerke, Marburg-Lahn.

Latrodectismus (Schwarze Witwe):
Auch in Südeuropa.
Spezifisches Serum 5 ml i.m.; i.v. schneller wirkend, langsam injizieren; Hersteller: Immunologisches Institut Zagreb; dazu Kalzium i.v., am besten mit einem Antihistaminika, auch Magnesium sulfuricum und Prostigmin, gut sind Antibiotika, schlecht jedoch Kortikosteroide.

Vogelspinnen:
Haare können Juckreiz hervorrufen.
Behandlung: Antihistaminika

Tarantel:
Keine stärkere Giftwirkung, bienenstichähnlich, häufig mit Schwarzer Witwe verwechselt.

Südamerikanische Giftspinnen:
Phoneutria (den Menschen anspringend) durch Bananenimporte eingeschleppt.
In 2–5 % der Fälle können Reaktionen auftreten, gewähnlich nach 7–12 Tagen. Schockreaktionen wenige Minuten nach Injektion bei Allergikern. Dagegen Adrenalin-Inj.-Pat. längere Zeit beobachten. Bei vorausgegangener Schutzimpfung Testung mit 0,2 ml s.c., wenn nach ½ Stunde keine Reaktion, kann die ganze Dosis gegeben werden. Bei vorhandener Reaktion Antihistamine i.m. und Kalzium i.v. Bei Schock 0,5 bis 1,0 ml Adrenalin 1 : 1000, evtl. Wiederholung nach 1 Stunde.

Besonders zu beachten:

Gegen die gefährlichsten Spinnenarten sind spezifische Antisera vorhanden. Die zustäzlichen Therapiemaßnahmen richten sich nach dem klinischen Befinden des Patienten. Die Tetanusprophylaxe muß obligatorisch durchgeführt werden. Vor lokalen Behandlungsversuchen durch Inzision, Kryotherapie, Pinselungen mit Kaliumpermanganat, Ausbrennen und Schmerztherapie mit Barbituraten oder Opiaten muß nachdrücklich gewarnt werden.
Normalerweise greifen die Spinnen nur an, wenn sie sich bedroht fühlen. Während der Paarungszeit bis zum Schlüpfen der Jungen sind die Weibchen besonders angriffslustig. In dieser Zeit ist besondere Vorsicht geboten. Spinnen sind sehr nützliche Tiere, die Schadinsekten vernichten. Sie sind ängstlich und versuchen zu fliehen. Ihr negatives Ansehen innerhalb der Bevölkerung verdanken sie dem immer noch vorhandenen, mystifizierten Unwissen.

Stachelhaie (Squaloidei)

Vorkommen:

In allen Weltmeeren

Tab. 1: Die wichtigsten Giftvertreter der Stachelhaie

Name	Vorkommen	Größe	Angriff auf Menschen
Dornhai (Squalus acanthias)	alle Weltmeere	1,5 m	nein
Doggenhai (Heterodantus)	alle Weltmeere	1,5 m	nein
Grönland- oder Eishai	arktische Gewässer	bis 8 m	ja

Toxine:

Noch nicht isoliert.

Vergiftungsweg:

Vor den beiden Rückenflossen befindet sich je ein 10 bis 15 cm langer Knochenstachel. Der Stachel steckt in einer Gewebescheide und bedeckt die Giftdrüse. Bei Druck richtet sich der Stachel auf, setzt Gift frei und treibt es entlang dem Stachel in die Wunde.

Giftwirkung:

Kardiotoxisch

Symptome:

Rötung, Schwellung, Schmerz, Tachyarrhythmie.

Nachweis:

Identifizierung des Tieres.

Therapie:

Desinfektion, Schmerzbehandlung, Schockprophylaxe; Tetanusprophylaxe; evtl. Einsatz von Betablokkern oder Antiarrhythmika.

Besonders zu beachten:

Vorsicht ist immer bei gefangenen oder harpunierten Tieren geboten. Die Tiere winden sich und versuchen ihren Gegner mit den Stacheln zu treffen.

Stachelrochen (Dasyatidae)

Vorkommen:

Meist im Flachwasser in Küstennähe, jedoch auch bis in 30 Meter Tiefe anzutreffen. Einige Süßwasserarten in Südamerika (Amazonas und Paraná). Salzwasserarten im Pazifik, Indopazifik, Südatlantik und Mittelmeer.

Toxine:

Freie Aminosäuren, Serotonin, 5-Nukleotidase, Phosphodiesterase sowie 3 Proteinfraktionen mit einem MG von ca. 100 000.

Vergiftungsweg:

Stachel auf der Rückseite im letzten Drittel des Schwanzes mit sägezahnartigen Widerhaken. Die Stacheln haben eine Länge von 4 bis 30 cm und sind mit zwei Giftdrüsen versehen. Der Rochen gräbt sich in Sand oder Kies ein. Wird er durch Erschütterungen gestört, schlägt er mit dem Schwanz; durch die Stacheln entsteht eine Wunde, durch die das Gift nach Zerstörung der Gewebehülle eindringen kann. Schaftgewebe bleibt in der Wunde zurück.

Giftwirkung:

Myotoxisch; neurotoxisch; kardiotoxisch.

Symptome:

Starker Brennschmerz mit Ausbreitung entlang der Lymphbahnen. Massive Rötung und Schwellung. Übelkeit, Schwäche, tachykarde Rhythmusstörungen, Schocksymptomatik, häufig Sekundärinfektionen.

Nachweis:

DC; GC; Identifizierung des Tieres.

Therapie:

Gründliche Wundreinigung mit viel Flüssigkeit, Entfernung von verbliebenem Schaftgewebe. Abbinden der Extremität oberhalb der Wunde, Eiweißdenaturierung durch Heißwasserbehandlung, im Anschluß daran Hochlagerung. Schockprophylaxe; wenn nötig Acidoseausgleich mit Natriumbikarbonat. Antibiotikaprophylaxe.

Besonders zu beachten:

Die früher angewandten Behandlungen mit Kaliumpermanganat, Ammoniak, Formaldehyd und Eiswasser sind als obsolet zu betrachten.
Es muß jedoch jede Wunde versorgt werden, da unbehandelt sehr häufig tiefreichende Nekrosen auftreten.
Die beste Vorsichtsmaßnahme bei Spaziergängen im flachen Wasser ist ein schlurfender Gang; die Rochen fliehen bei solchen Erschütterungen.
Nicht giftig, jedoch gefährlich sind Zitterrochen (Torpedinidae). Sie erzeugen Spannungen bis 200 Volt. Diese kräftigen Stromschläge haben schon zu tödlichen Verläufen bei Menschen geführt.

Stechhimmen(Aculeata)

Vorkommen:

Zu den Stechhimmen gehören Bienen, Hummeln, Wespen und Hornissen. Mehr als 100 Arten sind bekannt.

Außer in Meeren, praktisch überall auf der Erde. Hautflügler verursachen weltweit die meisten Vergiftungsfälle.

Tab. 1: Die wichtigsten Giftvertreter der Stechhimmen

Name	Vorkommen	Toxine	Giftwirkung	Symptome	Therapie	Besonderheiten
Honigbiene (Apis mellifera)	überwiegend Europa	Apamin, Mellitin, MCD-Peptid, Phospholipase, Hyaluronidase	cytotoxisch, neurotoxisch, hämolytisch, allergisierend	Schmerz, Schwellung, Juckreiz, Schock, Urticaria; bei Vielfachstichen Nierenversagen möglich	Stachel entfernen, Analgetika, Antihistaminika, evtl. Glukokortikoide lokal und parenteral; Schockbekämpfung, evtl. Schnellhyposensibilisierung; wenn nötig, Hämodialyse	gilt seit über 1000 Jahren als Haustier; Honigspender, Gift wird als Antirheumatikum angewandt; tödliche Wirkung normalerweise bei 300 bis 10000 Stichen, manchmal kann aber schon ein Stich tödlich sein; grundsätzlich in Nestnähe schnelle Bewegungen vermeiden
Italienbiene (Apis mellifera ligustica)	überwiegend südliches Europa, Südamerika	Apamin, Mellitin, MCD-Peptid, Phospholipase A, Hyaluronidase	cytotoxisch, neurotoxisch, hämolytisch, allergisierend	Schmerz, Schwellung, Juckreiz	Stachel entfernen, kühlende Umschläge, evtl. Antihistamin	sehr eifriger Honigsammler; sticht fast nie
Afrikanerbiene (Apis mellifera adansonii)	Afrika, Südamerika	Mellitin, Apamin, MCD-Peptid, Phospholipase A, Hyaluronidase	cytotoxisch, neurotoxisch, hämolytisch, allergisierend	Schmerz, Schwellung, Juckreiz, Schock, Urticaria, Hämorrhagie; Nierenversagen möglich	Stachel entfernen, Schmerzbekämpfung, Schocktherapie, evtl. Kortikosteroide und Antihistaminika; evtl. Hämodialyse	sammelt ein Vielfaches an Honig; sehr aggressiv; in Südamerika sind Versuchstiere entkommen; deren Honig sammeln sogenannte Wildbienen-Honigsammler ein; ein Sammler bringt es pro Saison auf über 600 kg Honig
Mörderbiene	Argentinien, Mittelamerika, Süden Nordamerikas	Mellitin, Apamin, MCD-Peptid, Phospholipase A, Hyaluronidase	cytotoxisch, neurotoxisch, hämolytisch, allergisierend	Schock, Schmerz, Allergie, Überfall in Schwärmen, meist mehrere 100 Stiche	Schmerzbekämpfung, Schocktherapie, Schnellhyposensibilisierung; evtl. Beatmung und Hämodialyse	Die Italienbiene brachte in Südamerika nicht den erwarteten Erfolg; daraufhin Versuch einer Kreuzung von Afrikanerdrohne und Italienkönigin; Produkt war die afrikanisierte oder Mörderbiene; sie sammelt sehr wenig, schwärmt viel und ist äußerst aggressiv; die Angriffe erfolgen in Schwärmen. Stiche werden meist in Kopfnähe gesetzt. Einige Stämme entkamen aus den Versuchslaboratorien. Sie sind in den angegebenen Verbreitungsgebieten sehr gefürchtet.

Tab. 1: Fortsetzung

Name	Vorkommen	Toxine	Giftwirkung	Symptome	Therapie	Besonderheiten
Hummel (Bambus spp.)	Europa	biogene Amine, Peptide, Enzyme	cytotoxisch, hämatotoxisch, neurotoxisch	Schmerz, Schwellung, evtl. Blasenbildung	Schmerzbekämpfung, Kühlung, evtl. Locacorten®-Schaum	Stachel ist länger als bei der Biene; Eindringtiefe bis 3 mm; Widerhaken sind sehr kurz, daher bleibt der Stachel nicht stecken, sticht sehr selten; Todesfalle nicht bekannt
Gemeine Wespe (Paravespula vulgaris)	Europa, Südamerika, Nordamerika, Afrika	biogene Amine, Enzyme, Peptide, Wespen-Kinin	cytotoxisch, hämatotoxisch, neurotoxisch	Schmerz, Blutdrucksenkung, Tachykardien, Schock, Diarrhoe, Hämaturie, Krämpfe, Atemnot, Zyanose	Schmerzbekämpfung, Schocktherapie, evtl. Beatmung, Antibiotikaprophylaxe	können mehrfach stechen, schwere Symptome bei 50–100 Stichen; Stachel wird zum Beutefang benutzt, dies führt zu Verunreinigung und Gefahr von Superinfektion; bester Schutz ist, bewegungslos stehen zu bleiben, da die Tiere erst auf Bewegung reagieren
Erdwespe (Paravespula germanica)	Deutschland	biogene Amine, Enzyme, Peptide, Wespen-Kinin	cytotoxisch, hämatotoxisch, neurotoxisch	Schmerz, Schwellung; Gefahr nur bei Massenangriff	Schmerzbekämpfung, kühlende Umschläge	lebt in Erdlöchern; in einem Bau von 30–60 cm Durchmesser leben 1000–50 000 Tiere; bei Gefahr stürzen sich alle auf den Angreifer
Feldwespen (Polistes spp.)	Europa	biogene Amine, Peptide, Enzyme, Wespen-Kinin	cytotoxisch, hämatotoxisch, neurotoxisch	Schmerz	Kühlung	Verletzung sehr selten und harmlos
Hornisse (Vespacrabro)	Europa, Asien, Amerika	Enzyme, biogene Amine, Peptide, Hornissen-Kinin	cytotoxisch, hämatotoxisch	Schmerz, Ödem, Ekchymosen, Urticaria, Tachycardie, Blutdrucksenkung, Schock evtl. Hämaturie und Atembeschwerden	Schmerzbekämpfung, Schocktherapie, evtl. Beatmung, Antibiotikaprophylaxe	Symptome nicht so stark wie bei Wespen; die Aussage, 3 Hornissenstiche töten einen Menschen, ist nicht korrekt

Toxine:

Folgende Toxine wurden isoliert:
Biene: Histamin, Dopamin, Apamin (Polypeptid mit 16 AS), Melittin, MCD-Peptid, Phospholipase A, Hyaluronidase.
Wespe: Histamin, Dopamin, Serotonin, Phospholipase A und B, Hyaluronidase, Wespen-Chinin.
Hornisse: Histamin, Serotonin, Hyaluronidase, Phospholipase A und B, Acetylcholin, Hornissen-Chinin.

Tab. 2: Bestandteile von Bienengift (Ring et al., 1986)

	Anteil in %	Molekulargewicht
Proteine		
Phospholipase A 2	12	15 800
Hyaluronidase	1–3	45 000
Saure Phosphatase	?	49 000
Peptide		
Melittin	50	2840–2930
Apamin	2	2 038
Mastzell-degranulierendes Peptid	2	2 593
Biogene Amine		
Histamin	0,1–1	111
Dopamin (?)		
Noradrenalin (?)		
Serotonin (?)		
Eikosanoide		
Leukotrien B_4	< 1	
Leukotrien C_4/D_4	< 1	

Vergiftungsweg:

Der Eilegeapparat der Weibchen wurde zu einem komplizierten, an der Hinterleibsspitze liegenden Stachel umgebaut. Er besitzt Widerhaken und wird durch Bewegung des Hinterleibs sägezahnartig in die Haut gebohrt. Durch die Bewegung wird Druck auf die Giftblase ausgeübt und das Gift zwischen Stechborsten und Stachelscheide in die Wunde gebracht. Aus dem Chitinpanzer anderer Insekten kann der Stachel herausgezogen werden, in weicher Haut bleibt er stecken und wird abgerissen. Da der Stechapparat mit Nerven versehen ist, pumpt er auch dann so lange weiter, bis die Giftblase leer ist oder der Stachel entfernt wird. Beim Entfernen des Stachels darf keine Pinzette benutzt werden, da durch diesen Druck weiteres Gift in die Wunde gelangt.
Hummeln, Hornissen und Wespen haben weniger und kleinere Widerhaken, die deshalb leichter wieder herausgezogen werden können. Dadurch sind auch mehrere Stiche durch dasselbe Tier möglich.

Giftwirkung:

Kardiotoxisch, myotoxisch, neurotoxisch, hämolytisch.
Ganz allgemein kommen bei dem aktiven Gifteinsatz im Tierreich überwiegend Peptid- und Proteintoxine zur Anwendung. Dies trifft auch für die Hornissen und die Bienen zu, die mit ihrem Stachel (ein modifizierter Legeapparat, daher sind die männlichen Drohnen »ungiftig«) ein hochwirksames Peptidgemisch injizieren. Darunter ist das Melittin, ein Peptid, das für die Schmerzwirkung verantwortlich ist. An den Schmerzrezeptoren der Haut bewirkt es durch Porenbildung eine rasche Depolarisation und damit Schmerzempfindung. In diesem Fall dient das Gift sicher zur Feindabwehr, nicht nur von räuberischen Insekten, sondern auch von Wirbeltieren einschließlich dem Menschen. Dieser ist allerdings nur selten durch die eigentliche Giftwirkung gefährdet, sondern weitaus häufiger durch die allergische Reaktion, die bei einigen Menschen durch einen Bienenstich ausgelöst wird. Nach Sensibilisierung schon durch einen einzigen Stich kann es zu einem schweren anaphylaktischen Schock mit tödlichem Ausgang kommen.
(Therapentihon 4, 1994)

Symptome:

Nach stark schmerzhaftem Stich kommt es zu einer lokalen, massiven Schwellung, Überwärmung der Haut und kleinen Blutungen. Gefährlich sind Stiche im Kopf- und Halsbereich sowie im Mund- und Rachenbereich.
Ob weitere Symptome auftreten, ist abhängig von Art, Ort und Anzahl der Stiche. Bei Allergikern kann schon ein Stich eine anaphylaktische Reaktion auslösen.
Allergische Reaktionen, wie Urticaria, Juckreiz, asthmoide Zustände, Temperatursteigerungen bis 39 °C sowie Blutdruckabfall und Tachykardie wurden beobachtet.
Nach einer Vielzahl von Wespenstichen traten zusätzlich Muskelkrämpfe, Diarrhoen und Atembeschwerden auf.
Die Todesfälle gehen auf nicht beherrschbare anaphylaktische Schockreaktionen zurück.

Nachweis:

DC; GC; Papierelektrophorese, Identifizierung des Tieres.

Therapie:

Auch nach einem Stich kann durch richtiges Verhalten zu einer Minderung der Gefahr beigetragen werden. Sollte es sich um einen Bienenstich gehandelt haben, ist die Entfernung des Stachels erforderlich. Dies sollte durch Kratzen oder Entfernen mit einer spitzen Pinzette geschehen, wobei unbedingt vermieden werden muß, daß der Giftsack gequetscht wird, weil hierdurch noch mehr Gift injiziert wird. Erste Hilfe nach einem Stich besteht in Kühlung mit Eiswasser oder ein Umschlag mit 30 %igem Alkokol.
Die Stichstelle sollte üblicherweise desinfiziert werden, obschon die Gifte der Wespen und Bienen bakteriostatisch wirken und so eine Infektion der Stichstelle verhindern. Es wird aber davon abgeraten, Lokalanästhetika oder Antihistaminika in Salbenform aufzutragen, weil es dadurch nicht selten zur Sensibilisierung vom Spättyp kommt.
Erfolgte der Stich in die Mundhöhle, besteht auch beim Nichtallergiker die Gefahr, daß sich ein Larynxödem bildet. Unverzüglich ärztliche Behandlung mit Kortikosteroiden und Antihistaminika intravenös ist angezeigt. Bei Zeichen des Larynxodems wird die Inhalation von Adrenalin empfohlen. Die Warnsymptome eines beginnenden Larynxödems sind: Kratzen im Hals, Heiserkeit, Schluckbeschwerden, kloßige Sprache. Später entwickelt sich ein in- und exspiratorischer Stridor, und der Patient verliert die Stimme.
Bedrohliche toxische Reaktionen sind bei nichtallergischen Kindern zu befürchten, wenn sie von mindestens 50 Insekten zugleich gestochen wurden. Erwachsene sind diesbezüglich erst gefährdet, wenn sie mit mehr als 100 Stichen traktiert wurden. Patienten mit solchen multiplen Stichen müssen hospitalisiert werden, da durch Hämolyse und Rhabdomyolyse ein Nierenversagen und durch ausgedehnte Flüssigkeitsansammlung in Haut und Subkutis ein Schock eintreten kann.
Wenn eine Lokalreaktion über das gewöhnliche Maß hinausgeht, also die Schwellung um die Stichstelle mehr als 10 cm im Durchmesser beträgt und länger als 24 Stunden anhält, dann muß man von einer schweren Lokalreaktion sprechen. Gelegentlich tritt gleichzeitig eine Lymphangitis und Schwellung der Lymphknoten auf, was aber in der Regel nicht Ausdruck eines Infektes, sondern vielmehr einer allergischen Entzündung ist. Wenn der gestochene Patient schon bald nach dem Stichereignis einen Arzt aufsucht, kann ihm ein orales Antihistaminikum verschrieben und ihm kühlende Umschläge oder auch topische Kortikosteroide verordnet werden. Kommt der Patient aber erst 1 bis 2 Tage nach dem Stich, wenn die Schwellung schon sehr ausgedehnt ist, empfiehlt sich eine orale Kortikosteroidtherapie, z. B. Prednison täglich 50 mg peroral während 3 bis 5 Tagen. Ruhigstellung und Hochlagerung der gestochenen Extremität tragen das ihre zur Schmerzlinderung bei.
Bei allergischen Reaktionen sollte man möglichst rasch mit der Behandlung beginnen. Wenn es sich nur um eine Urtikaria oder ein Angioödem handelt und respiratorische bzw. kardiovaskuläre Symptome fehlen, braucht der Patient nicht in die Klinik eingewiesen werden. Bei bedrohlichen allergischen Reaktionen hingegen, besonders bei Larynxödem oder anaphylaktischen Schock, muß der Patient möglichst rasch zur Intensivbehandlung hospitalisiert werden.
Weist der Patient nun eine Urtikaria oder ein Angioödem auf, dann genügt folgende Behandlung:
- ein Antihistaminikum mit raschem Wirkungseintritt intravenös und
- bei protrahiertem Verlauf gleichzeitig 50–100 mg Prednisolon peroral oder intravenös.

Patienten mit respiratorischen Symptomen benötigen dagegen als erstes Adrenalin. Beim Larynxödem wirkt die Inhalation wegen der starken schleimhautabschwellenden Wirkung des Adrenalins besonders günstig. Bei Bewußtlosen ist dagegen die subkutane Injektion von 0,3–0,5 mg Adrenalin einfacher. Um die Gefahr des protrahierten Verlaufs zu bannen, werden zusätzlich Kortikosteroide intravenös (50–100 mg Prednisolon) gegeben. Bei Asthma bronchiale empfiehlt sich zusätzlich Inhalationen mit einem Beta-2-Stimulator, z. B. Salbutamol oder Fenoterol. Beim Larynxödem werden zusätzlich zum Adrenalin und dem Kortikosteroid 2 mg Clemastin intravenös verabreicht.

Ein Patient, der in den anaphylaktischen Schock geraten ist, sollte mit angehobenen Beinen in Schocklagerung gebracht werden und 0,3–0,5 mg Adrenalin subkutan erhalten. Anschließend braucht er Antihistaminika, und zwar nicht nur H_1-Blocker (z. B. Clemastin 2 mg i.v.), sondern auch H_2-Blocker (z. B. Ranitidin 100 mg i.v.) und außerdem Prednisolon (100 mg i. v.). Volumenzufuhr, Einsatz von Pressoren im Dauertropf sowie Intubation und maschinelle Beatmung können im Einzelfall nötig werden. Nach intravenöser Adrenalingabe können Herzrhythmusstörungen, eine Angina pectoris oder gar ein Myokardinfarkt ausgelöst werden. Wird das Adrenalin dagegen subkutan gespritzt, so sind kardiale Komplikationen kaum zu erwarten.

Wer auf Bienen- oder Wespenstiche allergisch reagiert, sollte während der Flugzeit dieser Insekten von Frühling bis Herbst ständig Notfallmedikamente bei sich tragen. Allen Patienten, die bereits einmal eine Allgemeinreaktion oder wiederholt schwere Lokalreaktionen durchgemacht haben, wird geraten sofort nach einem Stich ein Antihistaminikum (z. B. 2 mg = 2 Tabletten Clemastin) und ein Kortikosteroid (50–100 mg Prednison oder Prednisolon) einzunehmen.

Patienten mit schweren Lokalreaktionen erhalten außerdem ein lokal applizierbares Kortikosteroidpräparat, z. B. als Salbe. Patienten, die mit respiratorischen oder kardiovaskulären Symptomen auf einen Insektenstich reagiert haben, sollten zusätzlich ein Adrenalin-Dosieraerosol oder eine Adrenalin-Fertigspritze zur subkutanen Injektion bei sich tragen. Der Patient soll das Adrenalin anwenden, sobald Symptome wie Atemnot oder Schweißausbruch auftreten. Bei Patienten mit arterieller Hypertonie oder koronarer Herzkrankheit muß man bei der Abgabe von Adrenalin-Fertigspritzen zurückhaltend sein.

Gelegentlich wird empfohlen, eine Staubinde anzulegen, wenn das Insekt in eine Extremität gestochen hat. Obschon theoretisch einleuchtend, ist die Wirksamkeit dieser Maßnahme klinisch nicht eindeutig belegt. Die Erfahrung zeigt auch, daß es recht schwierig ist, sich eine Staubinde selbst korrekt anzulegen. Es sollte daher darauf verzichtet werden, diesen Trick seinen Patienten besonders anzuraten.

Quelle: Müller, U. R.: Med. Trib. 26, 19–21 (1988)

Hyposensibilisierung:

Warum einige Menschen nach einem Bienen- oder Wespenstich lebensbedrohliche Allgemeinreaktionen zeigen, während andere nur eine lokale Rötung und Schmerz davontragen, ist noch ungeklärt. Atopiker scheinen hierbei zunächst nicht gefährdeter zu sein als die Allgemeinbevölkerung. Es ist dennoch wichtig, eine solche zur Allergie neigende Veranlagung zu erkennen und eine Hyposensibilisierung zu versuchen, da diese Patienten durch einen erneuten Stich akut gefährdet sind.

Diese Ansicht vertritt Dr. P. Bauer, Oberarzt am Kinderkrankenhaus München-Schwabing. Eine positive Anamnese, verstärkte Lokalreaktion mit Schwellung über zwei benachbarte Gelenke und generalisierte Reaktionen, wie Urtikaria, sollten Anlaß sein zu weiterer Diagnostik. Hierzu dient der Hautpricktest. Ein gereinigter Giftextrakt wird in einer maximalen Konzentration von 100 μg aufgetragen. Man sollte immer eine Sensibilisierung auf Bienen- und Wespenstiche gleichzeitig testen, da die Insekten von den Patienten häufig nicht sicher unterschieden werden können. Für eine Biene spricht allerdings ein noch in der Haut sitzender Stachel.

Zeigt sich nach dem Pricktest eine Quaddel, die größer als 3 mm Durchmesser ist und eine Rötung von mehr als 5 mm, so spricht dies für eine Hypersensibilisierung. Außerdem sollten spezifische IgE- und IgG-Antikörper bestimmt werden, was mittels eines RAST (Radio Allergo Sorbens Test) geschieht. Die Ergebnisse bezüglich IgE lassen sich in vier Klassen unterteilen: Bei Klasse I sind so niedrige Werte des im Serum zirkulierenden Antikörpers gegen das Insektengift nachzuweisen, daß er als negativ anzusehen ist. Klassen II bis IV zeigen steigende Konzentrationen der zirkulierenden Antikörper an.

Seit kurzer Zeit wird auch ein spezifischer IgG-RAST verwendet, der bei hohen Werten auf eine protektive Wirkung schließen läßt – ein Phänomen, das besonders bei Imkern auftritt.

Als Entscheidungshilfe, ob eine Therapie notwendig ist, verwendet Bauer ein Punktesystem, in das Anamnese, Hauttest und Bestimmung der spezifischen IgE- und IgG-Antikörper eingehen (siehe Schema).

Ergeben sich sechs Punkte oder mehr, sollte möglichst bald eine Hyposensibilisierung durchgeführt werden. Da die Therapie Nebenwirkungen haben kann, empfiehlt BAUER, die Patienten für den ersten Teil der Behandlung stationär aufzunehmen.
Hierbei erhalten die Patienten 3mal täglich Injektionen mit steigender Konzentration des gereinigten Bienen- oder Wespengiftextraktes. Nach sieben Tagen ist die Enddosis mit 100 µg erreicht. Die weitere Therapie kann ambulant durchgeführt werden. Sie besteht aus vier Injektionen à 100 µg, die in zweitägigen Abständen gegeben werden. Anschließend wird auf viertägige Abstände übergegangen. Auch hier werden vier Gaben verabreicht. Danach bekommt der Patient nur noch monatliche Injektionen.
Gute Verlaufsparameter sind die Kontrolle der spezifischen IgE- und IgG-Antikörper. IgE sollte während der Therapie sinken, IgG steigen. Nur die Insektenstichprovokation erbringt allerdings den tatsächlichen Erfolgsbeweis.
Patienten, die eine Hyposensibilisierung ablehnen, oder auch solche, bei denen nur eine leuchte Sensibilisierung zu erkennen ist, kann mit einer Notfallapotheke geholfen werden. Sie sollte, laut BAUER, ein Antihistaminikum und eine Adrenergikum enthalten. Corticosteroide sieht er als nicht sinnvoll an, da sie erst verzögert wirksam werden und bei der Akuttherapie nicht »greifen«.
Quelle: Ther. d. Gegenw. 127 (1988) Nr. 5

Tab. 3: Punkteschema zur Indikation für eine Hyposensibilisierung

Punktzahl	1	2
Anamnese	fraglich	eindeutig
Hauttest (Pricktest)	Quaddel bis 3 mm	Quaddel ≥ 3 mm
	Rötung bis 5 mm	Rötung ≥ 5 mm
IgE-RAST	niedrig (Klasse 1)	hoch (Klasse 2–4)
IgG-RAST	hoch	niedrig

Bewertung: ≥ 6 Punkte → Indikation für Hyposensibilisierung

Ob die empirisch gefundene Dosierung des Bienen- oder Wespengiftextraktes von 100 µg in vierwöchigen Abständen nach der klinisch durchgeführten Hyposensibilisierung jedoch den optimalen Kompromiß zwischen Effektivität, Belästigung und Kosten darstellt, ist derzeit noch unklar. Eine belgische Arbeitsgruppe hat deshalb nun bei 178 Patienten mit BWA den Abstand zwischen den einzelnen Injektionen unter Beachtung der nach einem Insektenstich aufgetretenen Lokalreaktion graduell ausgedehnt.
Bei 117 von 128 Patienten (91 %) mit Wespengift- und bei 35 von 50 Patienten (70 %) mit Bienengiftallergie konnte der Abstand zwischen den Injektionen auf 12 Wochen verlängert werden. Im Verlauf von zwei Jahren kam es bei diesen 152 Patienten zu insgesamt 213 Stichen von Bienen oder Wespen. Nur ein Patient bekam eine schwere Lokalreaktion, ein weiterer eine leichte systemische Reaktion.
Bei 26 Patienten wurde das Drei-Monats-Intervall nicht erreicht. Die hauptsächlichen Gründe dafür waren mittelgradige bis schwere Lokalreaktionen bereits während sechs- oder achtwöchigen Injektionsabständen, so daß die behandelnden Ärzte nicht wagten, die Intervalle noch weiter auszudehnen. Eine anaphylaktische Reaktion ist eben keine Rhinitis.
Mit dem Verfahren der graduellen Ausdehnung der Injektionsintervalle unter sorgfältiger Beobachtung der Lokalreaktion als Warnzeichen für eine ungenügende Hyposensibilisierung scheint ein praktikabler und doch ausreichend sicherer Weg gefunden zu sein.
(Quelle: KOCHUYT, A.-M., STEVENS, E. A. M.: Münch. med. Wschr. 136 (1994) Nr. 23

Besonders zu beachten:

Bienen werden als Haustiere gehalten. Imker sind durch häufige Stiche desensibilisiert. Bienengift-Allergiker sollten im Sommer gebrauchsfertige Adrenalinlösungen und Corticoide mit sich führen oder, wie heute möglich, unter klinischer Kontrolle desensibilisiert werden.
Nach einem Merkblatt der dermatologischen Abteilung der Universitätsklinik Mainz sind folgende Maßnahmen als Prophylaxe sinnvoll:
Vermeidung rascher Bewegungen, Vorsicht bei blühenden Blumen und Fallobst, kein Haarspray oder Parfum benutzen, keine weiten Kleider tragen, schwarze Stoffe mit Blumenmuster vermeiden, nicht im Freien essen, keine schweißtreibenden Tätigkeiten ausüben, nicht barfuß gehen, Fliegengitter vor den Fenstern anbringen, Abfall dicht verschlossen halten, Vorsicht vor abgestorbenen Ästen und Baumstämmen.

Bei Kontakt mit Wespen und Hornissen sollte man das wilde Um-sich-Schlagen sowie schnelle Fluchtbewegungen unterlassen, da die Tiere auf Bewegung reagieren. Bei einem Wespenstich werden Alarmduftstoffe freigesetzt, die andere Wespen anlocken. Das Zerstören der Wespennester sollte im Winter durchgeführt werden.
In der Medizin werden die Bienengifte schon seit den Zeiten der Ägypter zu therapeutischen Zwecken eingesetzt (siehe dazu auch »Allgemeines-Tiere«).

Kasuistik:

*1. Fall**:
Durch die Stiche von Bienen oder Wespen sterben in den USA jährlich ca. 40 Menschen, in Deutschland führten in den Jahren 1979 bis 1983 Stiche von Hornissen, Wespen oder Bienen insgesamt – statistisch dokumentiert – 53mal zum Tode. Den meisten dieser Todesfälle liegt eine Allergie des Betroffenen zugrunde, die zur anaphylaktischen Reaktion führt. Selten kann eine ungünstige Lokalisation des Stiches, z. B. an den oberen Luftwegen, eine tödliche Reaktion bedingen.
Generalisierte Reaktionen, die nach multiplen Stichen durch die echte Toxinwirkung der Insektengifte hervorgerufen werden, sind extrem selten. Nur wenige Einzelfälle dieser Art sind bislang in der Literatur dokumentiert.
Im folgenden soll der Fall eines 81jährigen Imkers vorgestellt werden, der nach unzähligen (geschätzt über 1000) Bienenstichen verstarb.

Vorgeschichte:
Der 81jährige Patient war Landwirt und Bienenzüchter. Nach einem Unfall 1939 bestand eine Gehbehinderung mit Lähmung des rechten Beins. Wegen dieser Gehbehinderung sowie wegen »Altersschwäche« sei er in letzter Zeit häufiger gestürzt. Ansonsten ergab die Eigen- und Familienanamnese keine Auffälligkeiten.
Da der Patient bei Aufnahme in das Krankenhaus bereits bewußtlos war, kann der Unfallhergang nur aus Fremdaussagen rekonstruiert werden.
Der Unfalltag war ein heißer Sommertag. Zu Mittag hatte der Patient noch eine Brotzeit mit Lyonerwurst und Limonade zu sich genommen. Danach saß er wie gewöhnlich in der Nähe des Bienenhauses, ca. 6 m davon entfernt. Im Verlauf des Nachmittages war der Patient längere Zeit nicht gesehen worden, weshalb seine Schwiegertochter ihn suchte. Sie fand ihn um 15.15 Uhr etwa 10 m vom Bienenhaus entfernt auf dem Rücken am Boden liegend und von einem Bienenschwarm attackiert. Der Sohn brachte ihn sofort ins Haus, verständigte den Notarzt und fing die Bienen wieder ein. Zu dieser Zeit war der Patient noch ansprechbar, ohne daß er den genauen Hergang des Unfallereignisses erzählen konnte.
Der Notarzt verabreichte 500 mg Prednisolon (Soludecortin®H) sowie Suprarenin 1:10 verdünnt, 1 ml, da bereits eine ausgeprägte Hypotonie bestand. Mit dem Hubschrauber wurde der Patient dann in das Stadtkrankenhaus Traunstein verlegt.
Zur Erklärung des Vorganges nimmt der Sohn an, daß das Bienenvolk (ca. 100 000 Bienen umfassend) gerade schwärmte und sich am Boden befand, als sein Vater möglicherweise hineinstolperte.

Aufnahmebefunde:
Bei der Aufnahme war der Patient bewußtlos, unruhig, reagierte jedoch noch auf Schmerzreize. Der Patient war mit einer festen Lodenhose und einer dicken Strickjacke bekleidet, die mit gelben Bienenstacheln übersät war, ebenso die unbekleideten Hände und der gesamte Bereich des Kopfes. In der Mundhöhle des Patienten fanden sich ca. 40 Bienen. Mehrmals kam es zum Erbrechen von Klumpen von Bienen. Kopf, Ohren und Zunge des Patienten waren monströs angeschwollen.
Untersuchungsbefunde bei Aufnahme: RR 200/110 mmHg, Vorhoftachykardie mit 220 S/min. Zentraler Venendruck 0 cm Wassersäule. Rektale Temperatur 36,8 °C.
Laborbefunde: Serum sichtbar hämolytisch. Leukozyten 37 200. Hb, Erythrozyten, Thrombozyten, Harnstoff, Kreatinin, Natrium, Kalium, Amylase, Lipase und GPT im Normbereich. CK-NAC 1560 EH/l (Norm: 10–80 EH/l), CK-MB 108 EH/l (Norm: bis 6 EH/l), LDH 1245 EH/l (Norm: 120–240 EH/l), γ-GT 203 EH/l (Norm: 6–28 EH/l), GOT 75 EH/l (Norm: <18 EH/l). Freies Hämoglobin 506 mg/dl.

* Quelle: Ring, R., Gottsmann, M., Przybilla, B., Eisenmenger, W.: Tod nach 1000 Bienenstichen. Münchn. med. Wschr. 128 (1986) Nr. 18

Quickwert 23 %. PTT 86,4 s (Norm bis 45 s), PTZ 24 s (Norm bis 24 s), Fibrinspaltprodukte 50 mg/l (Norm bis 7,7 mg/l). Arterielle Blutgase unter 12 l O_2/min: pO_2 259 mmHG, PCO_2 34,8 mmHG, pH 7,08, Bikarbonat 10,0 mVal/l, Basen-Exzeß –20.

Therapie und Verlauf:
Der bewußtlose Patient wurde sofort endotracheal intubiert. 500 Bienenstacheln wurden mit der Pinzette entfernt, danach wurden die restlichen Stiche noch auf über 1000 geschätzt. Intravenöse Infusion von 300 ml Natriumbikarbonat (8,4 %). Die Vorhoftachykardie wurde mit Verapamil (Isoptin®), Pindolol (Visken®) und Digoxin (Novodigal®) behandelt. Gegen 17.00 Uhr zeigte das EKG eine Sinustachykardie von 140/min bei normalem AV-Intervall (PQ = 0,15 s), normalem Kammerkomplex, jedoch erheblicher Störung der Erregungsrückbildung mit extremen ST-Senkungen in den Brustwandableitungen; RR 110/90.
Bis 22.30 Uhr bestand ausreichende spontane Atmung, danach starker Abfall des pO_2 und Anstieg der Atemfrequenz auf 40/min. Deshalb wurde eine kontrollierte Beatmung durchgeführt. Wegen Zeichen einer akuten Verbrauchskoagulopathie zusätzliche Gabe von 110 EH PPSB und 2000 EH AT III (Kybernin®) sowie 500 EH Liquemin®/Std. und 3 × 250 ml fresh-frozen-plasma. Um 1.00 Uhr des nächsten Tages Blutdruckabfall auf 60/40, der trotz intravenöser Katecholamingaben (Dopamin® und Bobutamin®) nicht angehoben werden konnte. Rückgang der Diurese von anfangs 100 ml/Stunde auf 30 ml/Stunde, schließlich Anurie. Gegen 2.00 Uhr kam es zu einem nicht-beherrschbaren weiteren Blutdruckabfall mit Bradykardie und Ausbildung eines Schenkelblocks. Reanimationsmaßnahmen waren ohne Erfolg. Um 3.57 Uhr verstarb der Patient in einem irreversiblen Herz- und Kreislaufversagen.

Autopsiebefund:
Im Bereich des gesamten Kopfes sowie der Hände finden sich eine Vielzahl punktförmiger Hautrötungen, zum Teil mit Krustenbildungen, und vereinzelt noch typischen Bienenstacheln mit anhängender Giftdrüse. Die Weichteile der Ohrmuscheln, der Augenlider, der Nase und der Lippen sind zum Teil rot-violett verfärbt und noch deutlich geschwollen. Die Zunge zeigt an der Oberfläche mehrfach festhaftende Stacheln sowie deutliche Rötungen am Zungengrund. Im unteren Teil der Speiseröhre findet sich eine tote mit Schleim eingehüllte Biene.
In der rechten umgreifenden Herzkranzschlagader finden sich ca. 5 cm nach dem Abgang ein geschwürig aufgebrochenes Beet und nachfolgend ein thrombotisches, die Lichtung des Gefäßes völlig verlegendes frischeres Blutgerinnsel.
Weitere Befunde: Massiv fortgeschrittene allgemeine Arteriosklerose mit Befall der Hirngrund- und Herzkranzgefäße, alter Verschluß der rechten inneren Halsschlagader, alter Hirninfarkt rechts im Versorgungsgebiet der mittleren Hirnschlagader, Herzhypertrophie mit alten Infarktnarben, fortgeschrittene feinknotige Leberzirrhose, portale Stauungsmilz, Angio-Angiolosklerose der Nieren, knotige Prostatahyperplasie, Kropfleiden.
Ergebnis: Der Patient ist an einem thrombotischen Verschluß der rechten Koronararterie verstorben.
Als Todesursache des 81jährigen Patienten ist ein frischer Myokardinfarkt eindeutig festzustellen. Nachdem der zeitliche Ablauf der Geschehnisse nicht bekannt ist, kann über die pathogenetischen Beziehungen zwischen den zahlreichen Bienenstichen und dem Myokardinfarkt nur spekuliert werden. Folgende Möglichkeiten sind denkbar:
1. Als Folge eines Herzinfarktes taumelt der Patient und stürzt in den Bienenschwarm. Das Stichereignis ist sekundär und führt zu den beschriebenen Veränderungen, die sicherlich den Verlauf der Grunderkrankung weiter beschleunigen.
2. Der Patient stolpert in den Bienenschwarm, wird gestochen und erleidet als unmittelbare Folge der toxischen Wirkung der großen Menge Bienengift einen Myokardinfarkt sowie die anderen beschriebenen Veränderungen. Theoretisch erscheint diese Möglichkeit denkbar. Bienengift enthält eine ganze Reihe toxischer Substanzen, wobei insbesondere dem Melittin pathogene Bedeutung zukommt. Es wirkt als natürliches »Detergens« durch starke hydrophil-hydrophobe Wechselwirkungen im Molekül und zerstört Zellmembranen. So ist es zusammen mit Phospholipase A wesentliche für die auch in unserem Fall beobachtete Hämolyse sowie für die bekannten Fälle von Niereninsuffizienz mitverantwortlich. Es werden jedoch nicht nur Erythrozyten, sondern auch basophile Leukozyten und Thrombozyten sowie Mastzellen lysiert, so daß es zu einer massiven Freisetzung der in diesen Zellen enthaltenen vasoaktiven Mediatorsubstanzen kommt. In die gleiche Richtung wirkt das Mastzell-degranulierende Peptid. Ferner enthält Bienen-

gift auch präformierte vasoaktive Mediatoren, wie z. B. Histamin, das ca. 1% des Trockengewichts von Bienengift ausmacht. Wenn man davon ausgeht, daß bei einem Bienenstich ca. 50 μg Bienengift appliziert werden, so war unser Patient schätzungsweise einer Menge von 50 mg Bienengift ausgesetzt; davon wären bereits allein ca. 500 μg Histamin wirksam; bei einem geschätzten Plasmavolumen von 3 Litern könnte rechnerisch eine Konzentration von 167 ng/ml exogen zugeführten Histamins akut vorgelegen haben. Wesentlich geringere Plasmahistaminkonzentrationen sind im Zusammenhang mit schwersten Verlaufsformen des anaphylaktischen Schocks gemessen worden.
Aus Meerschweinchen-Experimenten ergab sich eine Letaldosis von Bienengift, die, auf den 70 kg schweren Menschen übertragen, einer Menge von 180 mg entspricht.

Tab. 4: Übersicht über in der Literatur berichtete Fälle von multiplen Hymenopterenstichen (Ring et al., 1986)

Stichanzahl	Alter/Geschl. des Patienten		klinische Symptomatik	Autoren	Jahr
Bienenstiche					
2500	41	m	Herz-Kreislauf-Kollaps, Lungenödem, Fieber, Hyperglykämie, Nephritis, Hämoglobinurie, Niereninsuffizienz	Meszaros	1971
2430	30	m	Exitus letalis	Pursley	1973
> 1000	31	m	Hypovolämischer Schock, Hämolyse, Rhabdomyolyse, Niereninsuffizienz	Humblet et al.	1982
Wespen- und Hornissenstiche					
»zahlreiche«	35	m	2 h bewußtlos, mäßiges Fieber, Sprach- und Bewegungsverlangsamung (Parkinson-artig). Exitus letalis (Autopsie: Enzephalomalazie)	v. Haynal, Körnvey	1946
400	1	w	Kollaps, Erbrechen, dann Erholung, nach 36 h Tachypnoe, Exitus letalis (fettige Degeneration in Leber, Niere, Myokard)	Wey	1956
250	37	m	Rhabdomyolyse, Niereninsuffizienz, Exitus letalis am 9. Tag	Shilkin et al.	1972
60	36	m	nach 15' anaphylaktoide Reaktion, später Hirninfarkt, Exitus letalis	Day	1962
180	19	m	Rhabdomyolyse, Niereninsuffizienz	Shilkin et al.	1972
? (1 Schwarm Hornissen) (V. orientalis)	38	m	Lokalreaktion, Hämoglobinämie, Leukozytose, Niereninsuffizienz	Chugh et al.	1976
250	4	m	Niereninsuffizienz, ZNS-Funktionsstörungen, Herz-Kreislauf-Insuff., Exitus letalis am 3. Tag	Gädeke et al.	1977

Myokardvorgänge und Anaphylaxie
Inwieweit primär myokardiale Vorgänge bei der Anaphylaxie beteiligt sind, ist Gegenstand der Forschung seit vielen Jahren. Am Menschen ergaben Auswertungen von Anästhesieprotokollen, wo es unter EKG-Überwachung zur anaphylaktoiden Reaktion gekommen war, Hinweise dafür, daß in ca. 22 % der Fälle primär auch das Herz am anaphylaktischen Geschehen beteiligt ist, insbesondere im Sinne von Rhythmus- und Erregungsleitungsstörungen. Histaminrezeptoren sind am Herzen beschrieben worden.
Histamin übt am Herzen eine vielfältige und komplexe Wirkung aus; es läßt sich denken, daß bei massiver Histaminerhöhung die Entstehung eines Myokardinfarktes begünstigt wird. Tatsächlich sind Myokardinfarkte im Rahmen schwerer anaphylaktoider Reaktionen beschrieben worden. Auch zerebrale Infakte wurden bei Insektengift-Anaphylaxie mitgeteilt. Histamin ist lediglich eine der zahlreichen in Frage kommenden Mediatorsubstanzen, wohl aber die am besten untersuchte. Hier sei kurz nur noch auf den Plättchen-aktivierenden Faktor (PAF) hingewiesen, der, aus basophilen Leukozyten und Mastzellen freigesetzt, eine hochaktive Substanz darstellt, die unter anderem Thrombezyten aggregiert. Eine ursächliche Verbindung der überhöhten Bienengiftwirkung zum letztlich tödlichen Myokardinfarkt bei unserem Patienten scheint demnach nicht ausgeschlossen.

3. Ferner könnten als Folge der zahlreichen Stiche und der damit verbundenen toxischen Effekte die Aufregung und Anstrengung bei dem Patienten mit seinem vorgeschädigten Gefäßsystem den Myokardinfarkt sekundär ausgelöst haben, ohne daß eine direkte Wirkung von Bienengift-Inhaltstoffen auf das kardiovaskuläre System der entscheidende Faktor gewesen wäre.
4. Schließlich ist eine anaphylaktische Reaktion auszuschließen, die am häufigsten ursächlich für Todesfälle nach Insektenstichen verantwortlich zu machen ist. Unser Patient war lebenslang Imker. Aus seiner Anamnese ergeben sich keinerlei Hinweise für eine bestehende Insektengift-Allergie. Die Tatsache, daß die Reaktion sehr protrahiert verlief (bei der schweren Anaphylaxie erreichen die Symptome ihr Maximum nach 15 bis 30 Minuten) spricht gegen eine allergische Reaktion bei unserem Patienten. Leider kam der vorliegende Fall erst zu einem Zeitpunkt zu unserer Bearbeitung, in dem die routinemäßig asservierten Gewebe-, Urin- und Serumproben bereits nicht mehr zur Analyse zur Verfügung standen. Wir können demnach keine Aussagen über eine mögliche Sensibilisierung des Patienten (z. B. durch den Radio-Allergo-Sorbens-Test RAST) machen.
Welche der verschiedenen Möglichkeiten letztlich ursächlich für den Tod unseres Patienten verantwortlich war, kann retrospektiv nicht mehr geklärt werden. Zu diskutieren ist auch die Frage, warum ein lebenslang tätiger Imker plötzlich im 81. Lebensjahr von einem ganzen Bienenschwarm angegriffen wurde. Es ist bekannt, daß Bienenschwärme in der Nähe ihres Stockes eine besondere Aggressivität aufweisen.
Als *auslösendes Moment* erscheint die Vermutung des Sohnes, daß nämlich der Vater direkt in den auf dem Boden liegenden Bienenschwarm gestürzt sein könnte, am wahrscheinlichsten. Durch direkte Reizung sowie durch Alarmsignale von Nachbartieren pflegen Bienen die als gefährlich erkannten Objekte zu stechen. Die größte Anzahl von Stichen traf den Kopfbereich unseres Patienten. Es fanden sich sogar Stiche auf der Zunge sowie Bienen im Mund- und Schlund-Bereich, ja sogar in der Speiseröhre. Dennoch war es mit großer Wahrscheinlichkeit nicht die Lokalisation dieser Stiche, die, z. B. durch Verschluß der Luftröhre, den tödlichen Ausgang bedingten.
Schwere Erkrankungsfälle durch exzessive Anzahl von Insektenstichen wurden bisher nur wenige in der medizinischen Literatur dokumentiert. Tabelle 4 zeigt eine Übersicht über die wichtigsten Fallberichte. Dabei entsprechen die klinischen Erscheinungsbilder mit protrahiertem Verlauf und schwerem Krankheitsbild über mehrere Tage sowie der auffälligen Hämolyse durchaus den bei unserem Patienten beobachteten Symptomen, wenn man von dem autoptisch gesicherten Myokardinfarkt absieht.
Im Volksmund halten sich hartnäckig Gerüchte über die Giftigkeit von Hautflüglern, insbesondere Hornissen, Wespen und Bienen. Es gibt Regeln wie »9 Stiche töten ein Pferd, 3 Stiche einen Menschen« (angeblich für Hornissen). Die Regeln dürften auf klinischen Erfahrungen von Todesfällen nach Insektenstichen aus den vergangenen Jahrhunderten beruhen. In Unkenntnis des Phänomens der Allergie wurden naturgemäß quantitative Zusammenhänge kausal herangezogen.
Daß die Toxizität von Insektengiften erheblich geringer ist, erhellt schon allein aus der weitbekannten Tatsache, daß Imker Hunderte von Stichen im Laufe einer Saison erhalten, oft auch mehrere Dutzend an einem Tag, ohne die geringste lokale oder Allgemeinsymptomatik zu zeigen. Es bedarf wirklich einer exzessiven Anzahl von Stichen (viele Hundert oder gar Tausend), um bei einem normalen Menschen eine schwer verlaufende klinische Reaktion auszulösen.

Steinfisch (Synanceja)

Vorkommen:

Rotes Meer, Ost- und Südafrika, Australien, Polynesien, Japan, Chinesisches Meer.

Wichtigste Giftvertreter:
Synaceja verrucosa, Minorus, Erosa, Leptosynanceja, Choridactylus.

Toxine:

Gemisch aus 10 verschiedenen Proteinen, von denen jedoch wahrscheinlich nur eines toxisch ist. Zur Zeit sind Strukturanalysen im Gange.
Das Gift des Steinfisches gilt als das stärkste Fischgift überhaupt (Markwalder, 1990).

Vergiftungsweg:

Giftapparat bestehend aus 13 Rücken-, 3 After-, 2 Bauchstacheln, zusätzlich je 19 Stacheln in den großen Brustflossen und 7 bis 8 Stacheln auf jedem Kiemendeckel. Die Stacheln sind kurz und dick. Jeder Stachel hat eine eigene Giftdrüse mit einem Ausführungsgang innerhalb des Stachels. Das Bindegewebe ist sehr dick. In der Umgebung der Stacheln wirkt es durch die darin liegenden Giftdrüsen wie geschwollen. Auslösung des Giftapparates durch Druck auf die Stachelenden.

Giftwirkung:

Myotoxisch, nekrotisierend.

Symptome:

Brennender Schmerz; fühlbares Pulsieren der Wunde; Hautverfärbung von rot nach blau mit sich rasch ausbreitender Schwellung. Schmerzausbreitung über die betroffenen Gliedmaßen hinaus (Schmerzen können mit morphinfreien Analgetika nicht beherrscht werden). Schüttelforst; Nierenschmerzen; Lähmungserscheinungen mit Übergang auf Herz und Atmung; die an den Stichstellen entstehenden Nekrosen heilen schlecht ab und sondern lange Zeit grünliches Sekret ab; Tumorbildung an den Stichstellen ist möglich; die Lähmungserscheinungen an den betroffenen Gliedmaßen können lange anhalten.

Nachweis:

DC; GC; Identifizierung des Tieres.

Therapie:

Proteindenaturierung durch ständige Spülung mit heißem Wasser bzw. Rotidean E (PEG); wenn möglich, 0,5 bis 1 ml Emitinhydrochloridlösung direkt in die Wunde injizieren (1 g/ml $\triangleq$ 0,005–0,01 g Emitinhydrochlorid).
Operative Wunderöffnung wegen der Gefahr der Sekundärinfektion sowie Antibiotikaprophylaxe. Antiserum vorhanden (Commonwealth Serum Laboratories, Melbourne, Australien).

Besonders zu beachten:

Durch schlurfende Schritte am Meeresgrund wird der Fisch vertrieben. Badelatschen oder Taucherschuhe reichen nicht aus.

Tausendfüßler (Pogomeata oder Diplopoda)

Vorkommen:

Ubiquitär.
Es handelt sich um eine sehr alte Tiergruppe mit ca. 7500 Arten. Die Körperringe sind miteinander verbunden und tragen je zwei Beinpaare. Die Zahl der Beine reicht von ca. 30 bis etwa 350, jedoch nie bis 1000. Aktiv giftige Tiere sind nicht bekannt.

Tab. 1: Die wichtigsten Giftvertreter der Tausendfüßler

Name	Vorkommen	Toxin	Symptome	Therapie	Länge in cm
Familie Glomeride *Saftkugler* (Glomeris marginata)	Europa	Homoglomerin, Glomerin	Brennen, Blasenbildung	Spülung, Antihistaminika	1–2
Verschiedene Glomerisarten	Afrika	Glomerin, Homoglomerin	Brennen, Blasenbildung, Hornhauttrübung	Spülung, Antihistaminika	4–6
Familie Julida *Schnurfüßler* Spirobolus spp.	Tropen und Subtropen	Chinone	Rötung, Blasenbildung	Antiallergika, Antihistaminika	bis 30
Familie Polydesmida P. virginiensis	Tropen	Cyanhaltige Verbindungen	Hautreizung (Giftmenge für Menschen nicht gefährlich)	Spülung	bis 20
Familie Polyzoniidae P. rosalbum	Tropen und Subtropen	Polyzonimin, Essigsäureester	Hautreizung, Blasenbildung	Spülung, Antihistaminika, Antiallergika	bis 10

Toxine:

Die meisten Wehrdrüsensekrete sind in ihrer chemischen Struktur einfach; es handelt sich um Mandelsäurenitrit, das durch ein Enzym E zu Blausäure und Benzaldehyd gespalten wird. Weiter findet man Acetessigester, Chinone, Polyzonimine (Alkalavid) und das Alkaloid Glomerin.

Vergiftungsweg:

Die Vergiftung erfolgt über ein von den Tieren abgegebenes Wehrdrüsensekret. Die Drüsen liegen in den einzelnen Segmenten am Rücken. Es werden nicht nur toxische, sondern antibiotisch wirksame Substanzen abgegeben, die dem Tier als Selbstschutz dienen.

Giftwirkung:

Neurotoxisch, cytotoxisch, allergisierend.

Symptome:

Abstoßender Geruch, mäßiger Brennschmerz, Schwellung, Rötung und Blasenbildung. An- oder Parästhesie im Bereich der Berührungsstelle. Gelangt das Sekret ins Auge, kann es, auch beim Menschen, zu Hornhauttrübung und Erblindung kommen.

Nachweis:

DC; GC; Identifizierung des Tieres.

Therapie:

Sofortiges Abspülen mit klarem Wasser. Bei Augenverletzungen ausgiebige Spülungen.
Zur Augenspülung sind die Isogutt®- oder Baykos®-Augensprühflaschen geeignet.
Wenn nötig, können Antihistaminika oder Antiallergika verabreicht werden.

Besonders zu beachten:

Die Tiere sind im allgemeinen ungefährlich.
Die Berührung mit ihren Wehrsekreten hinterläßt jedoch manchmal schmerzhafte Spuren. Auch hier gilt, wie bei allen Gifttieren, daß man sich an dem Anblick der oft prächtig gefärbten Tiere erfreuen sollte, sie jedoch nach Möglichkeit nicht berühren sollte.
Die Tiere sind orange, rot, rotbraun oder schwarz gefärbt und haben rote Ringe oder Punkte.

Tintenfische, Polypen (Cephalopoda)

Blaugeringelter Octopus (Octupus maculosus)

Vorkommen:

Ost- und Nordküste Australiens.

Toxine:

Tetrodotoxin (LD_{50} Maus s.c. 8 µ/kg – eines der stärksten Nicht-Protein-Gifte – siehe auch Fische, tetrodotoxisch).

Vergiftungsweg:

Das Tier hat zwei harte Chitinkiefer, wie Papageienschnäbel geformt.
Beim Biß wird Speicheldrüsensekret freigesetzt und gelangt über die Wunde in den Körper.

Giftwirkung:

Neurotoxisch; kardiotoxisch; lokalanästhetisch (verhindert selektiv Transport von Na^+-Ionen durch die Zellmembranen).

Symptome:

Blutdruckabfall; Schock; Brustschmerz; Muskelfibrillieren; Koordinationsstörungen; Taubheit der Glieder; Übelkeit meist ohne Erbrechen; Sehstörungen bis zur vorübergehenden Erblindung; Atembeschwerden; Zyanose; Atemlähmung.
Der Biß ist völlig schmerzlos.

Nachweis:

DC; GC; Identifizierung des Tieres.

Therapie:

Schockprophylaxe; Ruhigstellung; evtl. Beatmung und Herzmassage.

Besonders zu beachten:

Tetrodotoxin ist der Antagonist zu Batrachotoxin, dem Gift der Farbfrösche (siehe Amphibien, Tab. 1).
Sepia im Mittelmeer und Kalamare im Atlantik sind ungiftige Vertreter dieser Gruppe.

Trugnattern (Colubridae)

Sie zählen eigentlich zu den ungiftigen Schlangenarten. Sie besitzen nicht den typischen Giftapparat der vorbeschriebenen Arten. Normalerweise treten nur lokale Reaktionen mit Schwellung, Hautverfärbung und leichtem Taubheitsgefühl auf; diese Reaktionen verschwinden innerhalb kurzer Zeit unbehandelt wieder.
Bei drei Unterarten sind ernstere Folgen bekannt:
- Rhabdophis tigrinus
- Dispholidus typus
- Thelotonis kirtlandii

Rhabdophis tigrinus

Vorkommen:

Japan, Korea, China.

Toxine:

Proteine, Peptide, Enzyme.

Vergiftungsweg:

Voll ausgebildete Duvernoy'sche Drüse. Weit hinten im Rachen befindet sich ein Giftzahn, der eine Verbindung zu der Drüse hat. Das Tier schiebt den Oberkiefer über die Beutetiere und beißt dann zu. Beim Menschen kann der Biß also nur in die Finger oder Zehen erfolgen.

Giftwirkung:

Hämatotoxisch, fibrinolytisch.

Symptome:

Schwellung, Hautverfärbung, Ekchymosen; Gerinnungsstörungen über mehrere Tage.

Nachweis:

DC; GC; Identifizierung des Tieres.

Therapie:

Ruhigstellung, Schmerzbekämpfung, lokale Wundreinigung, Tetanusprophylaxe, evtl. Antibiotikaprophylaxe.
Die Symptome klingen nach 3 bis 5 Tagen von selbst ab.

Dispholidus typus und Thelotornis kirtlandii

Vorkommen:

Mittleres und südliches Afrika vom Nordrand der Sahelzone bis zum Kap mit Ausnahme der Wüstengebiete in Südwestafrika und der Kalahari.

Toxine:

Proteine, Enzyme.

Vergiftungsweg:

Ein Giftzahn in Verbindung mit der Duvernoy'schen Drüse. Der Giftzahn ist sehr kurz und hat eine Giftrinne an der Außenseite des Zahnes. Auf Druck wird das Gift entleert.

Giftwirkung:

Hämatotoxisch, neurotoxisch, nephrotoxisch, fibrinogen oder firbrinolytisch

Symptome:

Subkutane Blutungen an der Bißstelle; Zahnfleischbluten; Blutungen aus kleinen Hautwunden. Nach wenigen Stunden Bewußtlosigkeit, prärenales Nierenversagen. Tod durch ausgedehnte Blutungen und hämorrhagischen Schock. Fibrin-Thromben in den Kapillargefäßen.

Nachweis:

DC; GC; Identifizierung des Tieres.

Therapie:

Kontrolle der Gerinnungsfaktoren und gegebenenfalls gezielte Fibrinolytika oder Gerinnungsfaktoren (PPSB-Konzentrat); Schockbekämpfung; bei Gefahr des Nierenversagens evtl. Hämodialyse. Antiserum, sofern noch vorhanden.

Besonders zu beachten:

Trugnattern leben überwiegend auf Bäumen (Afrikans = Boomslang). Sie ernähren sich von Insekten, Reptilien, Fröschen und Vogeleiern.
Gesichert sind 30 schwere Vergiftungsfälle mit Menschen, hiervon 6 Todesfälle durch Dispholidus typus und 2 durch Thelotornis kirtlandii.
Exakte Statistiken liegen jedoch nicht vor.
Die Produktion von monovalentem Antiserum in Südafrika wurde eingestellt.

Vipern (Viperidae)

Vorkommen:

Das Verbreitungsgebiet der Vipern oder echten Ottern erstreckt sich von Nord-, Mittel- und Südeuropa, weiter über Nordwestafrika bis Vorderasien und vom östlichen Mittelmeerraum weiter über Arabien, Indien, Indochina, Indonesien bis Südchina und Taiwan. Einige Unterarten sind in den Savannengebieten Zentral- und Südafrikas beheimatet.

Tab. 1: Die wichtigsten Giftvertreter der Vipern

Name	Vorkommen	Toxin	Giftwirkung	Ejizierte Giftmenge	Mortalität %	Symptome	Antiserum	Körperlänge	Besonderheiten
Kreuzotter (Vipera berus)	Vom Polarkreis bis Nordspanien, Norditalien, Nord- und Zentralgriechenland, GUS, Zentralasien und Japan	Peptide, Enzyme, Koagulationsbeschleuniger und -hemmer	hämatotoxisch, kardiotoxisch DL Mensch (75 kg) 75 mg	10 mg	< 1	schmerzhafte Schwellung, kleine sternförmige Hämorrhagien, Übelkeit, Erbrechen, Schock, manchmal Lymphknotenschwellung oder Ödem des Oropharynx	ja	60–80 cm	Gesamtzahl rückläufig, Todesfälle sehr selten, Lebensgefahr nur, wenn Gift direkt in die Blutbahn gelangt; bei Wärme nacht-, bei Kälte tagaktiv
Alpen-, Aspis- oder Jura-Viper (Vipera aspis)	Frankreich, Italien, Schweiz	Enzyme, Peptide	hämatotoxisch, kardiotoxisch		ca. 2	Schmerz, Schwellung, großflächige Hämorrhagien, Nekrose; Erbrechen, Temperaturerhöhung, Frequenzabfall, Nieren- und Leberschädigung; gelangt das Gift direkt in die Blutbahn, tritt rasch der Tod im kardiovaskulären Schock ein	ja	bis 80 cm	charakteristische dunkle Querbänder
Sandotter (Vipera ammodytes)	Jugoslawien, Österreich, Italien, Rumänien, Bulgarien, Griechenland, Algerien	Protein, (Viperotoxin), Peptide, Enzyme	hämatotoxisch, kardiotoxisch, neurotoxisch			Biß nicht schmerzhaft, Schwellung, Rötung, Lymphknotenschwellung; Tachyarrhythmie, Hyperventilation; gelangt Gift in die Blutbahn, Tod durch Hirnödem oder Atemlähmung	ja	bis 100 cm	Horn auf der Schnauzenspitze; schwimmt gut und gerne; Unfälle mit Badenden bekannt; Biß meist blutend. Bißmarke im Abstand von 6 mm
Wiesenotter (Vipera ursinii)	Südfrankreich, Italien, Jugoslawien, Bulgarien, südl. GUS, Zentralasien	Viperotoxin, Enzyme, Peptide	neurotoxisch, hämatotoxisch, kardiotoxisch			Schmerz, Schok, Hämorrhagien, Nekrose; Tod durch Atemlähmung	ja	bis 60 cm	nur wenige Unfälle bekannt

Tab. 1: Fortsetzung

Name	Vorkommen	Toxin	Giftwirkung	Ejizierte Giftmenge	Mortalität %	Symptome	Antiserum	Körperlänge	Besonderheiten
Stulpnasenotter (Vipera latasti)	Spanien, Nordafrika	wahrscheinlich Protein	neurotoxisch			Schmerz, Schock, Nekrose, bläuliche Hautverfärbung		bis 80 cm	nur wenige Unfälle bekannt
Levanteviper (Vipera lebetina), Kaukasusotter Vipera kaznakovi)	Südosteuropa, Kaukasus, Nordafrika	Viperotoxin, Enzyme, Peptide	neurotoxisch, kardiotoxisch, hämatotoxisch, nephrotoxisch			stark schmerzhafter Biß, Schwellung, Schock, Übelkeit, Erbrechen, Diarrhoe, Proteinurie, Ödemneigung, Hämorrhagie, Temperaturerhöhung	ja	bis 80 cm	umschriebenes Vorkommensgebiet, wenig Unfälle bekannt; toxischer als die mitteleuropäischen Arten
Palästinaviper (Vipera palaestina)	Östl. Mittelmeerraum, Israel, Arabien	Viperotoxin, Peptide, Enzyme	kardiotoxisch, neurotoxisch, hämatotoxisch		6	Schwellung an der Bißstelle, die sich ausbreitet; Hämatom und Blasenbildung, Übelkeit, Erbrechen, Diarrhoe, Volumenmangelschock, Elektrolytentgleisung, wenn Blutgefäß direkt getroffen wird, Tod im kardiogenen Schock	ja	bis 80 cm	in Israel 130 bis 260 Unfälle im Jahr
Puffotter (Bitis arietans, Bitis lacheris)	Afrika, mit Ausnahme der Sahara u. des tropischen Regenwaldes	Proteine, Peptide, Enzyme	kardiotoxisch, nephrotoxisch DL Mensch (75 kg) 30 mg	100 mg	15	Schmerz, Schwellung, Blasenbildung, Nekrose, Thrombozytopenie, Blutdruckabfall, Bradycardie, Erbrechen, Diarrhoe; Tod durch kardiogenen Schock oder prärenales Nierenversagen	ja	bis 180 cm	verursacht die meisten Unfälle mit Vipern; pro Jahr 500 bis 1000 tödliche Verläufe; kriecht raupenartig mit geradliniger Spur

Tab. 1: Fortsetzung

Name	Vorkommen	Toxin	Giftwirkung	Ejizierte Giftmenge	Mortalität %	Symptome	Antiserum	Körperlänge	Besonderheiten
Gabunviper (Bitis gabonica)	Zentralafrika	Viperotoxin	neurotoxisch, kardiotoxisch, hämatotoxisch			Schmerz, Hämatombildung, Schock, Tod durch Atemlähmung		bis 200 cm Umfang 40 cm	Giftzähne bis 5 cm lang mit großer Giftmenge; da das Tier sehr träge und das Verbreitungsgebiet nur dünn besiedelt ist, sind Unfälle sehr selten, größte bekannte Viper
Hornviper (Cerastes cerastes)	Trockengebiete Afrikas	Proteine	fraglich neurotoxisch			Schmerz, lokale Schwellung		bis 70 cm	schwach giftig; tödliche Verläufe sind nicht bekannt
Sandrasselotter (Echis carinatus)	Trockengebiete Afrikas, Arabien, Indien	Viperotoxin, Enzyme, Peptide	neurotoxisch, kardiotoxisch, hämatotoxisch, nephrotoxisch DL Mensch (75 kg) 5 mg	12 mg	15–20	Schmerz, ständig zunehmende Schwellung, Blasenbildung, nässende Wunden, Hämorrhagie, Durst, Fieber, Proteinurie, Anämie, Blutdruckabfall; Tod im kardiovaskulären oder hämorrhagischen Schock oder durch Hirnblutung; Tod trotz Antiserumgabe in ca. 10 % der Fälle	ja	bis 70 cm	laut Statistik ist die Mortalitätsrate im Dez. und Jan. 3× so hoch wie in den übrigen Monaten; nachtaktiv; sehr angriffslustig; Seitenwinder (optimale Fortbewegungsmöglichkeit im Sand); chemische oder geographische Rassen: Die Toxine sind bei der gleichen Art je nach Lebensraum verschieden; Antiserum kann nur wirksam sein, wenn es mit der jeweiligen chemischen Rasse übereinstimmt

Tab. 1: Fortsetzung

Name	Vorkommen	Toxin	Giftwirkung	Ejizierte Giftmenge	Mortalität %	Symptome	Antiserum	Körperlänge	Besonderheiten
Kettenviper (Vipera russelli)	Pakistan, Indien, China, Indonesien, Taiwan	Peptide, Enzyme, Viperotoxin	neurotoxisch, kardiotoxisch, hämatotoxisch, DL Mensch (75 kg) 42 mg	72 mg	6	starker Schmerz, großflächige Hautverfärbung, Schwellung, Diarrhoe, Erbrechen, Anämie, Blutdruckabfall, Schock; Tod durch intracerebrale Massenblutung oder hämorrhagischen Schock	ja	bis 150 cm	nachtaktiv; zischt vor Angriff; bewegt sich sehr schnell; einer der Hauptverursacher von Schlangenbissen in Indien; geographische Rassen; lebendgebährend, 20 bis 60 Junge, die sofort die Giftzähne benutzen können

*Kreuzottern**

Die Kreuzotter (Vipera berus) ist nahezu in ganz Europa verbreitet, nach Norden bis hin zum Polarkreis. In Schweden ist sie die einzige natürlich vorkommende Giftschlange. Gegen die weitverbreitete Einschätzung, daß Kreuzotter-Bisse nur sehr selten zu schweren systemischen Vergiftungen führen, sprechen Beobachtungen des schwedischen Gift-Informationszentrums in den letzten Jahren. Demnach wird die Gefahr teilweise unterschätzt, obwohl zwischen 1911 und 1978 in Schweden immerhin 44 Todesfälle durch Kreuzotter-Bisse registriert worden sind.

Um mehr über die tatsächliche Häufigkeit schwerer Fälle zu erfahren, wurde retrospektiv eine epidemiologische Untersuchung einer großen Bevölkerungsgruppe durchgeführt, die 63% (5,2 Millionen) der gesamten schwedischen Einwohnerschaft einschloß.

Während eines Jahres (1975) wurden insgesamt 8106 Vergiftungsfälle registriert; in 280 Fällen (4%) spielten dabei giftige Tiere eine Rolle, darunter waren 136 Kreuzotternbisse, die zur Hospitalisierung des Opfers geführt hatten. Es ist dabei durchaus möglich, daß ein erheblicher Teil der von Kreuzottern gebissenen Patienten in leichten Fällen lediglich ambulant behandelt wurden. Die schweren, stationär behandelten Fälle innerhalb der untersuchten Bevölkerungsgruppe wurden jedoch lückenlos erfaßt.

Über die Hälfte der Patienten war *jünger als 15 Jahre.* Der hohe Anteil der Kinder spiegelt möglicherweise die Tendenz wider, die Indikation zur Klinikeinweisung bei ihnen rascher zu stellen. Naturgemäß waren ganz überwiegend die Extremitäten betrtoffen, vor allem die Beine. Nur bei zwei Patienten lag der Biß an anderen Körperteilen; in einem Fall wurde ein achtjähriger Junge beim Schwimmen in den Nacken gebissen. Die jahreszeitliche Verteilung stimmte mit den klimatischen Bedingungen in Skandinavien überein: Die ersten Fälle wurden im April beobachtet, die letzten im Oktober.

Lokale Reaktionen traten bei 131 der 136 Gebissenen auf, dabei kam es in 81 Fällen zu *ausgedehnten Ödemen der ganzen Extremität,* vielfach auf den Stamm übergreifend. Schmerzen wurden überraschend selten angegeben. Häufigstes Zeichen der systemischen Vergiftung waren gastrointestinale Störungen wie *Erbrechen, Leibschmerzen* und *Diarrhoe. Frühe und ausgeprägte Leukozytose* wird als Hinweis auf eine *schwere Vergiftung* angesehen, besonders wenn die Leukozytenzahl über $20 \times 10^9/l$ ansteigt.

Toxine:

Viperotoxin mit 108 Aminosäure-Resten, Phospholipasen, Phosphatasen, Cholinesterase, Peptide, proteolytische Enzyme, Hyaluronidase, Koagulationshemmer und Koagulationsbeschleuniger.

Vergiftungsweg:

Giftzähne mit Innenkanal von den Giftdrüsen bis kurz vor die Zahnspitzen. Die Zähne sind mit einem Klappmechanismus versehen und richten sich beim Öffnen des Maules auf. Sie werden bis zu 5 cm lang. Vipern lauern ihren Opfern auf, beißen und verfolgen dann die Spur des Opfers. Dies gelingt ihnen aufgrund eines sehr guten Geruchssinnes.

Giftwirkung:

Neurotoxisch, hämatotoxisch, kardiotoxisch, kytotoxisch, nephrotoxisch.

Symptome:

Schmerzen an der Bißstelle, Schock; Schwellung; Hämorrhagien; Erbrechen; Temperaturerhöhung; Puls- und Blutdruckabfall (bei manchen auch Tachykardie). Gelangt das Gift in die Blutbahn, kann es zu Nieren- und Leberschädigungen, durch Thrombozytopenie zu intracerebralen Massenblutungen sowie zu Hirnödemen kommen. Der Tod erfolgt durch Lähmung des Atemzentrums.

Nachweis:

DC; GC; Identifizierung des Tieres.

* Quelle: DMW 107. Jg., Nr. 14 (1992)

Therapie:

Ruhigstellen der betroffenen Gliedmaßen, Abbinden, wenn möglich Anlegen einer Infusion und schnellstmöglicher Transport zum nächsten Krankenhaus. Hier die übliche Schocktherapie und regelmäßige Kontrollen von Puls- und Blutdruck. Bei systemischen Vergiftungserscheinungen Therapie mit Antiserum. Die Serumgabe sollte als Infusion oder sehr langsam i.v. verabfolgt werden. Tritt Fibrinogenmangel oder eine andere Blutgerinnungsstörung ein, so muß je nach Veränderung mit Humanfibrinogen, PPSB, Frischblut oder Vitamin K substituiert werden.
In den ersten Tagen sollten regelmäßige Kontrollen von Elektrolyten und Nierenretentionswerten durchgeführt werden. Der Beobachtungszeitraum sollte 4 bis 7 Tage betragen, da tödliche Atemlähmungen häufiger erst nach einer Latenzzeit von 3 bis 4 Tagen aufgetreten sind.
Die Wundreinigung sollte durch den Chirurgen erfolgen, die historisch wertlosen Maßnahmen, wie Aussaugen und Kreuzschnitte in den Bißmarken, sollten unterbleiben.
Wie bei jedem Unfall mit Schlangen muß auch hier eine ausreichende Tetanusprophylaxe sowie eine Antibiotikaprophylaxe zur Verhinderung von Sekundärinfektionen durchgeführt werden.

Besonders zu beachten:

Die Mortalidät bei Vipsernbissen leigt bei ca. 3 %. Bei einzelnen afrikanischen und asiatischen Arten zwischen 10 und 20 %. Der letzte bekannte Todesfall in Deutschland durch Kreuzotterbiß ereignete sich 1959.
Vipern sind die einzigen Giftschlangen in Europa. Durch Umwelteinflüsse und massive Nachstellung durch Menschen ist ihre Zahl stark zurückgegangen.
Der früher gegebene Rat, das Tier, das gebissen hat, zu fangen und zur Bestimmung mitzubringen, muß abgelehnt werden. Die beste Art, Leben zu retten, ist der schnellstmöglichste Transport in die Klinik und die rasche und ausreichende Verabreichung des spezifischen Schlangenserums sowie die sorgfältige Nachbehandlung und Betreuung.
Der beste Schutz vor Schlangen ist, ihnen, soweit möglich, auszuweichen.

Wanzen (Rhynchota)

Vorkommen:

Weltweit.
Man unterscheidet die heimischen Arten Cimicidae, die eigentlich harmlos sind und keine Krankheiten übertragen, und die tropischen Arten Triatominae und Reduvidae, die als Raubwanzen bezeichnet werden.

Vergiftungsweg:

Der Biß erfolgt in die ungeschützte Haut. Er ist bei Bettwanzen völlig schmerzlos, während er bei den Bissen der anderen Arten stark schmerzhaft sein kann.

Toxine:

Bisher nicht isoliert.

Giftwirkung:

Wahrscheinlich schwach neurotoxisch und hämatotoxisch. Gefährlicher als die eigentliche Giftwirkung ist die Übertragungsgefahr von Krankheitserregern.

Symptome:

Je nach Wanzenart Schmerz, Schwellung, Rötung, evtl. Ekchymosen. Sekundärinfekte durch Kratzen sind häufig.

Nachweis:

Identifizierung des Tieres.

Therapie:

Entzündungshemmende, juckreizstillende Mittel, wie Cortison, Ingelan®-Puder und ähnliche.
Desinfektion der Bettwäsche, häufiges Lüften und Staubsaugen.

Besonders zu beachten:

Durch das Verbot von DDT (Bundesgesetzblatt vom 7.8.1972) hat die Zahl der Krankheitserreger, die von Wanzen übertragen werden, wieder zugenommen. Ihre Bedeutung als Gifttier ist und war schon immer von untergeordneter Bedeutung.

Tab. 1: Die wichtigsten Giftvertreter der Wanzen

Name	Vorkommen	Krankheitsüberträger	Symptome bei Biß	Therapie	Aggressivität	Besonderheiten
Bettwanze (Cimex lectularius)	weltweit	nein	schmerzloser Biß, Quaddelbildung, Juckreiz, Sekundärinfektion	juckreizstillende Mittel, bei Sekundärinfektion Antibiotika	saugt ca. 1×/Woche, wird bis 1,5 Jahre alt	kann nicht fliegen; in modernen Wohnungen und Schaumstoffmöbeln kann sie nicht überleben
Kegelnasenwanze (Rodinus, Triatomes)	Mittel- und Südamerika	ja Trypanosoma cruzi = Erreger der Chagas-Krankheit	Biß schmerzlos, starker Juckreiz; durch Kratzen gelangt der auf der Haut abgelegte Kot in die Wunde	Desinfektion der Bißstelle; Antihistaminika bei Auftreten der Krankheit: siehe Lehrbücher Innere Medizin	gering	kann nicht fliegen; Größe bis 2 cm
Rückenschwimmer- oder Wasserwanze oder Wasserbiene (Notonecta glauca)	Binnengewässer Europas und Asiens	nein	schmerzhafter Biß, Rötung, Schwellung	schmerzstillende Mittel, Desinfektion, bei Sekundärinfektion Antibiotika	groß	fliegt sehr gut; in Schwimmstellung zeigt der Bauch nach oben; Größe bis 2 cm
Kußwanze	weltweit	nein	stark schmerzhafter Biß, meist an den Lippen	Schmerzstillung, Desinfektion	reagiert auf Bewegung, beißt sehr schnell	jagt Bettwanzen; die meisten Bisse bei Menschen gehen auf unbewußte Abwehrbewegungen im Schlaf zurück
Blattwanze, Feuerwanze, Baumwanze	weltweit				beißen nicht	Symptome mit Juckreiz und Rötung, Diarrhoe, Übelkeit und Erbrechen treten nur auf, wenn die Tiere versehentlich gegessen werden; sie besitzen stinkende Wehrdrüsensekrete

Welse (Siluroideae)

Vorkommen:

Tropische und subtropische Meere, Indopazifik. Süßwasserwelse in Afrika, Nordaustralien, Asien, Nord- und Südamerika, Türkei. Die europäischen Süßwasserwelse sind ungiftig.

Tab. 1: Die wichtigsten Giftvertreter der Welse

Name (Familie)	Vorkommen	Tödliche Unfälle durch folgende Unterarten
Ariidae	Tropische und subtropische Meere	
Bagridae	Süßwasserwelse in Türkei, Afrika, Südostasien und Japan	
Clariidae	Afrika, Madagaskar, Malaysia und Philippinen (Süßwasser)	
Doradidae	Süßwasserwelse in Südamerika (Amazonas)	Pterodoras granulosus
Heteropneustidae	Süßwasserwelse Asiens	Heteropneustes fossilis (Indien)
Ictaluidae	Süßwasserwelse Nordamerikas	
Pimelodidae	Süßwasserwelse Mittel- und Südamerikas	Pimelodus clarias (Rio da Prata – Panama)
Plotosidae	meist Seewasserwelse einige Süßwasserarten in Afrika, Asien und Nordaustralien	Korallenwels (Plotosus luneatus) Indopazifik
Siluridae	Süßwasserwelse Europas	

Toxine:

Noch nicht identifizierte Proteine.

Vergiftungsweg:

Sägezahnähnliche Brust- und Rückenstacheln mit Giftdrüsen. Diese werden bei Gefahr aufgerichtet und erzeugen kleine Hautverletzungen, durch die das Gift in den Körper eintreten kann.

Giftwirkung:

Lymph- und hämatotoxisch.

Symptome:

Heftige Schmerzen mit Rötung, Schwellung und Ödembildung. Übelkeit, Schweißausbrüche, Lymphadenopathiesyndrom, Gangrän, Schocksymptomatik, Atembeschwerden. Sekundärinfektionen gehen häufig mit Tetanus einher.

Nachweis:

Identifizierung des Tieres.

Therapie:

Heißwasserbehandlung zur Denaturierung der Proteine. Schmerzbehandlung evtl. auch lokal mit Lidocain-Infiltration; Schockprophylaxe; Tetanusprophylaxe; Antibiotikaprophylaxe zur Verhinderung von Sekundärinfektionen.

Besonders zu beachten:

Vorsicht ist bei Fischern und Aquariumsbesitzern geboten. Badende sind kaum gefährdet.

Zebrafische(Pterosis und Dendrochirus)

Vorkommen:

Flaches Wasser um die Korallenriffe.

Toxine:

Hitzelabile Proteine. HWZ bei –20°C = 1 Jahr

Vergiftungsweg:

Giftapparat besteht aus 13 Rücken-, 3 Anal- und 2 Beckenstacheln. Die Stacheln sind ca. 30 cm lang und schmal. Sie liegen mit den Giftdrüsen in einer dünnen Bindegewebeschicht. Der geringste Druck auf die Stachelenden löst den Giftmechanismus aus.

Giftwirkung:

Kardiotoxisch; atemdepressiv.

Symptome:

Intensiver Brennschmerz an der Einstichstelle, der sich rasch ausbreitet. Temperaturerhöhung; Schocksymptomatik durch Schmerz bei negativem Schockindex. Frequenzsenkung bis < 50 (Verdacht auf Betarezeptorenblockade). Schwächegefühl, Atembeschwerden, Bewußtlosigkeit. Hautnekrosen an der Einstichstelle.

Toxizität:

LD_{50} Maus i.v. ≙ 1,1 mg/kg

Nachweis:

Identifizierung des Tieres, sofern möglich.

Therapie:

Proteindenaturierung durch lokale Wärmeanwendung für mindestens eine Stunde. Schmerzbekämpfung; Pulskontrolle und wenn nötig, Applikation von frequenzsteigernden Mitteln.

Besonders zu beachten:

Das Tier flieht nicht bei Annäherung, sondern greift an. Da diese Tiere häufig in Aquarien gehalten werden, sollten die Besitzer ein evtl. nötiges Umsetzen in ein anderes Becken nur mit Schutzhandschuhen durchführen.

Zecken (Metastigmata)

Vorkommen:

Zecken, im Volksmund Holzbock genannt, kommen praktisch überall vor, wo es Bäume gibt. Giftige Vertreter finden sich in Australien, Kanada, Nordamerika und Südafrika.

Tab. 1: Die wichtigsten Giftvertreter der Zecken

Name	Vorkommen	Größe	Antiserum
Ixodes holocyclus	Ostküste Australiens	0,2–1,2 cm	Erste positive Versuche
Dermacentor variabilis	Nordamerika, Kanada	0,2–1,2 cm	zur Antiserumgewinnung
Dermacentor andersoni			wurden unternommen.
Argas persicus			Ein spezifisches Anti-
Argas spp.	Südafrika	0,2–1,2 cm	serum ist jedoch noch
Ixodes spp. Rhipicephalus spp.			nicht auf dem Markt.

Vergiftungsweg:

Aus den Speicheldrüsen gelangt beim Saugen Gift über korkenzieherartige Mundwerkzeuge (Proboscis) in den Körper. Die Auswahl der Opfer erfolgt über Wärmesensoren; Kaltblüter werden nicht gebissen. Echte Vergiftungen treten nur durch den Biß der Weibchen auf.

Toxine:

Die Toxine sind noch nicht identifiziert. Wahrscheinlich handelt es sich um Proteine und Bradykinine.

Giftwirkung:

Angusticeps (pharmakologisch noch nicht definierte Giftwirkung). Möglicherweise myotoxisch und neurotoxisch.

Symptome:

Schmerz an der Bißstelle, deutliche Rötung, Schwellung, Überwärmung und Juckreiz. Danach folgt ein Stadium mit allgemeiner Schwäche und ataktischem Gang mit Übergang in eine vollkommene Bewegungsunfähigkeit. Aufgrund dieser allgemeinen Lähmung sind Todesfälle durch Atemlähmung aufgetreten.
In leichteren Fällen gehen die Beschwerden im Verlauf von mehreren Wochen von selbst zurück.

Nachweis:

DC; GC; Identifizierung des Tieres.

Therapie:

Mundwerkzeuge mit Pinzette rasch entfernen.
Schmerztherapie mit Analgetika; kühlende, abschwellende Salbenverbände; Ruhigstellung; Hochlagerung der Extremitäten; Beobachtung und wenn nötig, Beatmung.

Besonders zu beachten:

Der erste Erkrankungsfall wurde 1824 in Australien beschrieben. Aufgrund der Symptomatik wurde das Krankheitsbild als »tick paralysis« bezeichnet.
Die europäischen Zeckenarten sind nicht giftig, sie gelten jedoch als Krankheitsüberträger. Sie gelten als Überträger der Tollwut sowie, endemisch, als Überträger der Frühsommermeningokokken – Enzephalitis (FSME) und der Lyme-Borreliose.

Zum Krankheitsbild der Lyme-Borreliose:

Die Lyme-Borreliose tritt in ganz Deutschland endemisch auf und ist nicht wie die virale Zeckenenzephalitis auf Naturherde beschränkt. Der Durchseuchungsgrad der Zecken mit Borrelia burgdorferi ist um den Faktor 100 wesentlich höher gegenüber dem mit FSME-Virus.
Das Krankheitsbild ist gekennzeichnet durch:
- lokale Hauterscheinungen in Form von entzündlicher ringförmiger Rötung und Schwellung in der Umgebung der Stichstelle, die sich erst nach mehreren Tagen zurückbildet (1. Stadium);
- neurologische Symptome, die nach einer Latenzzeit von 2 Wochen bis Monaten auftreten können (2. Stadium);
- entzündliche Manifestationen, die das Herz, die Gelenke, die Gehirnhäute, das Nervensystem betreffen und als Spätstadium unter Umständen erst nach Monaten bis Jahren in Erscheinung treten (3. Stadium).

Für die immunologische Diagnostik sind folgende Abstände bei der Entnahme des Untersuchungsmaterials zu beachten: erste Entnahme von 8 ml Venenblut am dritten bis vierten Tag nach dem Zeckenstich, zweite Venenblutentnahme nach 14 Tagen, dritte Venenblutentnahme nach 6 Wochen.
Bei Auftreten neurologischer Symptome sind im zweiten und im dritten Stadium sowohl Blut- als auch Liquorentnahmen am selben Tag veranlaßt.
Da es gegen die Lyme-Borreliose – im Gegensatz zur viralen Zeckenenzephalitis keine Impfprophylaxe gibt, ist eine frühzeitige immunologische Diagnostik zur Einleitung der antibiotischen Behandlung dringend geboten, um das Krankheitsbild abzukürzen, Komplikationen und Spätfolgen zu vermeiden.
Die Ärzteschaft wird gebeten, im Verdachtsfall Blutproben zu entnehmen bzw. Liquorpunktionen zu veranlassen, um zur Früherkennung dieser Krankheit beizutragen.

Zeckenentfernung zum Schutz vor Lyme-Borreliose:

Tierexperimentelle Untersuchungen haben gezeigt, daß Zecken gewöhnlich 36 bis 48 Stunden saugen müssen, ehe der Erreger der Lyme-Borreliose, Borrelia burgdorferi, von der Zecke auf den Wirtsorganismus übertragen wird.
Der Grund hierfür liegt darin, daß B. burgdorferi sich in den meisten Schildzecken (in Europa meit Ixodes ricinus) nur im Darm befindet, von wo aus eine direkte Übertragung auf den Wirtsorganismus vermutlich nicht stattfindet. Durch die Blutaufnahme kommt es zu einer Aktivierung der Schildzecke und die Borrelien beginnen, sich im Körper der Zecke auszubreiten. Erst wenn die Speicheldrüsen infiziert sind, erfolgt die Übertragung über den Speichel der Zecke auf den Wirt. Hieraus folgt, daß Zecken möglichst sofort nach Entdeckung am Körper entfernt werden sollten.
Die Art und Weise der Entfernung ist wichtig. Gegenwärtig wird die vorsichtige Entfernung mittels einer käuflich zu erwerbenden Zeckenzange empfohlen. Dazu sollte die Zecke möglichst dicht an der Haut mit Hilfe der Zeckenzange erfaßt und dann durch langsames Drehen (im oder gegen den Uhrzeigersinn) und vorsichtiges Ziehen entfernt werden. Unter keinen Umständen darf der Zeckenleib gequetscht oder grob verletzt werden, da hierdurch die Gefahr besteht, daß während der Zeckenentfernung Borrelien freigesetzt werden und in die Wunde gelangen. Die Wunde sollte daher sicherheitshalber gründlich desinfiziert werden. Von der Entfernung der Zecke mit Hilfe von Öl, Nagellack, Salben, Hitze oder den bloßen Fingern wird abgeraten, da es sich hierbei um einen unkontrollieren Vorgang handelt. Schließlich geht es nicht um die Zecke selbst, sondern um die von ihr übertragenen Erreger.
Die Wahrscheinlichkeit, daß B. burgdorferi bei prompter und sachgemäßer Zeckenentfernung auf den Menschen übertragen wird, ist relativ gering einzuschätzen. Das Risiko liegt etwa bei 1%. Wichtig wären die klinische Beobachtung im Hinblick auf die Entwicklung eines Erythema migrans oder grippeartiger Erscheinungen, etwa 3 Monate lang, und serologische Untersuchungen.
Bei der Behandlung der Frühphase haben sich neben Doxycyclin und Amoxicillin in jüngster Zeit noch Cefuroxim und Cetriaxon (letzteres 1 g täglich für 5 Tage) als wirksam erwiesen; auch Minocyclin, Azitromycin und Penicillin V sind akzeptabel. Bei der disserminierten Form der frühen Lyme-Borreliose, also im Stadium 2, kommen entweder die erwähnten Antibiotika in Frage oder im Falle von Meningitis, Karditis oder schwerer Augenbeteiligung Penicillin G, Cefriaxon oder Cefotaxim intravinös. Bei der Karditis ist die symptomatische Behandlung von besonderer Bedeutung. Die Spätphase der Lyme-Borreliose kann ebenso wie das 2. Stadium behandelt werden, wobei die Behandlungsdauer zumindest bei 3 Wochen liegen sollte.

Quelle: WBER, K.: MÄA 20, 1993, 20.

In einer in den USA publizierten Studie wurden verschiedene präventive Strategien nach einem Zeckenstich bezüglich des Verhältnisses von Kosten und Nutzen verglichen. Hierbei wurde gerade die Durchführung serologischer Tests zur Indikationsstellung einer antibiotischen Therapie als inadäquat erachtet (MAGID et al., 1992). Um prinzipiell das Risiko, nach einem Zeckenstich an einer Lyme-Borreliose zu erkranken, abschätzen zu können, mag für Ärzte und die Öffentlichkeit auch eine doppel-blind durchgeführte Studie in den USA von Interesse sein, in der 205 Patienten nach einem Zeckenstich prophylaktisch mit Amoxicillin behandelt wurden und 182 Patienten ein Placebo erhielten (SHAPIRO et al., 1992). Lediglich bei 2 mit Placebo behandelten Patienten (1,2 %) entwickelte sich ein Erythema migrans, ansonsten wurden sowohl bei den mit Placebo behandelten als auch bei den antibiotisch behandelten Patienten kein Fall einer asymptomatischen Serokonversion oder einer Spätmanifestation einer Lyme-Borreliose festgestellt! Diesem geringen Infektionsrisiko stand eine Durchseuchung der Zecken mit Borrelia burgdorferi von 15% gegenüber, was in etwa dem Durchseuchungsgrad der Zecken in Bayern entsprechen dürfte (WILSKE et al., 1987). Von großer praktischer Bedeutung für eine Aufklärung im Sinne der Prophylaxe wäre sicher der Hinweis, daß die Wahrscheinlichkeit einer Infektion mit der Dauer des Zeckenkontaktes korreliert. Innerhalb der ersten 48 Stunden ist das Infektionsrisiko vermutlich sehr gering. Eine sorgfältige Inspektion nach einer möglichen Zeckenexposition und somit frühe Entfernung einer Zecke wird daher als die vernünftigste postexpositionelle Vorsorgemaßnahme gegen eine Infektion mit Borrelia burgdorferi erachtet (PIESMANN, 1992; FALCO et al., 1992).
Ich hoffe, mit dieser Stellungnahme auch dazu beizutragen, daß eine früher weitgehend verkannte Erkrankung nicht zunehmend zu einer überdiagnostizierten Alibidiagnose wird und eine zweifelsohne noch vorhandene Aufklärungspflicht nicht in eine Zeckenhysterie umschlägt. Entsprechende Tendenzen gehören weltweit zur alltäglichen Erfahrung von Kollegen, die sich speziell mit der Lyme-Borreliose beschäftigen. Als warnendes Beispiel gerade in Bayern ist in diesem Zusammenhang ja auch auf die Folgen einer jährlichen FSME-Impfpropaganda hinzuweisen, bei der in der Regel jegliche Abwägung von Nutzen und Risiken der Impfung außer acht gelassen wird. Infolge meist vager epidemiologischer Daten und Empfehlungen ist die Ärzteschaft einem ständigen emotionalen Öffentlichkeitsdruck ausgesetzt. So ist auch die Empfehlung der Arzneimittelkommission der Deutschen Ärzteschaft (Dtsch. Ärztebl. 90, Heft 14, 9. April 1993, B-755) zu einer strengen Indikationsstellung, die durch faßbare Größenordnungen zu dem extrem niedrigen Infektionsrisiko der FSME und auch dem Hinweis auf mögliche Nebenwirkungen der Impfung flankiert ist, zu begrüßen.

*Zeckenstich-Therapierichtlinien** :

- **Die Zecke sollte so schnell wie möglich entfernt werden.** In tierexperimentellen Studien fand man, daß innerhalb der ersten zwölf Stunden die Infektionswahrscheinlichkeit fast bei Null liegt, in der Zeit von 24–48 Stunden bei etwa 30 %, nach 48 Stunden bei fast 100 %. Also spielt die Zeit eine wichtige Rolle für das Infektionsrisiko. Da der bei uns am häufigsten übertragene Erreger, Borrelia burgdorferi, im Mitteldarm der Zecke zu finden ist, macht es nichts, wenn zunächst die Stichwerkzeuge im Körper des Opfers zurückbleiben. Diese können gefahrlos auch noch später vom Arzt entfernt werden.
- **Die Zecke nicht quetschen**, da sie sonst einen Teil ihres Magen-/Darminhalts in den Stichkanal entleert. Daher kommt es darauf an, keinen Druck auf den Körper des Tieres auszuüben. Hierfür sind die meisten Pinzetten (auch sogenannte Zeckenpinzetten) ungeeignet, da sie zu grob sind und eine nicht vollgesogene Zecke beim Festhalten gequetscht wird. Besser geeignet ist ein Skalpell (Form 11), mit dem sich die Zecke leicht heraushebeln läßt. Bei Kindern hat sich die Anwendung von Eisspray zur lokalen Analgesierung bewährt, hierdurch fällt im übrigen die Zecke sofort in Kältestarre. Klebstoff oder Öle veranlassen die Zecke, sich »zu erbrechen« und fördern so das Infektionsrisiko. Übrigens: Drehen ist entbehrlich, denn Zecken haben weder ein Rechts-, noch ein Linksgewinde. Vielmehr ist der *Stechapparat wie ein Spreizdübel* gestaltet.
- **Zecke asservieren!** (fakultativ) Man kann heute entweder mikroskopisch (Immunfluoreszenz, Dunkelfeld) oder mit der PCR (Polymerase-Ketten-Reaktion) Borrelien in der Zecke nachweisen. Dadurch kann man das individuelle Risiko des Patienten abschätzen. Die entsprechenden Untersuchungen sind aber nicht billig und werden nicht überall angeboten.
- **Den Patienten aufklären über das Risiko** (Risiko einer Borrelieninfektion etwa 1 pro 400 Zeckenstiche) und die Symptome der möglicherweise übertragenen Krankheiten. Dazu gehört in Mitteleuropa flächendeckend die Borreliose (mehrere zehntausend Erkrankungsfälle pro Jahr in Deutschland) und in Endemiegebieten die FSME (einige Dutzend Erkrankungsfälle pro Jahr vorwiegend in Bayern und

* Quelle: HASLER, D.: Fortschr. Med. 111 Jg. (1993), Nr. 15

Teilen Baden-Württembergs). Prinzipiell können Zecken auch Rickettsien, Coxiella burneti (Q-Fieber) und Babesiose übertragen. Hierzu fehlen in Europa noch Daten.

– **Serumprobe (Nullprobe) asservieren** (fakultativ) und bei –20°C einfrieren, um eventuell später eine Serokonversion nachweisen zu können. Aus Kostengründen empfehlen wir die Untersuchung dieser Probe nur bei anschließenden Krankheitssymptomen.

Eine FSME-Impfung (nicht »Zecken«-Impfung) aktiv/passiv sollte in allen Gebieten mit nachgewiesener Verbreitung der FSME erfolgen. Detaillite Karten zu diesem Verbreitungsgebiet sind bei den Impfstoffherstellern erhältlich.

In allen Fällen sollte auf Symptome einer Borrelieninfektion geachtet werden. Die initiale, durch mechanische Reize bzw. Fremdkörperreaktion verursachte Rötung ist kein Erythema migrans! Das Erythema migrans (EM) erscheint erst mit dem Einsetzen der zellulären und hormoralen Immunantwort auf die eingedrungenen Erreger, daher also immer erst nach einer Latenzzeit von einer bis sechs Wochen. Das EM ist nicht immer ringförmig, es kommen auch flächige und sogar vesikulöse oder hämorrhagische Varianten vor. In mehr als der Hälfte aller Fälle fehlt das EM völlig (vor allem dann, wenn beim Stich direkt ein Blut- oder Lymphgefäß punktiert wurde und dadurch eine primäre Spirochätämie ohne vorhergehende Lokalinfektion entsteht). In diesen Fällen beginnt die Erkrankung mit Allgemeinsymptomen wie Abgeschlagenheit, Grippegefühl, Myalgien, Schwindel und Kopfschmerzen, manchmal auch mit aktuen Neuritiden.

Beim Auftreten von Allgemeinsymptomen sollte eine serologische Untersuchung auf Borrelien-Antikörper erfolgen und eventuell nach vier Wochen wiederholt werden. Spätestens nach sechs Wochen nach dem Stich wird in der Regel eine Serokonversion nachweisbar sein. Mitunter fehlen auch im Akutstadium IgM-Antikörper. Es darf daher bei alleinigem Nachweis von IgM-Antikörpern nicht angenommen werden, daß die Erkrankung nicht mehr akut sei. Der Vergleich mit einer asservierten Nullprobe macht einen Titeranstieg sichtbar.

Eine prophylaktische Antibiotika-Gabe nach Zeckenstich wird von uns abgelehnt. Das EM und auch eine frische Allgemeininfektion lassen sich in aller Regel erfolgreich mit Doxicyclin (200 mg/20 Tage) oder Amoxicillin (3000–4000 mg/20 Tage) behandeln. Bei Kindern ist Amoxicillin vorzuziehen.

Im Stadium zwei kommt es neben der Allgemeinsymptomatik auch zu ersten Organmanifestationen wie Neuritiden, Karditis oder Ophthalmitis. Eine Liquorinvasion mit ZNS-Beteiligung (klassische Meningopolyneuritis Bannwarth) kann auftreten, ist aber keineswegs obligat. Die meisten Borrelieninfektionen verlaufen rein peripher ohne entzündliche Liquorveränderungen.

Spätinfektionen (Krankheitsverlauf > 6 Monate) zeigen hauptsächlich Symptome am Bewegungsapparat. Am häufigsten sind Arthralgien, Arthritiden, Myopathien und Neuropathien. Pathophysiologisch ist das Spätstadium gekennzeichnet durch vaskulitische Prozesse, die vor allem kollagenreiche Gewebe betreffen und dort trophische Störungen wie etwa periartikuläre Entkalkungen auslösen. Dieses Stadium erfordert höherdosierte intravenöse Therapieregime, vorzugsweise mit Cefotaxim (2 × 3 g/14 Tage) oder Ceftriaxon (2–4 g/14 Tage). Jedes Stadium der Erkrankung ist therapierbar, manchmal werden bei langen Verläufen aber nur Defektheilungen erreicht.

*Hirnhautentzündung nach Zeckenstich**:

Insgesamt 299 Erkrankungen an Hirnhautentzündungen nach Zeckenstich (Frühsommer-Meningoenzephalitis – FSME) wurden in den Jahren 1979 bis 1984 in der Bundesrepublik Deutschland erfaßt. Betroffen waren 180 männliche und 118 weibliche Patienten im Alter von 1 bis 82 Jahren. 239 hatten sich in der Bundesrepublik Deutschland, 52 im europäischen Ausland infiziert. Diese Zahlen haben R. Ackermann und Mitarbeiter in der Zeitschrift »Deutsche Medizinische Wochenschrift« veröffentlicht.

In der Bundesrepublik Deutschland liegt Bayern mit 156 FSME-Fällen an der Spitze, gefolgt von Baden-Württemberg mit 78, Hessen mit 3 und Rheinland-Pfalz mit 2 Erkrankungen. 42 Urlauber hatten sich in Österreich angesteckt, 3 in Jugoslawien, je 2 in Italien, Ungarn, der Schweiz und einer in Finnland. Acht Patienten konnten keine Angaben über den Infektionsort machen.

Die Erkrankung nahm bei 13 Patienten einen relativ leichten Verlauf. Es kam nur zu einem fieberhaften Infekt. Bei 161 Infizierten jedoch trat eine Hirnhautentzündung auf, bei 98 eine Entzündung der Hirnhäute unter Beteiligung des Gehirns und bei 14 auch des Rückenmarks sowie seiner Häute. Drei Kranke (1 %) starben, 20 (7 %) behielten Schäden am Nervensystem zurück.

* Quelle: Holzer, H.: FORUM des Praktischen und Allgemein-Arztes 26 (1987) Nr. 5

Anzumerken ist, daß für die Hirnhautentzündung nach Zeckenstich keine Meldepflicht besteht, so daß aufgrund der hohen Dunkelziffer mit wesentlich größeren Fallzahlen gerechnet werden muß.
Typisch ist, daß sich ein Teil der Betroffenen nicht an einen vorausgegangenen Zeckenstich erinnern konnte und von der Erkrankung überrascht wurde. In diesen Fällen war daher auch die Gabe eines Immunglobulins nicht möglich, die Schutz verleiht, wenn sie innerhalb von 4 Tagen nach dem Zeckenstich erfolgt.
Da es für die Hirnhautentzündung nach Zeckenstich (FSME) keine erfolgversprechende Therapie gibt, empfiehlt sich die Schutzimpfung für alle, die in bekannten FSME-Gebieten wohnen oder zum Beispiel im Urlaub Gebiete wie Bayerischer Wald, Österreich und die anderen Regionen, in denen FSME-Fälle mit relativ großer Häufigkeit beobachtet werden, aufsuchen wollen.
Auskünfte über die Lage der FSME-Gebiete und die Schutzimpfung geben die Hausärzte, die Apotheker und die Gesundheitsämter. Die beste Zeit für die Impfung ist die kalte Jahreszeit, damit in der »Zeckenzeit« bereits ein entsprechender Schutz vorhanden ist.
Die Hirnhautentzündung nach Zeckenstich ist das typische Beispiel einer auf bestimmte Regionen, sogenannte Endemie-Gebiete, beschränkten Infektionskrankheit, die nicht sehr häufig auftritt, jedoch für die Betroffenen schlimme Folgen haben kann. So ging im letzten Jahr der Fall eines Mannes aus Schrobenhausen durch die bayerische Presse. Dieser hatte sich durch einen Zeckenstich infiziert und erlag nach eineinhalbjährigem Leidensweg im Augsburger Klinikum seiner Erkrankung.

Literatur:

AHNEFELD, F. W., BERGMANN, H., BURRI, C., DICK, W., HOSSLI, G., HALMAGYI, H., REULEN, H. J., RÜGHEIMER, E.: Klinische Anästhesiologie und Intensivtherapie. Springer-Verlag Berlin – Heidelberg – New York, Band 10 (1976)

AHNEFELD, F. W., DICK, W., GÜTTLER, H., KILIAN, J.: Lebensrettende Sofortmaßnahnmen. Department für Anästhesiologie Ulm (1976)

AHNEFELD, F. W.: Sekunden entscheiden, Notfallmedizinische Sofortmaßnahmen. Springer-Verlag Berlin – Heidelberg – New York, 2. Aufl. (1981)

ARIËNS, E. J., MUTSCHLER, E., SIMONIS, A. M.: Allgemeine Toxikologie. Georg Thieme Verlag Stuttgart, 1. Aufl. (1978)

ASKAR, A., TREPTOW, H.: Biogene Amine in Lebensmitteln. Eugen Ulmer Verlag

ASKAR, A.: Histamin und Fischhygiene. Zeitschrift für die gesamte Hygiene und ihre Grenzgebiete, VEB-Verlag Volk und Gesundheit, Berlin, 30. Jahrgang (Jan. 1984)

BACHMAN, M.: Isolation and partial characterization of a toxine from the venom of the east african orthognath spider Pterinochilus sp., Toxicon 20 (3), 547–552 (1982)

BADEN, D. G.: Marine Food-borne Dinoflagellate toxins. International Review of Cytology, 82, 99–150 (1983)

BADER, H., GIGL, G.: Lehrbuch der Pharmakologie und Toxikologie. Edition medizin (VCH), Weinheim, 2. Aufl. (1985)

BEHLING, A. R., TAYLOR, S. L.: Bacterial histamine production as a function of temperature and time. J. Food Sci 47, 1311 (1982)

BEHRINGWERKE: Die Giftschlangen der Erde. Behringwerk-Mitteilungen Sonderband (1963)

BENTZ, H.: Nutztiervergiftungen, Erkennung und Verhütung. VEB Gustav Fischer Verlag Jena (1969)

BETTINI, S.: Arthropod Venoms. Springer-Verlag Berlin – Heidelberg – New York (1978)

BLAKESLEY, M. L.: Scmobroid Poisoning: Prompt Resolution of Symptoms with Cimetidine. Annals of Emergency Medicine, Vol 12, No. 2 (Feb. 1983)

BÖHME, H., HARTKE, K.: Europäisches Arzneibuch Band I und II, Kommentar. Wissenschaftliche Verlagsgesellschaft mbH Stuttgart, 3. Aufl. (1983)

BÖSEL, B., HARTUNG, K.: Praktikum des Infektions- und Impfschutzes. Verlag Hildegard Hoffmann Berlin (1983)

BREDE, H. D.: Sommergefahren. MMW 129 (1987)

BURGDORFER, W., ANDERSON, J. F., GERN, L., LANE, R. S., PIESMAN, J., SPIELMAN, A.: Relationship of Borrelia burgdorferi to its arthropod vectors. Scand J Invect Dis – Suppl 77: 35–40 (1991)

BÜCHERL, W., BUCKLEY, E., DEULOFEU, V.: Venomous animals and their venoms. Vol. I. Academic Press, London (1968)

Center for Disease Control, Foodborne Disease, U.S. Department of Health, Education, and Welfare: Annual Summary 1978 (Nov. 1979)

Nr. 47, S. 2417–2418 (Nov. 1982)

DAUNDERER, M., WEGER, N.: Vergiftungen. Erste-Hilfe-Maßnahmen des behandelnden Arztes. Springer-Verlag Berlin – Heidelberg – New York, 2. Aufl. (1978)

DAUNDERER, M.: Akute Intoxikationen. Urban & Schwarzenberg Verlag München – Wien – Baltimore, 3. Aufl. (1984)

DAUNDERER, M.: Klinische Toxikologie. ecomed Verlagsgesellschaft Landsberg (1983)

DAUNDERER, M.: Zwischenfälle, Berichte aus dem Toxzentrum. Sonderdruck. Deutsche Apothekerzeitung, 122 Jg.,

DILGER, J., LUFT, D., REINHARDT, U., SCHMÜLLING, R. M.: Therapieschemata für die Akut- und Intensivmedizin. Urban & Schwarzenberg Verlag München – Wien – Baltimore (1983)

DORCSI, M.: Homöopathische Arzneimittellehre. Karl F. Haug-Verlag Heidelberg, Band 5 (1983)

DREISBACH, R. H.: Handbook of Poisoning. Lange medical publication Los Altos, California, II. Aufl. (1983)

DUFRA, E., LOISON, G., HOLMSTEDT, B.: Duboisia myoporoides: native antidote against ciguatera poisoning. Toxicon, Vol. 14, 55–64 (1976)

DUNK, K. v. d.: Gifttiere in aller Welt. Augsburger Bücher (1983)

EDMUNDS, W. J., EITENMILLER, R. R.: Effect of storage time and temperature on histamine content and histamine decarboxylase activity of aquatic species. J. Food Sc. 40, 516 (1975)

FALCO, R. C., FISH, D., PIESMAN, J.: Duration of Ixodes dammini attachment to humans. V. International Conference of Lyme-Borreliosis, abstract 273, Arlington, USA (1992)

FORCK, G.: Hyposensibilisierung bei Wespengift- und Bienengiftallergie; Med. Mo. Pharm. 8. Jg. Heft 4, S. 107–112 (1985)

FREY, R., HÜGIN, W., MAYRHOFER, O.: Lehrbuch der Anästhesiologie, Reamination und Intensivtherapie; Springer-Verlag Berlin – Heidelberg – New York, 3. Aufl. (1972)

GARMS, H.: Pflanzen ud Tiere Europas; Georg Westermann Verlag Braunschweig (1972)

GEIGER, E.: Role of histamine in poisoning with spoiled fish. Science 121 (3155): 865–866

GELEY, L., PLOIER, R.: Schlangenbißverletzungen im Kindesalter. Chir. Prax. 22, 109 (1977)

GERICKE, D.: Infektiöse Arthritis nimmt Konturen an. Fortschritte der Medizin, 103. Jg., Nr. 43, S. 16–18 (1985)

GILBERT, R. J.: Food-borne Infections and Intoxications. The Society for Applied Bacteriology Symposium Serie No. 11, Academic Press, edited by Roberts, T. A.; and Skinner, F. A. (1983)

GILLESPIE, N. C., LEWIS, R. J., PEARN, J. H., BOURKE, A. T. C., HOLMES, M. J., BOURKE, J. B., SHIELDS, W. J.: Ciguatera in Australia: occurence, clinical features, pathophysiology and management. Med Austr 1/15, 145, 11/12 (1986)
GLASS, T. G.: J. Amer. Med. Assoc. 235: 2513 (1976)
GOODMAN, L. S., GILMAN, A.: The pharmacological basis of therapeutics. 2nd. Ed. McMillan Co., New York (1931)
HABERMEHL, G.: Gift – Tiere und ihre Waffen. Springer-Verlag Berlin – Heidelberg – New York – Tokio, 3. Aufl. (1983)
HALSTEAD, B. W.: Poisonous and Venomous Marine Animals of the World. The Darwin Press, Princeton, New Jersey (1978)
HARRIS, T.: The natural history of the Mediterranean. George Rainbird LTD London (1982)
HARVEY, A. L. (Hrsg.): Snake toxins. Int. Encycl. Pharmac. Therap. Sect. 134, Pergamon Press, Oxford (1991)
HASHIMOTO, Y.: Marine Toxins and Other Bioactive Marine Metabolites. Japan Scientific Societies Press, Tokyo (1979)
HELLER, A.: Giftschlangenbiß. Dtsch. Ärztebl. 74, 2073 (1977)
HELMBOLD, W.: Problems of production and efficacy of antivenom: Originalarbeit der Antitoxin Dr. Helmbold GmbH Waibstadt (Sept. 1984)
HERZER, P.: Lympe-Borreliose, Epidemiologie, Ätiologie, Diagnostik, Klinik und Therapie. Zweite, überarbeitete und aktualisierte Auflage. Steinkopff Verlag, Darmstadt (1990)
HOBBS, G.: Food poisoning and fish. Journal of the Royal Society of Health, 4, 144–149 (1983)
HOLT, R. J., MIRO, G., DEL VALLE, B. A., CANDIDATE, J. D.: An Analysis of Poison Control Center Reports of Ciguatera Toxicity in Puerto Rico for one Year. Clinical Toxicology, Vol. 22 (2), 177–185 (1984)
HOLT, R. J., MIRO, G.: Ciguatera as a Cause of Food Poisoning in Puerto Rico. American Journal of Hospital Pharmacy, Vol 40, 2128, 2133 (Dec. 1983)
HOPPE, H. A.: Taschenbuch der Drogenkunde. W. de Gruyter Verlag Berlin (1983)
HORNBOSTEL, H., KAUFMANN, W., SIEGENTHALER, W.: Innere Medizin in Praxis und Klinik. Sonderausgabe Georg Thieme Verlag Stuttgart – New York, Teil 14, 2. Aufl. (1977)
HUNT, G.: Bisse und Stiche seltener Arthropoden. Tempo Medical, Nr. 12, S. 16–19 (Juni 1983)
HURRELL, J. G. R., CHANDLER, H. W.: Med. J. Aus. 2: 236 (1982)
JOHNSON, R., JONG, E. C.: Ciguatera: Caribean and Indo-Pacific Fish Poisoning. The Western Journal of Medicine, Vol. 138 (Jun. 1983)
JUCKER, R.: Erfahrungen in der Behandlung von Giftschlangenbissen mit einem neuen Rasterschießapparat »Venomex«. Schweiz. Rundschau Med. (Praxis) 76 (26), 756–763 (1987)
JUNGE-HÜLSING, G.: Interne Notfallmedizin. Springer-Verlag Berlin – Heidelberg – New York, 2. Aufl. (1977)
KARMAS, E.: Biogenic amines as indicator of seafood freshness. Lebensm.-Wiss. u. Technol. 14, 273 (1981)
KIMATA, M., KAWAI, A.: Mem. Res. Inst. Food Sci Kyoto Univ. (1983)
KLEMMER, K.: Liste der rezenten Giftschlangen. In: Die Giftschlangen der Erde. Behringwerke-Mitt., N. G. Elwert, Marburg, S. 255 (1963)
KORNALIK, F., TABORSKA, E.: Neutralization of various Echis earinatus venoms by different commercial polyvalent and monovalent Antivenoms. Toxicon, Nr. 17, Supplement 1, S. 182 (1979)
KOTSCHENREUTHER, H.: Das Reich der Drogen und Gifte. Safari-Verlag Berlin (1976)
LANGE, W. R.: Ciguatera toxicity. Amercian Family Physician, Vol. 35, 177–182. March 1987
LEE, Ch. Y. (Hrsg.): Snake venoms. Handb. exp. Pharmac. 52, Springer, Berlin (1979)
LIESKE, H.: Symptomatik und Therapie von Giftschlangenbissen. In: Die Giftschlangen der Erde. Sonderband der Behringwerke-Mitt., Marburg (1963)
MAGID, D. SCHWARTZ, B., CRAFT, J., SCHWARTZ, J. S.: Prevention of Lyme disease after tick bites. A cost-effectiveness analysis. N Engl J Med 327: 534–541 (1992)
MARETIĆ, Z., LEBEZ, D.: Araneism, Nolit Publishing House, Pula, Ljubljana (1979)
MARKWALDER, K.: Internist 31, 441 (1990)
MCFARREN, E. F., TANABE, H., SILVA, F. J., WILSON, W. B., CAMPBELL, J. E., LEWIS, K. H.: The Occurrence of a Ciguatera-like Poison in Oysters, Clams, and Gymnodinium Breve Cultures. Toxicon, Vol. 3, 111–123 (1965)
MEBS, D., HABERMEHL, G.: Proceedings of the 5th European Symposium on Animal, Plant and Microbial Toxins, Hannover (1983)
MEBS, D.: Bißverletzungen durch ungiftige Schlangen. Dtsch. med. Wschr. 102, 1429 (1977)
MEBS, D.: Chemie und Wirkungsweise von Schlangengiften. Umsch. Wiss. Techn. 74, 42 u. 77 (1974), 151 (1977)
MEBS, D.: Die gelben Hefte 13: 125 (1973)
MEBS, D.: Giftschlangenbisse – Ein Risiko für Touristen? MMV 13, 6, 60–65 (1994)
MEBS, D.: Giftschlangenbisse Symptomatik und Therapie. Die Medizinische Verlagsgesellschaft, Die gelben Hefte, Jg. XXIII, Heft 2, S. 45–50 (1993)
MEBS, D.: Gifttiere, ein Handbuch für Biologen, Ärzte, Apotheker und Toxikologen. Wiss. Verlagsges. Stuttgart (1992)
MOESCHLIN, S.: Klinik und Therapie der Vergiftungen. Georg Thieme Verlag Stuttgart, 6. Aufl. (1980)
MOHR, W., SPIER, W.: Seeigelstachel-Synovitis. Georg Thieme Verlag Stuttgart, Aktuelle Rheumatologie, Heft 8, S. 52–53 (1983)
MOSHER, H. S.: Chemistry (C). Non-protein neurotoxins. Science 41, 3712

MÜLLER, B.: Gerichtliche Medizin. Springer-Verlag Berlin – Heidelberg – New York, 2. Aufl. (1975)
MÜLLER-PLETTENBERG, D.: Vierzig Jahre Pharmaforschung. Ärztliche Allgemeine Verlagsgesellschaft mbH, Die Neue Ärztliche, Nr. 53, S. 8 (Nov. 1985)
N. N.: Bienen- und Wespenstiche. Wann wird's gefählich? Deutsche Apotheker-Zeitung, Jg. 123, Nr. 29, S. 1423 (Juli 1983)
N. N.: Die Giftschlangen der Erde. Behringwerke-Mitteilungen, Universitäts- und Verlagsbuchhandlung Marburg (1963)
N. N.: Die Liste – Pharmindex. IMP Kommunikationsgesellschaft Neu-Isenburg, Nr. 1 (1986)
N. N.: Eine Schlange hat mitgeholfen. Deutsches Ärzteblatt, Supplement zu Heft 35, S. 11 (1984)
N. N.: Giftige Stacheln – Gefahren in südlichen Gewässern. Tempo Medical, Nr. 13, S. 8–16
N. N.: Illnes associates with fish and shellfisch in England and Wales. 1981–2. Brit Med 287, 1284–1285 (1983)
N. N.: MSD-Manual. C.H. Beck'sche Buchdruckerei Nördlingen, 3. Aufl. (1984)
N. N.: Naja naja und Agkistrodon rhodostroma-Immunserum. Produktinformation der Twyford-Pharmaceuticals GmbH Ludwigshafen (1984)
N. N.: Skorpiongift-Immunserum. Produktinformation der Twyford-Pharmaceuticals GmbH Ludwigshafen (Okt. 1985)
N. N.: Vipern. Mitteilungen des Bundesgesundheitsamtes an Behandlungszentren für Vergiftungen (abgeschlossen 1978)
N. N.: Was läßt sich gegen Quallenstiche tun? Deutsche Apotheker-Zeitung, Jg. 125, Nr. 31, S. 1563 (1985)
OGURA, Y., NARA, J., YOSHIDA, T.: Comparative Pharmacological Actions of Ciguatoxin and Tetrodotoxin, a Preliminary Account. Toxicon, Vol. 6, 131–140 (1968)
PEARCE, R., HINES, C. JR., BURNS, T. W., CLARK, C. E.: Ciguatera (Fish Poisoning). Southern Medical Journal, Vol. 76, No. 5, 560–561. (Mai 1983)
PECHANEK, U., BLAICHER, G., PFANNENHAUSER, W., SINELL, H. J.: Einführung in die Lebensmittelhygiene. Paul-Parey-Verlag, Berlin und Hamburg (1980)
PIESMAN, J.: Abortion of Borrelia burgdorferi via prompt removal of nymphal Ixodes dammini. V. International Conference of Lyme-Borreliosis, abstract 272, Arlington, USA (1992)
PIGULEWSKI, S.: Giftige und für den Menschen gefährliche Fische. Ziemsen Verlag Wittenberg (1974)
POUGH, R. N. H., THEAKSTON, R. D. G. Lancet II: 1181 (1980)
PRZYBILLA, B., RING, J.: Diagnostik und Therapie der Allergie vom Soforttyp gegenüber Bienen- und Wespengifte. Allergologie, Jg. 8, 1. Sonderheft, S. 31–36 (1985)
PRZYBILLA, B., RING, J.: Passive Immunisierung gegen Bienengifte: ein Modell. Die Medizinische Verlagesgesellschaft, Die gelben Hefte, Jg. XXV, Heft 3, S. 110–119 (1985)
RASMUSSEN, J. T., ARNOLD, D.: Deutsche Touristen – häufig Opfer von Kreuzotterbissen an der dänischen Nordseeküste. Med. Welt 36, 959–961 (1985)
RAVEN, R.: The spider infraorder Mygalomorphae (Araneae): Cladistics and Systematics. Bull. American Mus. Nat. Hist. 182 (1), 1–180 (1985)
REID, H. A.: The principles of snakebite treatment. Marcel Dekker, New York (1971)
RING, J., GOTTSMANN, M., PRZYBILLA, B., EISENMENGER, W.: Tod nach 1000 Bienenstichen. Münch. med. Wschr. 128, Nr. 18 (1986)
ROSENFELD, G.: In: Bücherl, W., Buckley, E. E. (Ed.): Venomous Animals and their Venoms 2: 345, New York (1971)
ROTH, C., DAUNDERER, M.: Giftliste. ecomed Verlagsgesellschaft Landsberg, 4. Aufl. (1984)
RUSSELL, F. E., MARETIC, Z.: Scombroid Poisoning: Mini-Review with Case Histories. Toxicon, Vol. 24, No. 10, 967–973 (1986)
RUSSELL, F. E.: Snake venom poisoning. Philadelphia (1980)
SACHS, W. B.: Behandlung von Unfällen mit niederen Tiern. MMW 21, 1204–1208 (1969)
SALEHI, E.: Anaphylaktische Reaktionen nach Bienen- und Wespenstichen. Georg Braun Verlag Karlsruhe, Krankenhausarzt, Nr. 57, S. 589–592 (1984)
SCHEUER, P. J., TAKAHASHI, W., TSUTSUMI, J., YOSHIDA, T.: Ciguatoxin: Isolation and chemical Nature. Science, 155 (3767), 1267–1268 (1967)
SCHMIDT, G.: Giftspinnen. Sel. 2, 121–125 (1973)
SCHMIDT, G.: Med. Welt 37, 875 (1986)
SCHMIDT, G.: Skorpionstiche. Ärztl. Praxis 27, 2898 (1975)
SCHMIDT, G.: Vogelspinnen, Lebensweise, Bestimmungsschlüssel, Haltung und Zucht. Albrecht Philler, München (1986, 1987)
SCHMIDT, G.: Wie gefährlich sind Spinnenbißvergiftungen wirklich? Natur und Museum 117 (7), 197–207 (1987)
SCHOLER, H., WÜTHRICH, W.: Klinische und toxikologische Probleme der Bisse durch Giftschlangen. Schweiz. med. Wschr. 100, 1761 (1970)
SEFRIN, P.: Insektenstiche gefährlich – Notärzte warnen vor Unterschätzung der Gefahren. Münch. Ärztl. Anz. Nr. 35
SEITZ, H. M.: Kriebelmücke. Deutsche Medizinische Wochenschrift, Jg. 120, Nr. 11, S. 435–436 (1985)
SHAPIRO, E. D., GERBER, M. A., HOLABIRD, N. B., BERG, A. T., FEDER, H. M., BELL, G. L., RYS, P., N., PERSING, D. H.: A controlled trial of antimicrobial prophylaxis for Lyme disease after deer-tick bites. N Engl J Med 327: 1769–1773 (1992)
SINELL, H. J.: Einführung in die Lebensmittelhygiene. Paul-Parey-Verlag, Berlin und Hamburg (1980)

SMITH, A.: The Tarantual Classification and Identification Guide. Fitzgerald Publishing, London (1986, 1987)
SOUTHCOTT, R.: Australian harmful Arachnids and their allies. R. V. Southcott, Micham (1987)
STAHEL, E., FREYVOGEL, T. A.: Schlangenbiß und Schlangenbißvergiftungen. Schweizerische Ärztezeitung, Band 63, Heft 19, S. 1054–1056 (1982)
STAHEL, E., WELLAUER, R., FREYVOGEL, T. A.: Vergiftungen durch einheimische Vipern. Schweizerische Medizinische Wochenschrift, Nr. 115, Heft 26, S. 890–896 (1985)
STAHNKE, H. L.: The treatment of venomous bites and stings. Ariznona (1966)
STECHER, P. G.: The Merck index of chemicals and drugs. An encyclopedia for chemists, pharmacists, physicians, and members of allied professions, 7th ed. Merck & Co., Inc., Rahway, N. J., 1642
STEERE, A. C., GRODZICKI, R. L., KORNBLATT, A. N., CRAFT, J. E., BARBOUR, A. G., BURGDOFER, W., SCHMID, G. P., JOHNSON, E., MALAWISTA, S.E.: The spirochetal etiology of Lyme disease. N Engl J Med 308: 733–740 (1983)
STEWARD, J. W.: The snakes of Europe. Latimer Trend and Company LTD Plymouth (1978)
STUDER, P., MOSER, A.: Schlangen – was tun? Schweizerisches Tropeninstitut Basel, Merkblatt (1984)
SUTHERLAND, S. K. et al.: Lancet I: 183 (1979)
SUTHERLAND, S. K.: What on earth is ciguatera. The Medical Journal of Australia, Dec. 1/15, Vol. 145, 558–559 (1986)
SWAROOP, S., GRAB, B.: Bull. Wld. Health Org. 10: 35 (1954)
TAYLOR, S. L.: Histamine Food Poisoning: Toxicology and Clinical Aspects. Critical reviews in toxicology, Vol. 17, Issue 2 (1986)
VOGT, R. L.: Ciguatera Fish Poisoning-Vermont. Leads from the MMWR. JAMA, May 23/30, Vol. 255, No. 20, 2727 (1986)
WALCE, J. F.: Disorders caused by venoms, bites and stings. In: Harrison's-Principles of Internal Medicin, 8th Edition (1977)
WARRELL, D. A., ARNETT, C.: Acta trop. 33: 307 (1976)
WEBER, K., BURGDORFER, W. (eds): Aspects of Lyme-Borreliosis. Springer: Berlin, Heidelberg (1993)
WEGER, N.: Vergiftungen in der Praxis. Hippokrates Verlag GmbH Stuttgart, Zeitschrift für Allgemeinmedizin Nr. 59, S. 432–439 (1983)
WERNER, G. T.: Behandlung von Giftschlangenbissen. Ther. d. Gegenw. 117, 1071–1078 (1978)
WIEMANN, K.: Tiere als Krankheitserreger und -überträger. Fortschritte der Medizin, Nr. 101, S. 877–884 (1984)
WILSKE, B., STEINHUBER, R., BERGMEISTER, H., FINGERLE, V., SCHIERZ, G., PREAC-MURSIC, V., VANEK, E., LORBEER, B.: Lyme-Borreliose in Süddeutschland. Epidemiologische Daten zum Auftreten von Erkrankungsfällen sowie zur Durchseuchung von Zecken (Ixodes ricinus) mit Borrelia burgdorferi. Dtsch Med Wochenschr 112: 1730–1736 (1987)
WIRTH, W., GLOXHUBER, Ch.: Toxikologie. Georg Thieme Verlag Stuttgart – New York, 4. Aufl. (1985)
WOIDICH, H.: Beitrag zur Untersuchung biogener Amine in Käse und Fischen. Z. Lebens. Unters. Forsch 171, 420 (1980)
WUENSTEL, G.: Aktuelle Anwendungsmöglichkeiten der Homöopathie in der ärztlichen Praxis. Weka-Verlag Kissing (1985)
World Health Organization: Offset Publ. 58 (1981)
WURZIGER, J., DICKHAUT, G.: Zur lebensmittelrechtlichen Beurteilung von Histamin in Fisch und Fischzubereitungen. Fleischwirtsch. 58, 989 (1978).
YASUMOTO, T., SCHEUER, P. J.: Marine Toxins of the Pacific – VIII. Ciguatoxin from Moray Eel Livers. Toxicon, Vol. 7, 273–276 (1969)

Stichwortvereichnis